塔河油田奥陶系碳酸盐岩储集体特征及主控因素

牛永斌 著

煤 炭 工 业 出 版 社

·北　　京·

内 容 提 要

本书系统研究了塔河油田奥陶系碳酸盐岩油藏的储集空间类型，通过采用碳/氧稳定同位素、锶同位素、中子活化稀土元素等分析方法对塔河油田奥陶系碳酸盐岩中岩溶洞穴的形成时间以及构造运动、岩性、古地貌和古水系等多种因素对岩溶洞穴发育的控制作用进行了详细分析。此外，本书还应用生产动态数据、措施作业和示踪剂测试对研究区井组间进行连通性分析。

本书可供高等院校地质学、地质资源与地质工程专业师生使用，也可作为石油地质领域科研人员参考用书。

前　言

塔河油田是中国20世纪90年代发现的第一个古生界海相大型整装高产油气田。目前，已探明油气储量超过14.1×10^8 t。尽管其含油气层位包括三叠系、石炭系和奥陶系，但奥陶系碳酸盐岩中的油气储量占其总探明储量的近90%，而奥陶系埋藏深（深度超过5400 m）、储集空间类型复杂多变、原油密度大于0.9 g/cm^3、油水关系复杂，使塔河成为世界上开发难度很大的油田。塔河油田奥陶系油藏是最为典型的“缝洞型”碳酸盐岩油藏。溶洞、裂缝、小型溶蚀孔洞、礁滩粒间孔、白云石晶间孔等被认为是该油气藏的主要储集空间。

本书系统总结了塔河油田二区奥陶系的储集空间类型，并对影响各类储集空间发育的主控因素进行了系统的分析。塔河油田二区奥陶系储集体基质的物性总体较差，基质孔隙率和渗透率对储集体的储集性能影响较小。决定储集体储集性能的是溶蚀孔缝、裂缝和大型溶蚀孔洞。根据岩心、薄片和扫描电镜等观察结果以及录井、测井等资料，可将储集空间按成因、几何形态划分为孔、缝、洞三大类和十六小类。储集体按其储集空间的成因和形态及规模可划分为滩相溶蚀孔隙型、云斑灰岩白云石粒间孔隙型、裂缝型和岩溶洞穴型四类储集体。东南部边缘一间房组为发育滩相溶蚀孔隙型储集体，且为多期旋回形成的复合体，多期滩相储集体纵向叠置、横向连片，规模较大，其发育范围和程度受沉积微相控制；此外，构造运动和早期暴露蜂窝状溶蚀也是滩相沉积体形成优质孔隙型储集体的重要因素。上奥陶统尖灭线附近及以北地区中—下奥陶统裂缝和溶洞洞穴均较发育，一起构成了奥陶系复杂的缝洞型油藏；95.6%的溶洞发育在T_7^4以下0～100 m。

通过对碳氧稳定同位素、锶同位素、中子活化稀土元素进行分析，认为这些储集空间主要为海西早期岩溶洞穴。岩溶洞穴中充填物的类型有3种：①垮塌角砾充填；②砂泥质充填；③方解石充填。垮塌角砾充填洞穴储集体物性好于砂泥质充填和方解石充填洞穴。裂缝和岩溶洞穴垂向上可以组合为孤立洞、上洞下缝、上缝下洞和缝－洞－缝4种类型。它们的发育程度和范围受构造运动、岩性、古地貌和古水系等多种因素的控制。云斑灰岩白云石粒间孔隙型储集体储集空间主要为埋藏溶蚀作用形成的白云石的粒间孔。白云石成因有两种：①埋藏溶蚀基础上的白云石交代形成的白云岩颗粒；②在构造断裂控制下热液白云石化形成的白云石颗粒。以第一种成因形成的白云石粒间孔最为常见。该类储集体的发育受缝合线、岩性、成岩作用和热液作用等因素的影响，在裂缝的沟通下能形成非常有效的储集体。

此外，本书应用生产动态数据、措施作业和示踪剂测试对研究区井组间进行连通性分析。综合奥陶系油藏缝洞分布、地层压力系统、流体性质、储集体连通性等信息，参考奥陶系T_7^4顶面的岩溶地貌和奥陶系油藏的动态生产资料，以利于后续开发动态研究为目的，把奥陶系储集体划分为15个缝洞单元；上奥陶统尖灭线附近及以北剥蚀区缝洞单元内部缝洞匹配和连通性较好的区域油井产量相对较高；南部缝洞单元内部缝洞匹配和连通性较差的区域油井产量较低。

本书的撰写是在本人博士论文的基础上，综合近年来对“缝洞型”碳酸盐岩油气藏的持续研究成果集结而成。在研究过程中得到中国石化石油勘探开发研究院、中国石化西北石油局、西北油田分公司和中国石油大学（华东）多位领导、老师和专家的支持、指导和帮助，特别是钟建华教授给予了莫大的支持和帮助。本书还受到了国家油气重大专项（2008ZX05014－002－002HZ）、国家自然科学基金（41472104，41102076）的联合资助，在此一并致谢。

本书在撰写过程中参考了大量的论文、著作和资料，书中所列参考文献可能仅为其中一部分，如还有疏漏之处，还请相关作者多多谅解。本书可供高等院校地质学、地质资源与地质工程专业师生使用，也可作为石油地质领域科研人员参考用书。

著　者

2019年3月

目　　录

1 绪 论

1.1 缝洞型碳酸盐岩储集体综合研究的目的与意义

碳酸盐岩油气藏是一种重要的油气资源，它的勘探与开发正越来越受到人们的重视。世界范围内，碳酸盐岩中的油气储量约占油气总储量的40%，大油气田中海相碳酸盐岩中的油气储量占60%。中国海相碳酸盐岩分布也较广泛，初步统计有28个盆地中广泛分布海相碳酸盐岩，合计面积超过4×10^{6} km^2，陆上10个盆地，且多为古生代的海相沉积；海上18个盆地，碳酸盐岩地层以古—新近系为主。自“六五”以来，国家针对海相碳酸盐岩开展过几轮科技攻关，但勘探成果没有期望值高。截至2003年底，共探明碳酸盐岩油田69个，探明石油地质储量13.4×10^{8} t，探明率约为10%；探明海相天然气约1.42×10^{12} m^3，探明率约为6.3%。截至2004年底，全国石油（包含凝析油）和天然气（包含溶解气）总的探明储量分别为248.44×10^{8} t，探明率分别为23.9%和12.9%。因此我国石油和天然气总体探明程度低，而海相碳酸盐岩层系油气探明率更低，约为总油气探明率的一半。因此，海相碳酸盐岩油气勘探潜力是巨大的，大量的海相石油和天然气有待发现和探明。

碳酸盐岩储集体是碳酸盐岩油气藏聚集场。对于该类储集体的研究目前尚未见到一个成熟有效的方法，其采收率明显低于碎屑岩储集层，具有复合型流体流动系统的碳酸盐岩储集层具有高度的非均质性。由于难以准确预测其储集体位置、几何形态、规模大小和连通性，造成在碳酸盐岩经济潜力的评价方面也有很大的不确定性。所有这些都使碳酸盐储集体研究成为世界性难题，也是油气勘探领域里的前沿性课题。如何精细描述、识别和预测碳酸盐岩储集体也成了地质学家、油藏工程师和石油经济师必须面临的巨大挑战。

塔河油田奥陶系正是这样一种海相碳酸盐岩储集体。它是经多期构造破裂与古风化岩溶共同作用形成的、以灰岩和白云岩中孔－缝－洞为储集空间的储集体。该类储集体同样表现为极不规则形态和不均匀分布、具有极强的非均质性等特点。近几年虽然开发规模不断扩大，但由于油气储集空间、流体性质的复杂性暴露出油藏地质、油藏工程基础研究滞后，影响了油藏开发技术政策的制定和油田的开发效果。

本书重点研究区——塔河油田二区位于塔河油田的东南部，处于岩溶残丘—岩溶斜坡带的过渡带上，是从岩溶破坏型储集体到沉积建造型储集体的过渡区域，包含了塔河油田的孔－缝－洞等多种储集体类型。因此，开展该区奥陶系缝洞型碳酸盐岩储集体的综合研究，不仅对塔河油田二区奥陶系碳酸盐岩油藏的勘探开发有重要的实际意义，而且对丰富碳酸盐岩油气储集体理论和方法技术，高速高效开发该类油藏具有重要意义。

1.2 国内外研究现状

全球大约有近 50% 的石油和 25% 的天然气储量分布于碳酸盐岩储集体中。从 20 世纪 50 年代末期以来，随着世界上碳酸盐岩油气藏的不断发现，特别是波斯湾盆地、苏联的滨里海盆地、美国的二叠盆地、加拿大的西加拿大盆地以及沙特阿拉伯大量石油资源的发现，进一步促进了对碳酸盐岩储集体的研究和勘探。碳酸盐岩油储集体越来越受到人们的关注，因此也成为研究热点，关于碳酸盐岩储集体的研究工作在国内外地质界逐渐开展起来，并取得了一系列成果。

1.2.1 滩相碳酸盐岩储集体研究现状

海相碳酸盐岩的勘探表明，滩相碳酸盐岩储集体是碳酸盐岩中最重要的油气储集体之一，已成为主要的勘探对象。国内外众多学者对滩相碳酸盐岩储集体开展了大量的研究，取得了丰硕的研究成果。

1. 滩相碳酸盐岩储集体的形成条件

传统研究认为滩相形成于能量相对较高的沉积相带，而一般能量相对较高的沉积相是储集体形成的有利相区域，因此研究该类储集体的形成条件是适应滩相碳酸盐岩油气勘探的需要。前人通过对颗粒滩的形成环境、岩相古地理以及颗粒滩发育演化的控制因素等研究表明，颗粒滩可形成于潮坪、台地内部以及台地边缘、缓坡等环境内。颗粒滩的发育与演化受到同沉积断层、古地貌、海平面升降等因素的共同控制。

2. 滩相碳酸盐岩储集体的形成机理

前人对滩相碳酸盐岩储集体的形成机理研究认为，烃源岩成油期产生的有机酸的埋藏溶蚀作用以及与热化学硫酸盐还原作用有关的埋藏溶蚀作用是滩相碳酸盐岩形成储集体的关键；同时，构造作用也有利于改善该类储集体的孔隙率和渗透率。

3. 滩相碳酸盐岩储集体的预测

滩相碳酸盐岩油气藏的发现使该类储集体预测成为近期研究的热点。目前，地质工作者初步建立了以沉积相分析为依据，以测井相和地震相分析为技术方法，通过已知滩体的岩－电转换测井相响应特征与地震反射和地震属性分析，建立了滩相碳酸盐岩储集体的测井相和地震相模型。根据大量滩相碳酸盐岩储集体的地震相特征确定地震剖面中的烟囱效应（波阻杂乱和中断，出现下拉现象）是寻找滩相储集体和气藏的有效标志。在此基础上建立礁滩储集体的地质模型作为预测有利相带的地震反演约束条件，结合区域地质资料预测有利滩相储集体发育区。

虽然，滩相碳酸盐岩储集体的研究取得以上成就，但是以基质孔、粒间孔、格架孔等为储集空间的礁滩型储集体深化研究面临以下问题：①如何在总体低GR背景下利用地质、测井、地震资料准确识别礁滩储集体并建立识别模型是亟待解决的科学问题。②如何准确把握礁滩储集体的形成条件、发育机制，建立礁滩储集体的分布预测模型也是面临的主要问题之一。③准确认识滩相储集体的时空分布规律有赖于对储集体根本成因的认识。滩相储集体储集空间的形成和保存机制的研究将是解决上述问题的关键所在。④除台缘滩外，滩相储集体厚度小（一般为2～3 m），已经超出地震分辨率的极限，现今的技术手段对此类储集体的预测精度不高。如何应用地震与地质结合的手段进行滩相储集体的预测，建立相对完整且行之有效的滩相储集体预测技术体系是亟待解决的问题。

1.2.2　云斑灰岩白云石粒间孔隙型储集体研究现状

云斑灰岩白云石粒间孔隙型储集体是以灰岩在成岩作用过程中产生的次生孔隙为储集空间的储集体。产生次生孔隙的成岩作用主要有两类：①溶解作用；②白云化作用。Saller 等（1994）研究认为溶解事件的发生（随之增加了孔隙体积）通常是由于孔隙中流体的化学性质发生了明显的变化，如盐度、温度、CO_2分压的改变。产生这些变化最有可能发生在埋藏历史的早期（早成岩阶段），尤其在层序边界上与发育的大气淡水体系相结合。Moore（1989）研究认为碳酸盐岩在埋藏以后，内部所含烃的成熟或泥岩的脱水将为埋藏溶蚀作用提供侵蚀性流体（中成岩阶段）。Loucks 和 Handford（1992）、Saller（1994）研究还发现埋藏后的碳酸盐岩（主要为灰岩）自此被抬升到地表，与不整合面相伴生和与大气淡水直接接触都会发生溶蚀作用（晚成岩阶段）。综合前人研究可以发现碳酸盐岩（主要为灰岩）的溶解作用可以发生在地层埋藏史中的任意时间。Moore（1989）、Morse 和 Mackenzie（1990）、Budd 和 Hiatt（1993）研究还发现碳酸盐岩地层在埋藏的早期和矿物的稳定化之前（早成岩阶段），如果孔隙中原始海水流体被大气淡水取代，溶解作用将导致孔隙率的增加，形成的次生溶孔具有明显的组构选择性，即该溶解作用产生的孔隙受单个颗粒的矿物相控制。在早期的矿物稳定化之后（中成岩阶段），高镁方解石和文石都达到了稳定状态。而高镁方解石的溶解成分虽然放弃其中的 Mg^{2+}，却以 $CaCO_3$ 的形式沉淀在原地，一般不会形成铸模孔。Matthews（1974）和 Moore（1989）研究发现文石的溶解则为 $CaCO_3$ 被溶解和搬运到异地，形成铸模孔。Lucia（1995）将铸模孔称为孤立的孔洞。James 和 Choquette（1984）研究认为与不整合面（晚成岩阶段）相伴生的石灰岩中发育的孔洞是石灰岩直接暴露于大气淡水渗流带和潜流带成岩环境的结果，该成岩环境普遍具有较高的 CO_2 分压，相对于绝大多数的碳酸盐岩矿物相是不饱和的。Kerans（1989）、Moore（1989）、Loucks 和 Handford（1992）、Saller 等（1994）发现和不整合面相关的溶洞和洞穴（晚期的次生孔隙）分布很广泛，并有重要的勘探价值。

Murray（1960）、Roehl 和 Choquette（1985）、Lucia（1999）认为与白云岩相关的晶间孔（Lucia 称为粒间孔）可形成于许多背景，从潮上带到正常的海水环境，并可成为重要的储集体类型。关于白云石化在井间（或粒间）孔隙形成中的作用，长期以来都是争论的焦点。Murray（1960）在研究了萨斯喀彻省 Charles 组 Midale 层的白云石与孔隙的密切关系后发现：最初，随着白云石百分含量的增加孔隙率下降，直到白云石百分含量达到 50%，在这之后随着白云石百分含量的增加，孔隙率增加。Murray（1960）认为上述白云石之所以可以影响孔隙率，是通过方解石的溶解为白云石提供碳酸盐岩物源的缘故。Midale 层最初是灰泥层，白云石含量小于 50%，未白云石化的灰泥在埋藏过程中被压实，白云石菱面体占据了孔隙，随着白云化程度的增强，孔隙下降。但当白云石含量达到并超过 50% 时，白云石菱面体开始担当支撑格架的作用，阻止了压实；之后随着白云石含量的进一步增加，孔隙率也增加。Weyl（1960）根据质量守恒原理，研究并提供了白云石化过程中通过方解石的溶解提供 CO_3^{2-} 的局部来源，并形成大量与白云石化相关孔隙的有说服力的案例。他还注意到，如果白云石化是分子对分子的交代，方解石向较大比重的白云石转化时，会导致孔隙率增加 13%。然而 Lucia 和 Major（1994）认为白云石化使碳酸盐岩孔隙率增加也不是绝对的，因为没有地质证据可以证实白云石化理论适用于所有碳酸盐岩地层孔隙形成的机理。Purser（1994）等学者则认为原岩（灰岩）的特征对白云岩最终孔隙率的影响固然很重要，但 CO_3^{2-} 来源很受局限的成岩环境也很重要，只有在这样的成岩环境下，白云石化作用才可能导致孔隙率的增加。

国内的学者赵雪凤、朱光有（2007）对塔里木盆地深部海相碳酸盐岩储集层孔隙发育的主控因素进行了研究，认为古沉积环境和成岩作用对储集体孔隙的发育具有重要影响：浅海高能环境下的沉积环境（颗粒滩、鲕粒滩坝、生物礁）及易于发生白云石化的沉积环境（碳酸盐岩台地、蒸发潟湖）有利于储集体孔隙的发育，他们还对成岩环境对孔隙的发育进行了研究，特别强调了灰岩的白云石化对储集体的影响。

陈强路、钱一雄（2003）、牛永斌（2010）等都对塔河油田奥陶系碳酸盐岩储集体成岩作用与孔隙演化进行了研究。发现发生在深埋藏成岩阶段的白云石化作用，在一间房组和鹰山组形成大量的砂屑团块，团块内孔隙彼此独立，不连通；在大气淡水经断裂、裂缝、缝合线等下渗后发生溶蚀，产生许多相互连通的溶蚀孔洞，后期沥青充填加固了孔洞，形成利于油气聚集的空间，是塔河油田中、下奥陶统储集体发育的重要原因。

此外对于灰岩的白云石化，还有另外一种成因——热液白云石化，由热液白云石化作用形成的储集体在世界范围内的许多盆地的不同层系都形成了油气田。例如：在加拿大西部的西加沉积盆地的泥盆系和密西西比西，加拿大东部和美国东北部的密歇根和阿巴拉契亚盆地的奥陶系、美国南部颇有争议的奥陶系（埃伦伯格群、Arbuckle 群）、大西洋北部和南部裂谷边缘的中生界碳酸盐岩、西班牙陆上和海域的白垩系等。在阿拉伯湾地区的二叠系—三叠系和侏罗系—白垩系地层中，现已发现全球最大的油田（沙特阿拉伯的盖瓦尔油田）和全球最大的气田（阿拉伯湾诺斯气田）均存在构造控制热液白云岩的因素。国内学者金之钧（2006）、吴茂炳（2007）等对中国的塔里木盆地碳酸盐岩储集体的研究也发现大量的热液白云石化的证据，对揭示塔里木盆地奥陶系碳酸盐岩云斑灰岩白云石粒间孔隙型储集体的成因具有重要的意义。

1.2.3 裂缝型碳酸盐岩储集体研究现状

从 20 世纪 50 年代末期以来，随着世界上裂缝性油气藏的不断发现，碳酸盐岩裂缝越来越受到人们的关注，因此碳酸盐岩的研究也成为热点，关于裂缝的研究工作在国内外地质界逐渐开展起来，并取得了一系列成果。

在国外，20 世纪 60 年代，Price（1966）根据岩石破裂形成裂缝时是表面能不断增加的过程，提出裂缝的发育程度与岩石中的弹性应变能是成正比的。1968 年，G. H. Murry 将构造横剖面看作弯曲的梁，用几何方法导出了剖面曲率值与裂缝孔隙率之间的计算公式，对裂缝做了初步定量研究；1977 年，他进行了关于构造主曲率和裂缝发育关系的研究。到了 20 世纪 70—80 年代，Narr（1984）提出在一定层厚范围内，单组裂缝的平均间距与裂缝发育的岩层厚度比值呈线性关系。裂缝间距指数法即用裂缝发育的岩层厚度中值与裂缝间距中值的比值（裂缝间距指数）来评价裂缝发育程度。此法在目前还具有相当的实际应用价值。分形（多重分形）理论的引入，丰富了储集体裂缝的研究方法，1980 年，P L Gong Dilland（1980）从理论上证明分形理论可用于碳酸盐岩地区裂缝的研究，并介绍了用分形理论建立裂缝分布的实际模型。C. C. Barton（1985）、T. Hirata（1989）、Thomas 和 blinlacroix（1989）、Velde B 和 Duboes J（1990，1999）、Qin Qirong（1997）等又把这一理论用于其他岩石裂缝的研究，并在裂缝数与裂缝长度、裂缝宽度和密度、裂缝平面分布等研究方面取得了较大进展。

在国内，裂缝研究主要集中在两个方面——裂缝的定量描述和分布预测，大部分的研究工作都是以这两个方面为核心开展的。

周新桂等总结了地下裂缝参数的表征主要包括 7 个方面：①盆内岩心与盆缘相似露头区岩石裂缝基本几何参数对比研究（地质统计法）；②裂缝发育主方位的确定（盆缘相似露头区裂缝方位、古地磁岩心及薄片裂缝定向对比研究法、渗透率异常频率法、地球物理法等）；③不同组系裂缝频率及密度分布、裂缝有关的各几何参数间关系以及裂缝几何参数随深度变化关系研究；④裂缝形成时期确定（利用裂缝交切关系及包裹体应用等技术）；⑤裂缝类型及其形成机制分析（地质调查法）；⑥裂缝有效性分析和储渗类型分析；⑦裂缝的连通性和裂缝渗流系统的建立。近年来各种成像测井技术的应用使人们对裂缝及裂缝性油气藏有了更直观的认识，利用成像测井不但可以识别裂缝，还能更直观地对裂缝面的倾斜角度、方位、开度和密度等进行解释。

在地质方面，对地质背景区的裂缝进行空间分布统计，测定裂缝高度、方向、开度和长度等参数，建立比例模型，以表征油藏的裂缝有效孔隙率和渗透率；在工程方面，利用试井和生产数据导出的渗透率和裂缝储水系数，可以了解裂缝系统的性质。这两方面的方法都不能独立地精确描述裂缝系统，但两者相结合，能提供研究天然裂缝油藏的重要线索。

1.2.4 岩溶型碳酸盐岩储集体研究现状

近年来古岩溶研究一直是国内外地质（尤其是油气地质）研究中的一个热点。国外古岩溶发育带早就成为勘探开发的重要靶区：伊朗、委内瑞拉、巴西、美国、阿尔及利亚、摩洛哥、安哥拉、埃及、匈牙利、罗马尼亚、俄罗斯等国都发现了古岩溶油气藏，其中较大的是阿尔及利亚的哈西梅萨乌德潜山油田，含油面积达 1300 km^2，石油地质储量为 3.57×10^9 t。国内众多与古岩溶密切相关的潜山油气藏在塔里木盆地、四川盆地、渤海湾盆地和鄂尔多斯盆地逐渐被发现，从而掀起了一轮岩溶研究的热潮。

古岩溶研究经历了 3 个阶段：地质地理描述阶段、物理化学阶段（水 - 岩相互作用）和地球系统科学阶段（岩溶动力学）。Jerry Lucia（2007）在他的专著《碳酸盐岩储集体表征》中利用很长篇幅对溶洞性碳酸盐岩储集体进行了描述，并对其成因机理进行分析。他把岩溶分为两类①小范围的溶蚀、垮塌和微裂隙；②大范围的溶蚀、垮塌和断裂。他认为产生溶洞与断裂和岩石的物理性质关系密切，溶蚀作用的本质和成岩作用中的溶解作用有关。随着国际地科联组织的 IGCP 系列项目（IGCP229、379、448、513）的开展，描述地表岩溶系统碳 - 水 - 钙物质能量循环的岩溶动力学理论逐渐建立起来，从微观上研究驱动岩溶动力系统运行和岩溶形成的水动力、气体动力学及生物化学动力学，极大地推动了岩溶科学的发展。岩溶动力学理论在研究全球变化和指导岩溶生态系统的修复上已经取得突破，但在碳酸盐岩储集体发育规律、介质改造与演化研究中还缺乏系统的实践与应用。目前，对古岩溶的研究主要集中在形成的动力学机制和主控因素分析上，动力学机制主要以 Levich（1962）提出的扩散边界层理论为指导，采取室内模拟与野外观测相结合的方法进行。主控因素分析认为古岩溶成因与海平面的相对升降及构造运动密切相关。由于海平面的相对下降及区域构造运动的抬升，造成下伏碳酸盐岩地层隆升暴露，遭受风化剥蚀和淋滤岩溶作用，发育大量溶蚀孔洞缝，形成古风化壳岩溶储集体，为油气藏形成提供了条件。古岩溶地貌与古岩溶储集体的分布关系密切，并具严格的控制作用，不同的古岩溶地貌单元有着不同的水动力条件并控制着古岩溶的发育。

自从在塔里木盆地碳酸盐岩地层中发现油气藏以后，近年来国内学者对塔里木盆地古岩溶进行了详细的研究，取得了较丰硕的成果。如李宗杰（2003，2008）经研究认为塔河油田的古岩溶作用主要发育两期，即加里东期、海西期岩溶，其中海西早期古岩溶对塔河地区奥陶系碳酸盐岩储集体发育起主导作用。同时加里东中期岩溶的客观存在对 O_3 覆盖区的油气勘探也具有重要意义。丁勇（2008）对塔河油田研究还发现存在热液岩溶作用。王良俊（2001）认为，塔河油田地区古岩溶地貌形成的重要因素是：板块运动是动力，隆起为背景下的断裂和水是条件，时间是关键，小洞是大的孔洞发育带形成的基础。鲁新便、高博禹、陈姝媚（2003）、康志宏（2006）认为塔河油田奥陶系油藏属于多期构造和岩溶作用形成岩溶型碳酸盐岩油藏，缝洞系统受控于岩溶作用，岩溶作用强烈程度明显受控于古地貌形态。陈景山（2007）在塔里木盆地奥陶系海相碳酸盐岩中识别出同生岩溶、风化壳岩溶、埋藏岩溶 3 种不同类型的古岩溶作用。徐国强（2008）、肖玉茹等（2003）认为塔河油田古岩溶的发育受不整合面、构造抬升和海平面升降的影响。影响古洞穴碳酸盐岩储集体的平面非均质性的主要因素有古构造、古断裂、古水文系统、古岩溶地貌等，其中与古岩溶地貌关系最为密切。邬兴威等（2005）认为塔河地区断裂对古岩溶地貌的形成和发育起了控制作用，岩溶古地貌、地表古水系沿断裂发育。不同期次的断裂带附近古岩溶储集体相当发育，反映断裂对古岩溶储集体的形成和发育起着重要的控制作用。闫相宾（2002）通过对塔河油田奥陶系古岩溶作用发生的地质背景和岩溶产物的岩石学特征及地球化学特征的研究认为：①塔河油田奥陶系古岩溶作用发生于地表或近地表低温氧化大气淡水条件下；②有多期岩溶作用改造的历史，但主要的岩溶改造发生于海西早期；③主要的岩溶作用发生于构造抬升期，在与构造抬升有关的侵蚀基准面下降控制下，发育多个岩溶旋回；④海西早期岩溶水动力系统复杂，岩溶缝洞的充填破坏主要发生于海西早期地表或近地表环境下。饶丹（2007）通过宏观构造演化与微观流体地球化学性质的研究，认为塔河油田油气分布受控于海西早、晚期构造运动叠加形成的构造格架。古构造叠加的结果控制了古地貌和裂缝发育强度，古地貌和裂缝发育强度控制了古水系的流动方向及溶蚀深度，它们是岩溶作用发育的主控因素。

以裂缝和溶洞为储集空间的储集体研究还存在以下问题：

（1）由于缝洞系统发育规律复杂，具有很强的不均质性。勘探阶段对储集体进行了不同程度的描述，总的来看是属于大尺度的宏观描述，如何精细表征它们的储集性能是目前急需解决的问题。

（2）缝洞系统成因复杂，组合类型较多，如何从测井和地震上准确定量识别也是一个重要的问题。

（3）影响缝洞系统发育的因素也较多，分布的难以预见性，致使开发井的成功率不到70%；如何综合考虑各种影响因素，准确预测缝洞系统的分布是研究的最终目的所在，也是我们急于解决的问题。

（4）复杂的井况限制了资料的准确录取，降低了油藏动态资料的质量，影响了对油藏的开发动态评价，如何综合各种动态资料，准确跟踪开发过程评价油藏，采取合理的开发措施，也是我们必须解决的问题。

上述问题在研究区都有所体现，本书正是基于这些问题综合各种资料进行储集体综合研究。

1.3 研究内容

本书根据塔河油田二区勘探开发情况，采取地下与野外相似露头对比，综合岩心、薄片观测、扫描电镜和阴极射线等观察结果以及测井资料、录井资料和地震资料，对研究区奥陶系储集空间进行研究；按储集空间构成储集体类型的不同方式和规模对研究区储集体类型进行划分，并对各类储集体进行精细描述和主控因素分析；在对储集体的连通性研究的基础上进行缝洞单元划分。本书具体研究内容如下。

1. 地层格架

在前人相关研究的基础上，利用年代地层学、岩石地层学、生物地层学、地震地层学研究手段，综合野外剖面、岩心观察、测井资料和地震等资料，识别出塔河油田二区奥陶系和巴楚地区奥陶系野外相似露头中的隆升不整合、侵蚀不整合等层序界面。建立研究区的地层格架，并进行地层对比研究。

2. 构造特征与构造作用研究

在前人对塔河油田构造作用与构造演化研究的基础上，采用与巴楚野外奥陶系相似露头对比研究，综合利用地震、测井和岩心等资料对塔河油田二区奥陶系构造特征和构造作用进行研究，为分析构造作用对储集体的影响做铺垫。

3. 沉积相与岩石相研究

通过对塔河油田二区奥陶系 S77、S79、T207、T208、T313、T443、T452 等 7 口井岩心的精细观察、采集样品、照相，获得第一手可靠的地质资料，结合巴楚奥陶系野外相似露头观测和室内分析数据，建立研究区的单井相图；通过连井对比研究建立研究区剖面相，从岩心研究出发，结合测井及地震资料，对研究区沉积相分布特点与发育特征进行研究，建立不同沉积阶段的沉积相分布特征及其古地理演化规律；通过岩石薄片的研究，查明巴楚野外奥陶系相似露头与塔河油田二区奥陶系岩心岩石组成的矿物特点，为成岩作用研究获得第一手材料和打好研究基础；同时建立塔河油田奥陶系碳酸盐岩结构类型及其演化模式，探讨沉积相带分布对储集体发育的宏观控制；重点研究含油裂缝、含油溶洞和小型溶孔三者组成的储积复合体的结构、组合规律与其发育岩性的时空分布规律。

4. 成岩相与成岩作用研究

通过对研究区奥陶系 8 口取心井的岩石薄片、铸体薄片的镜下观察，结合岩心观测、阴极射线分析与扫描电镜等资料确定塔河油田二区奥陶系所发生的成岩作用。通过对各种成岩作用的详细特征研究，明确各种成岩作用对塔河油田二区奥陶系碳酸盐岩储集体发育的影响，尤其注重对含油的云斑灰岩进行研究，对白云石化的成因进行分析，同时阐明其形成环境和时空分布规律；在地层格架内分析各种成岩作用与储集空间发育的关系；建立研究区成岩史和孔隙演化模式。

5. 滩相溶蚀孔隙型储集体精细描述与主控因素研究

在巴楚野外奥陶系相似露头观察感性认识的基础上，通过研究区岩心观测，薄片观察，扫描电镜等资料对孔隙储集体的几何学特征进行精细描述，分析滩相溶蚀孔隙储集体与沉积相、岩性和成岩作用等主控因素的关系。

6. 裂缝型储集体精细描述与主控因素研究

在巴楚野外奥陶系相似露头实地观测的基础上，从精细岩心观察入手，对岩心上的裂缝进行详细观察，并进行精细的几何学描述、统计和数字表征；对裂缝的成因分类进行研究，包括：沉积裂缝（滑塌裂缝和收缩裂缝）、成岩裂缝（压实缝合线）、构造裂缝等；通过精细研究 FMI 测井资料，对塔河油田二区地下裂缝的几何学特点进行研究，尤其是要对裂缝的地下真实产状进行研究，获得裂缝的走向信息；对裂缝系统进行分期配套后，研究不同期次裂缝的成因动力学机制以及不同构造单元或构造位置裂缝的成因动力学机制，以便阐明裂缝的分布规律；对裂缝系统结构特征及后期改造与次生变化研究，探讨多期裂缝的空间组合，形成网络系统的空间结构关系，注重相互间的加强、制约与改造，裂缝的充填机制及大范围的改造、次生变化规律；还要注意裂缝的充填性研究，要查明裂缝的充填类型、充填时期、充填过程及充填机制。

7. 岩溶性储集体精细描述与主控因素研究

在巴楚野外奥陶系相似露头实地观测的基础上，综合研究区岩心观测、常规测井和成像测井资料以及地震解释资料，对研究区的古溶洞的几何学特征精细描述和数字表征；通过对研究区钻井过程出现的井漏、井涌、钻头下落等信息统计，研究古岩溶的平面发育特征；通过对研究区溶洞充填物的地球化学分析（比如：C、O 稳定同位素，稀土元素分析等）对古岩溶发育期次、充填期次进行划分；通过对研究区古岩溶发育特征与古地貌、古水系、古气候、古构造以及沉积特征等因素的综合研究，分析研究区古岩溶发育受控的主要因素。

8. 云斑灰岩白云石粒间孔隙型储集体成因与主控因素研究

通过研究区奥陶系岩心观察、薄片鉴定、阴极射线和扫描电镜分析等资料对研究区奥陶系中—下奥陶统云斑灰岩储集体的特征进行描述，特别是云斑灰岩与缝合线的共生关系，应用室内分析和露头观察相结合的方法对云斑灰岩储集体成因进行研究，最后综合分析云斑灰岩储集体发育的影响因素。

9. 储集体连通性及缝洞单元划分

在熟悉研究区井史和动态生产资料的基础上，应用井组间类干扰试井法和示踪剂测试连通性分析技术，对研究区井组间连通性进行研究；综合井间连通性分析、压力系统、流体性质和现今岩溶地貌对研究区奥陶系储集体进行缝洞单元划分。

2　塔河油田石油地质概况

2.1　塔河油田及相似露头地理位置

塔河油田位于新疆库车县和轮台县境内，东北距轮台县城约 50 km，西北距库车县城约 70 km 处。东靠草湖凹陷，西邻哈拉哈塘凹陷；南接满加尔凹陷，北依阿克库勒凸起。二区位于 3、4、7 区的南部，北纬 41°14′4″ ~ 41°18′39″，东经 83°51′56″ ~ 84°3′41″之间（图 2 − 1），面积为 74.6 km^2。

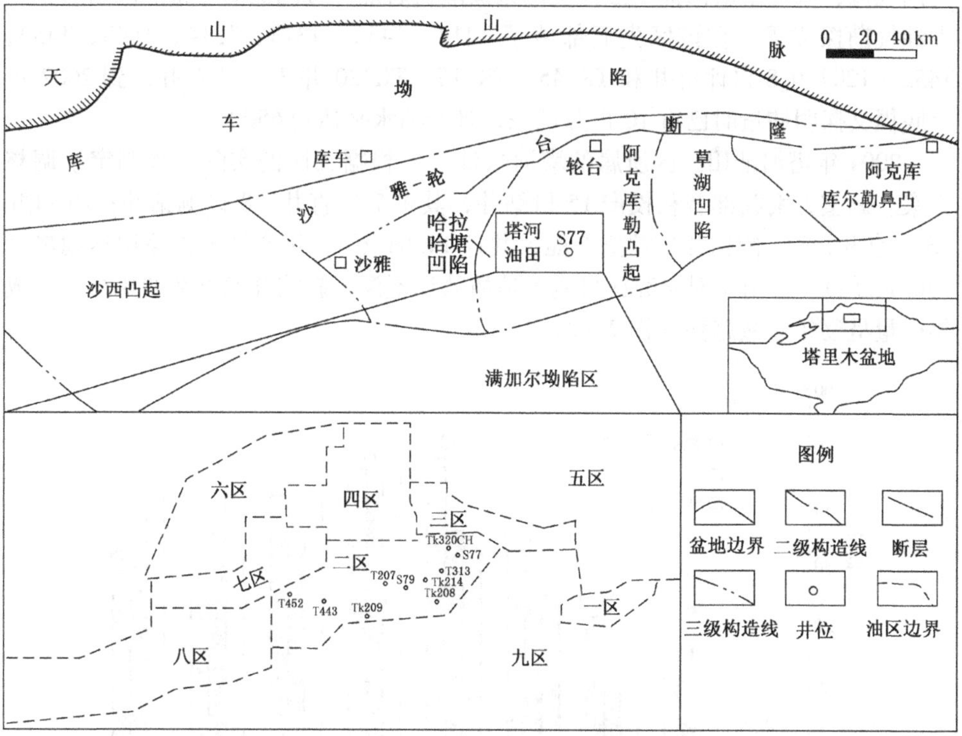

图 2 − 1　塔河油田地理位置图

野外露头和岩心是获取储集体信息最有效的两种手段。塔河油田二区奥陶系因受钻井取心情况的限制而可得到的储集体信息很有限。因此本书采用地质类比法将野外露头和井下取心相结合，选取了与研究区构造、沉积均可对比研究的相似露头区——巴楚地区奥陶系露头区作为野外考察的对象。

巴楚县位于新疆西南部，天山南麓，塔里木盆地和塔克拉玛干沙漠西北边缘。东与阿瓦提县、墨玉县接壤，北与柯坪县、阿合奇县毗邻，南与麦盖提县、皮山县相连，西与伽师县、岳普湖县、阿图什市相接，全县总面积 18490.59 km^2。奥陶系野外观测露头剖面主要沿 314 国道北缘硫磺沟—三岔口—五道班和一间房—唐王城—大阪塔格一线出露。地层出露完整，层系界面清晰，古生物化石多样，为研究区储集体研究提供了丰富的可对比的野外资料。

2.2 塔河油田勘探开发概况

2000 年在塔河油田二区奥陶系部署了 S77 井、S79 井 2 口预探井，获得了高产油气流，揭开了塔河油田二区奥陶系碳酸盐岩油气藏勘探的序幕。随后为了扩大油气勘探成果，在该区先后部署了 T414、T436、T313、T314、T443、T453、T452、T207 井 8 口评价井和 TK445、TK315、TK320 井 3 口开发井，到 2002 年年底提交探明储量时已有 10 口井试采，日产油水平达到 650 t。

2004 年塔河油田二区所属的塔河采油一厂根据二区的实际开采制定了调整方案。调整方案共部署和投产 15 口钻井，其中 7 口直井，8 口侧钻井；10 口井（5 口直井，5 口侧钻井）建立产能，共计 14.68 万 t，年产量也在该期达到最大（48.1 万 t）。但由于对研究区奥陶系地质认识不深，影响开发方案的执行，造成年产量呈逐年递减趋势（图 2-2）。

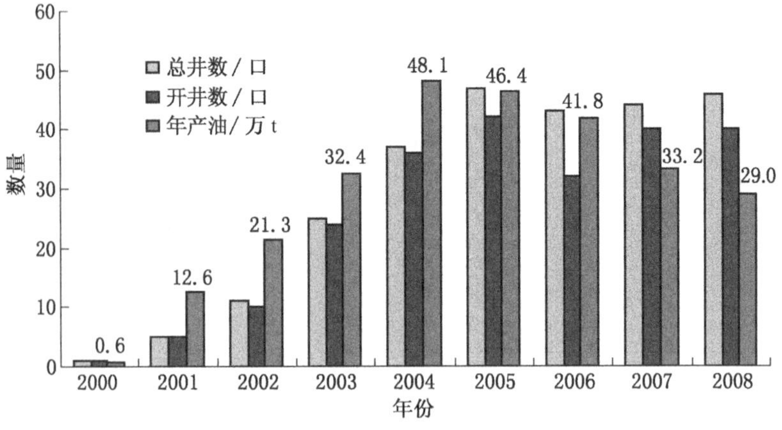

图 2-2 塔河油田二区近 9 年奥陶系油藏开采情况表（据中石化西北局，2009）

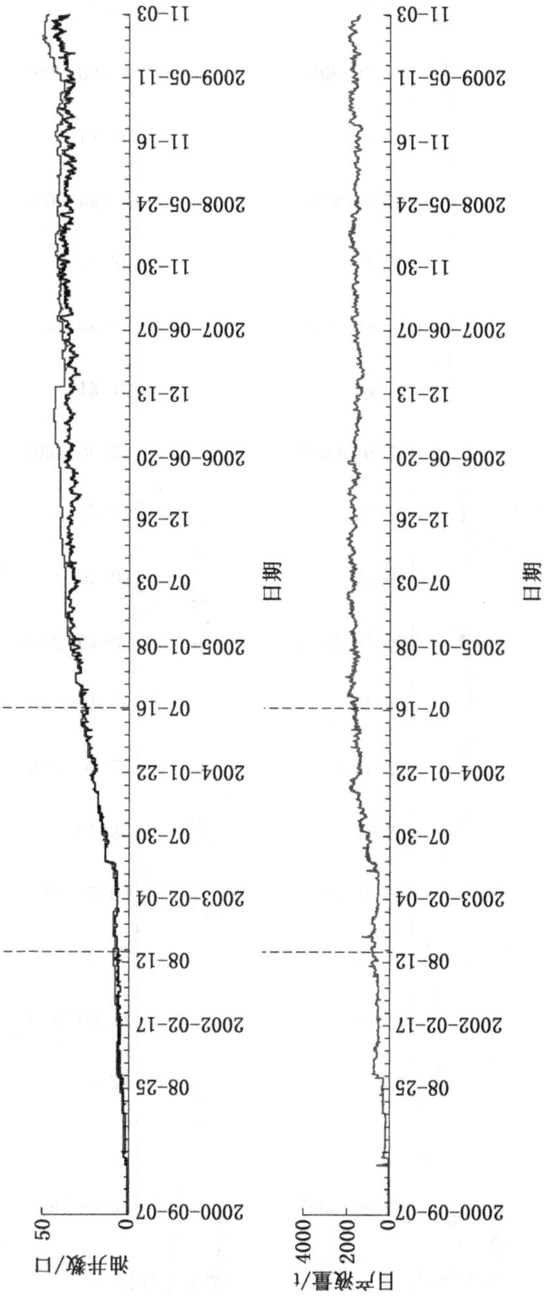
油井数/口
0
50
日产液量/t
0
2000
4000
日期
2000-09-07
08-25
2002-02-17
08-12
2003-02-04
07-30
2004-01-22
07-16
2005-01-08
07-03
12-26
2006-06-20
12-13
2007-06-07
11-30
2008-05-24
11-16
2009-05-11
11-03

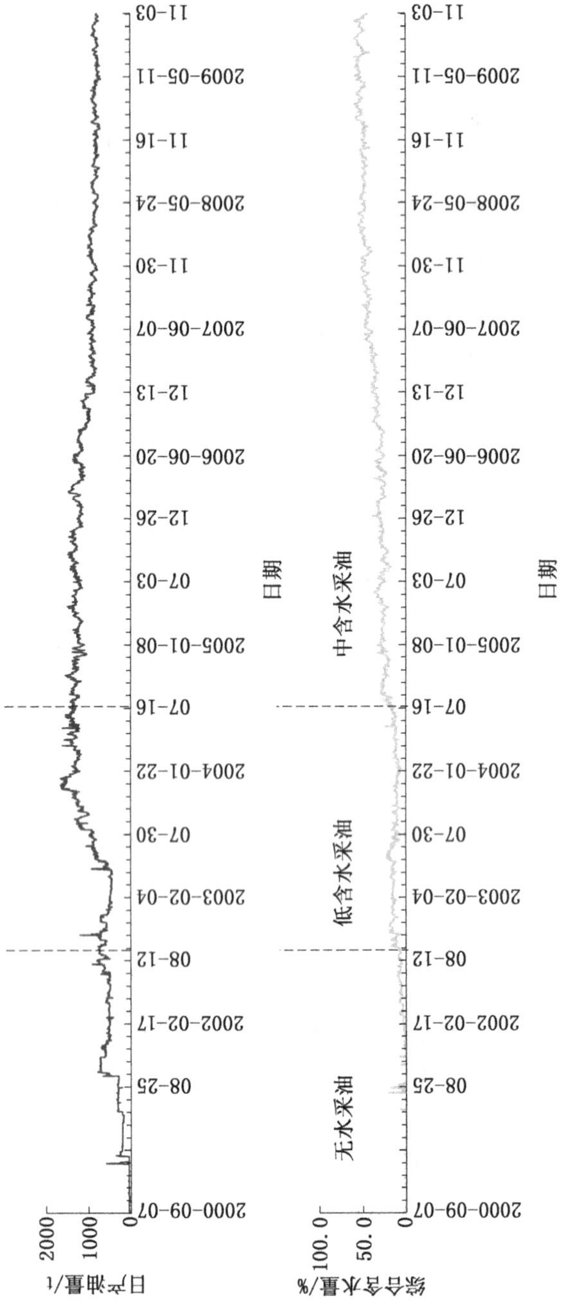

图 2-3　塔河油田二区近 10 年奥陶系开发情况统计图（据中石化西北局有修改，2009）

截至2009年10月，研究区共完钻79口井，其中直井59口，侧钻井20口，地质勘探储量4336万t，采油井共计50口，开井45口，日产液水平达1661.9 t，日产油水平达796.4 t，综合含水量为52.08%，自然递减率为30.01%，综合递减率为15.36%，采油速度为0.76%，采出程度为7.69%，累计采油291.5×10^4 t，油田开发已经进入中含水采油阶段。图2－3所示为塔河油田二区近10年奥陶系开发情况统计。

从目前塔河油田二区奥陶系总的开发情况看，奥陶系各油井投产初期产油能力较强，平均产油能力55 t，产能大于80 t的井14口，井数比例占26%；初期产能小于40 t的中低产、低产井有31口，井数比例达50%，但产能仅占17%，北部剥蚀区油井的产能一般高于中部尖灭线区油井的产能，中部尖灭线区油井的产能一般又高于南部上奥陶统覆盖区油井的产能（图2－4），并且各油井投产1～2年递减率较快达33%；在第2～4年递减趋于平缓，年递减率为16.9%（图2－5）。

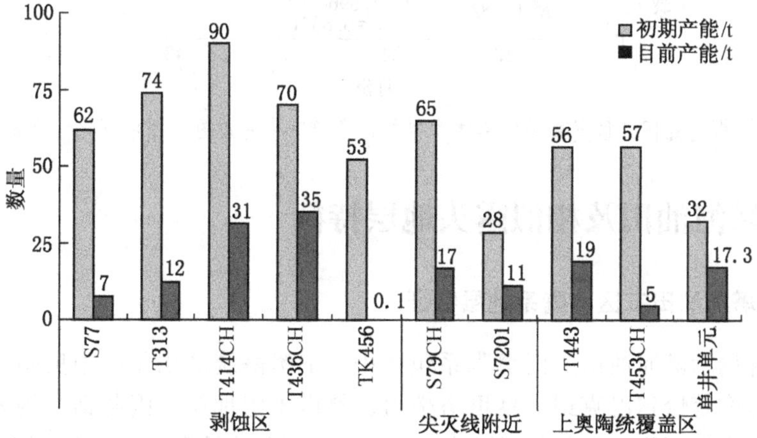

图2－4 塔河油田二区奥陶系产能分区对比图（据中石化西北局，2009）

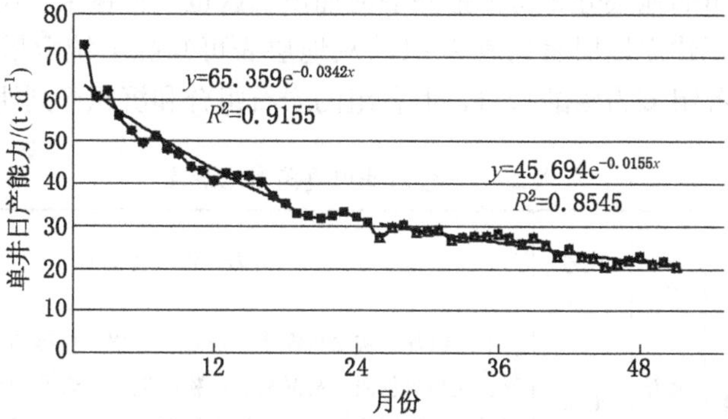

图2－5 塔河油田二区生产时间大于4年的油井日产油能力递减图（据中石化西北局，2009）

同时，研究还发现塔河油田二区奥陶系平均单井日产能力递减情况还与其储集体类型有关：溶洞型储集体储集空间大，能量充足，前期递减相对变缓，后期主要受含水与能量的共同影响，溶洞型储集体递减相对较快；裂缝孔洞型储集体储集空间相对较小，前期主要受能量下降和含水上升的影响，递减相对快，后期受含水的影响相对较小，递减相对减缓（图2-6）。

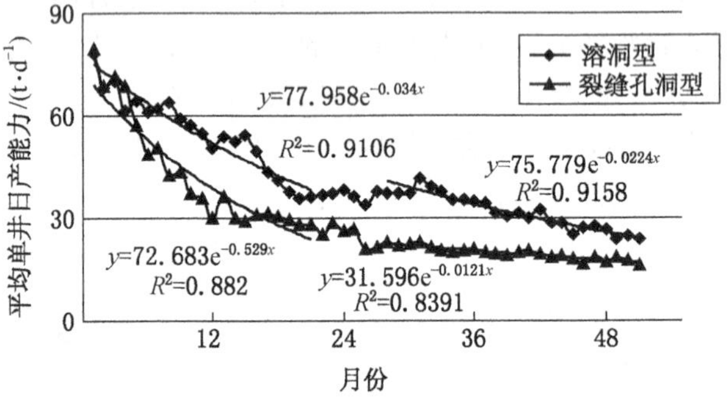

图2-6 塔河油田二区奥陶系储集体类型与日产能递减关系图（据中石化西北局，2009）

2.3 塔河油田及相似露头地层特征

2.3.1 塔河油田二区奥陶系地层特征

钻井揭示塔河油田二区奥陶系包含中—下奥陶统鹰山组、中奥陶统一间房组，上奥陶统恰尔巴克组、良里塔格组、桑塔木组地层。因各钻井均未穿鹰山组，故还未发现下面的蓬莱坝组地层，由临区S88井发现蓬莱坝组地层的事实结合整个塔河油田的地层分布特征推测塔河油田二区也发育蓬莱坝组地层。根据钻井揭示岩石特征建立地层表见表2-1。从地层表可知除上统桑塔木组有较多碎屑岩外，其余各组多为碳酸盐岩，但各组的岩石组合和沉积序列明显不同。

表2-1 塔河油田奥陶系地层表

地层系统				代号	岩性特征
界	系	统	组		
古生界	奥陶系	上统	桑塔木组	O_3s	上段绿灰、灰绿色泥质、灰质粉砂岩，粉砂质泥岩夹泥岩。中段灰、浅褐灰色泥-粉晶灰岩、粉晶生屑灰岩及角砾状灰岩与粉砂质泥岩、泥灰质粉砂岩、泥岩不等厚互层。下段灰色泥质粉砂岩、云质泥岩厚层状互层

表2-1（续）

地层系统				代号	岩性特征
界	系	统	组		
古生界	奥陶系	上统	良里塔格组	O_3l	褐灰色泥微晶灰岩、粉-细晶灰岩、角砾状生屑灰岩
			恰尔巴克组	O_3q	上段紫红色泥质灰岩及瘤状泥灰岩夹暗棕色灰质泥岩。下段灰色、棕红色泥微晶灰岩夹绿灰色泥质条带
		中统	一间房组	O_2yj	灰白、灰色含生物屑、亮晶砂屑灰岩、泥微晶灰岩及细-粉晶灰岩，夹层孔虫-海绵礁灰岩、藻黏结灰岩
		中统-下统	鹰山组	$O_{1-2}y$	黄灰、浅褐灰色泥微晶灰岩、细-粉晶灰岩、亮晶砂屑灰岩，局部夹浅灰色白云质灰岩、灰质白云岩
		下统	蓬莱坝组	O_1p	灰白色白云质灰岩、灰质白云岩、泥微晶藻白云岩、砂砾屑白云岩

2.3.2 巴楚奥陶系露头区地层特征

巴楚地区奥陶纪地层出露完整，其地层分布如图2-7所示。奥陶系地层由

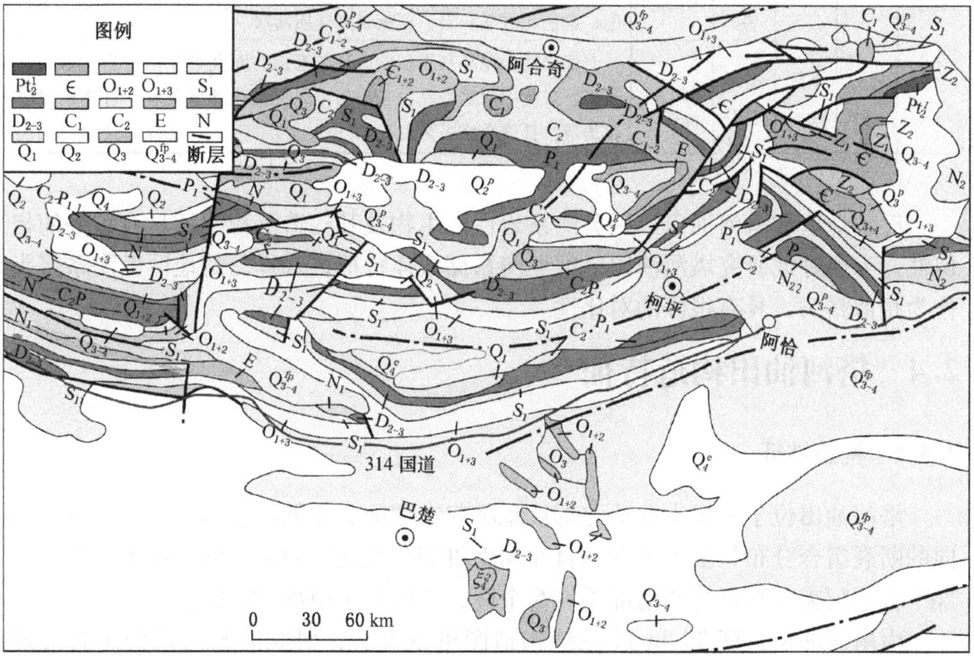

图2-7 巴楚地区奥陶纪地层分布图

老到新可以分为下奥陶统的蓬莱坝组，中—下奥陶统的鹰山组，中奥陶统一间房组，上奥陶统吐木休克组、良里塔格组和桑塔木组。因桑塔木组基本被剥蚀殆尽，在野外露头中很难见到（表2-2），地层总厚度达981 m。中、下奥陶统露头岩性主要以碳酸盐岩为主，上奥陶统常夹杂有碎屑岩颗粒。

表2-2　巴楚奥陶系野外露头地层表

地层系统				代号	岩性特征
界	系	统	组		
古生界	奥陶系	上统	良里塔格组	O_3l	岩性为灰白色厚层状砾岩、砂屑灰岩及藻建造灰岩；顶部出露不全，连续沉积于下伏吐木休克组之上
			土木休克组	O_3t	上部为灰色、深灰色、紫色砾屑灰岩和生物砂屑灰岩；中部为紫红色瘤状砂屑灰岩；下部以深灰色砂屑灰岩；产头足类、珊瑚、腕足类、苔藓类和腹足类等化石
		中统	一间房组	O_2yj	以灰、深灰色厚层生物碎屑灰岩及浅灰、灰白色厚层弱硅化瓶筐石-葵盘石灰岩为特征，平行层面溶蚀孔、洞发育，富含头足类、三叶虫化石，见少量棘皮类、腕足类、腹足类和海绵
		中统/下统	鹰山组	$O_{1-2}y$	上段为黄灰色白云石化砂屑灰岩和浅灰色的微晶灰岩；下部为灰色、黄色泥微晶灰岩、藻灰岩夹硅质薄层
		下统	蓬莱坝组	O_1p	上部岩性为泥晶灰岩和砂屑灰岩互层，间夹细晶白云岩；下部以浅灰、灰色中厚层细晶白云岩为主，夹细晶碎屑灰岩，含硅质团块和条带，且缝合线极为发育

巴楚地区和塔河油田二区奥陶系岩性、生物及其构造沉积特征具有很好的相似性，为更好地研究塔河油田二区奥陶系储集体特征，选择巴楚地区奥陶系露头作为相似露头，具有很好的对比性。

2.4　塔河油田构造特征

2.4.1　构造特征

塔河油田位于塔里木盆地北部沙雅隆起东部阿克库勒凸起西南部。以近东西向的断裂组合分布特征为依据，自北向南可划分为北部斜坡、阿克库木断垒、中部平台、阿克库勒断垒和南部斜坡5个区，二区处于南部斜坡区。

由塔河油田二区 T_7^0 和 T_7^4 三维构造图可以看出，研究区奥陶系处于岩溶残丘—斜坡的过渡地带，呈北高南低之势（图2-8、图2-9）。经过开发方案提交及 44 口方案井和调整方案井的实施、地震解释及测试资料的增多，对二区构造特征有了更进一步的认识。分析认为，北部上奥陶统剥蚀区是主体区四、六区的南部延伸，中—下奥陶统顶面发育多列近南北向和与上奥陶统尖灭线走向一致的 NEE 向溶蚀残丘，自东而西有 S77、Tk320、Tk218、T414、Tk445、Tk212、Tk210、Tk211、T436 等残丘。尖灭线附近及南部覆盖区位于构造缓坡，在南部 T452 – T443 井区、S79CH 井南部发育小型鼻突，局部构造高。尖灭线附近 Tk253X – Tk216、T207 – S79 – Tk228 井区发育残丘褶皱，面积和幅度相对北部剥蚀区小，另外南部覆盖区 T443 – Tk230、Tk226 – Tk209、T453 – T453CHB、T208 井区也发育零星褶皱形态。

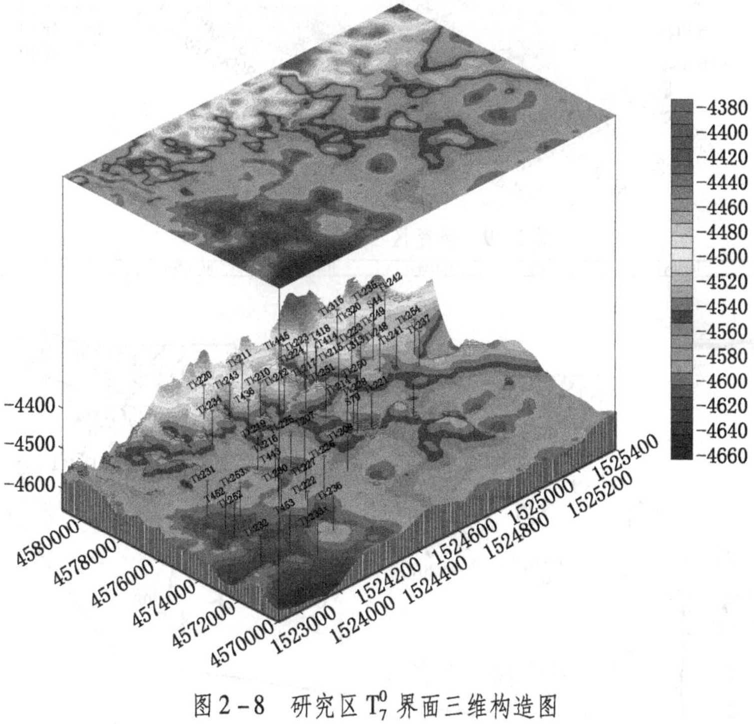

图 2 – 8 研究区 T_7^0 界面三维构造图

2.4.2 断裂、裂缝特征

塔河油田构造总体上为由北东向南西倾的鼻状凸起，二区位于鼻状凸起的翼部。由于受到的构造应力作用相对较小，与四、六区相比断裂欠发育，区内有北西向、北东向和近东西向、近南北向 4 组断裂，其特点是数量少（只有四区的 1/3）、规模小（延伸一般 0.5 ~ 1 km）、垂直断距小（断距一般只有 20 ~ 30 m）（图 2 – 10）。

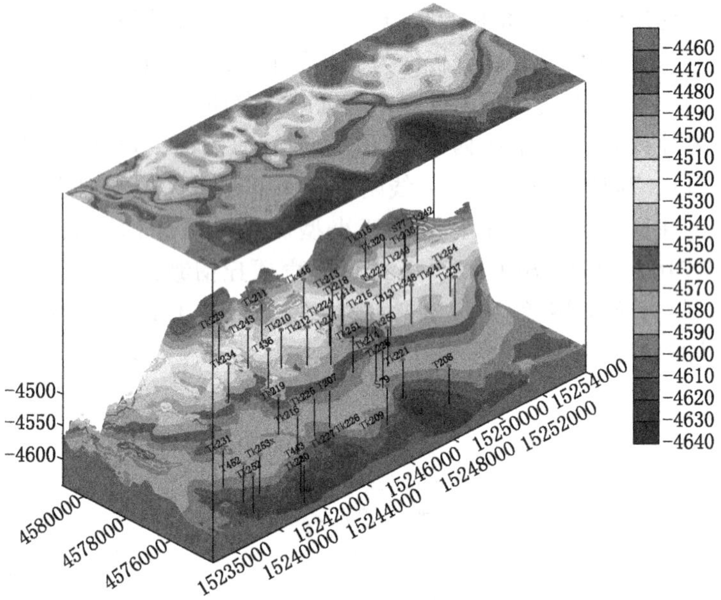

图 2-9　研究区 T_7^4 界面三维构造图

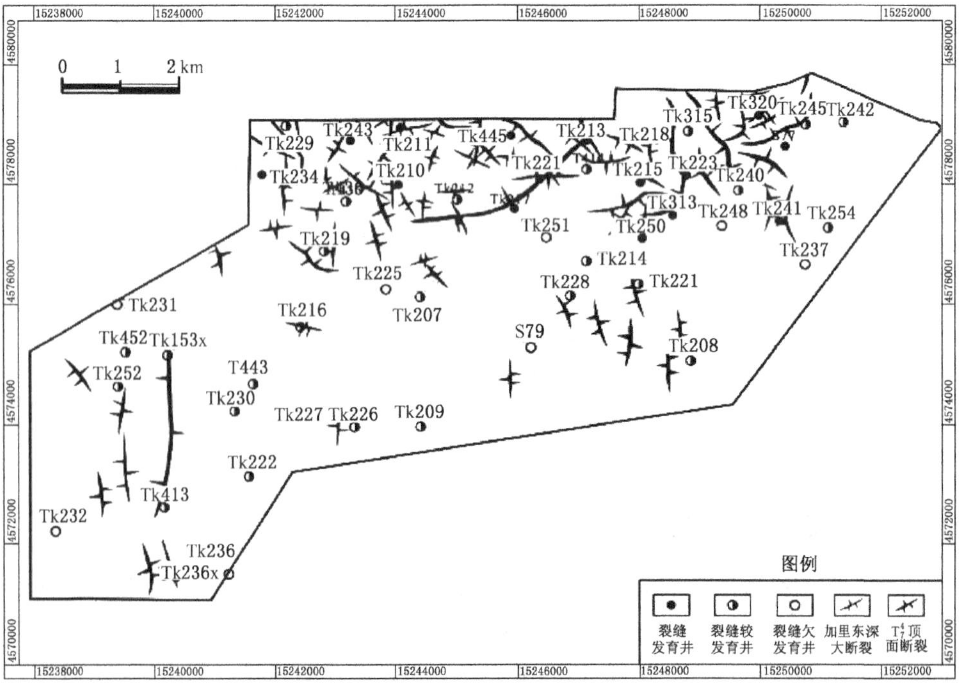

图 2-10　塔河油田二区 T_7^4 界面构造断裂分布图

第一组断裂带为北北西向，断裂的性质及走向与四区一致。主要形成期为海西晚期，具有平面延伸距离较短，断距上小下大，断面较陡的特点，断开层位由奥陶系至石炭系卡拉沙依组上部；平面上主要分布在东北部的 Tk234 - T436 - Tk210 - Tk212 井区，与近东西向断裂交错分布。

第二组为北东向断裂带，具有平面延伸距离较短，断距上小下大，断面较陡的特点，断开层位由奥陶系至石炭系卡拉沙依组上部；平面上主要分布在 Tk235 - S77 - Tk315 - Tk249CH - Tk223 - T313 井区。

第三组断裂为近东西向，主要与海西晚期近南北向挤压作用有关，平面上主要分布在工区北东部 T436 井区及尖灭线附近 T452、Tk221 井区，晚期的近东西向断裂常常起到流体阻隔作用。

第四组断裂为油藏南部近南北向，T_7^4 顶面断裂具有水平延伸短、垂直断距小的特点，主要形成于加里东中期；另外，此井区还发育断至 T_7^8 顶面的深部断裂，形成于加里东早期，具有水平延伸长的特点。T452 - Tk252 - T453 井区发育南北向两条南北向断裂。

3 地层格架与沉积特征

地层格架是广泛应用于地层序列中各类地层或岩石单位的区域性时空有序排列形式。它能反映地层及岩石单位空间排列形式和时空排列形式。确定研究区的地层格架是储集体研究的基础，因为它是储集体发育的时空坐标系。只有建立精确的时空坐标系，才能精细描述各类储集体的空间展布。本章应用岩心观察、测井解释结合地震分析建立区域地层格架，在地层格架内分析研究区沉积相的空间展布与沉积演化。

3.1 地层格架

通过对研究区奥陶系 8 口取心井的精细观察和 66 口钻井的测井解释，认为研究区地层包括 6 个岩石地层单元：下奥陶统的蓬莱坝组、中—下奥陶统鹰山组、中奥陶统一间房组，上奥陶统恰尔巴克组、良里塔格组、桑塔木组地层。应用研究区测井解释地层划分数据（表 3 –1），结合研究区地震解释反映奥陶系各组的尖灭特征（图 3 –1、图 3 –2），得出研究区奥陶系各组段平面分布图如图 3 –3所示。通过岩心观察和测井解释得出各组的岩性和生物特征表述如下。

表 3 –1 塔河油田二区奥陶系测井解释地层划分数据表 m

井号	C_1b 顶	O 顶	O_2yj 顶	$O_{1-2}y$ 顶	井深	O_2yj 厚度	井揭示 $O_{1-2}y$ 厚度
S77	–5376.5	–5436.5		–5536.5	–5745	0	0
S79	–5400	–5495	–5549	–5583	–5707	34	54
T207	–5460	–5511		–5553.5	–5630	0	0
T208	–5422	–5515	–5571	–5673	–5726	102	56
T313	–5402	–5464		–5464	–5589.2	0	0
T414	–5407.5	–5460.5		–5460.5	–5699.6	0	0
T436	–5423	–5487	–5487	–5525	–5687	38	0
T443	–5415	–5512	–5562	–5623	–5710	61	50
T452	–5460	–5517.4	–5517.4	–5583.02	–5602.85	65.62	0

表3-1（续） m

井号	C_1b 顶	O 顶	O_2yj 顶	$O_{1-2}y$ 顶	井深	O_2yj 厚度	井揭示 $O_{1-2}y$ 厚度
T453	-5443.5	-5543	-5631	-5743	-5782	112	88
Tk209	-5434	-5509	-5589	-5677	-5705	88	80
Tk210	-5405	-5458.5	-5458.5	-5472	-5680	13.5	0
Tk211	-5381	-5431		-5431	-5635	0	0
Tk212	-5416.5	-5475.5	-5475.5	-5493.4	-5600	17.9	0
Tk213	-5399	-5459	-5459	-5499	-5640	40	0
Tk214	-5416	-5580.5	-5524.8	-5566	-5720	85.5	0
Tk215	-5412.5	-5481	-5481	-5524	-5706	43	0
Tk216	-5434.5	-5507	-5532	-5598	-5737	66	25
Tk217	-5414	-5482.5	-5482.5	-5510.5	-5673	28	0
Tk218	-5404.5	-5469.8	-5469.8	-5493	-5590	23.2	0
Tk219	-5446.5	-5543.5		-5543.5	-5700	0	0
Tk220	-5444	-5515.5	-5536.5	-5628	-5700	91.5	21
Tk221	-5410	-5492	-5550	-5612	-5730	62	58
Tk222	-5445	-5536.5	-5612.5	-5717.5	-5800	105	76
Tk223	-5400.5	-5471	-5471	-5513.5	-5618	42.5	0
Tk224	-5402	-5452	-5452	-5517.5	-5561.5	65.5	0
Tk225	-5431	-5510	-5545	-5591	-5718	46	35
Tk226	-5443.5	-5532.5	-5582.5	-5687	-5746.8	104.5	50
Tk227	-5442	-5532.5	-5583.5	-5702.5	-5780	119	51
Tk228	-5414	-5490	-5519	-5624.5	-5685	105.5	29
Tk229	-5401.5	-5446		-5446	-5630	0	0
Tk230	-5450	-5543.5	-5578.5	-5665	-5822	86.5	35
Tk231	-5454	-5550	-5550	-5634.5	-5686	84.5	0
Tk232	-5446	-5556	-5657.5	-5753.4	-5844	95.9	101.5
Tk233x	-5440	-5554.5	-5673.5	-5781.5	-5812	108	119
Tk234	-5429	-5488.5	-5488.5	-5531	-5607	42.5	0
Tk235	-5360.5	-5423	-5423	-5511.5	-5545	88.5	0

表3-1（续） m

井号	C_1b 顶	O 顶	O_2yj 顶	$O_{1-2}y$ 顶	井深	O_2yj 厚度	井揭示 $O_{1-2}y$ 厚度
Tk236	-5417	-5513	-5639	-5738.5	-5840	99.5	126
Tk237	-5400	-5475	-5475	-5571	-5590.02	96	0
Tk241	-5413.5	-5483.5	-5483.5	-5573.5	-5650	90	0
Tk242	-5379	-5450	-5450	-5517	-5588	67	0
Tk243	-5425.5	-5483		-5483	-5750	0	0
Tk248	-5390	-5465	-5465	-5567.5	-5595	102.5	0
Tk249	-5391	-5457	-5457	-5540	-5590	83	0
Tk250	-5427	-5509.5	-5509.5	-5585	-5640	75.5	0
Tk251	-5424.5	-5491.5	-5491.5	-5588	-5749.5	96.5	0
Tk252	-5455.5	-5562.5	-5576	-5665.5	-5702.5	89.5	13.5
Tk253x	-5446.3	-5546.6		-5546.6	-5607.77	0	0
Tk254	-5392	-5467.5	-5491.5	-5597	-5625.5	105.5	24
Tk315	-5368.5	-5423.5	-5423.5	-5457.5	-5600	34	0
Tk320	-5391	-5452.5	-5452.5	-5495	-5611	42.5	0
Tk445	-5392	-5445		-5445	-5650	0	0

1. 蓬莱坝组（O_1p）

塔河油田奥陶系仅S88井见蓬莱坝组地层，揭示厚度为255 m（6310~6565 m），未见底。发育两个藻席沉积序列，沉积环境为潮坪，主要为潮下－潮上带。岩性主要为浅白、灰白色泥微晶纹层藻白云岩、砂砾屑白云岩、粉细晶白云岩。该组自然伽马曲线呈低值箱形。电阻率曲线在低值附近波动。与上覆鹰山组的界线在测井曲线上不易识别，但岩性有较大差别，该组顶部以白云岩为主，鹰山组底部则为白云岩与灰岩互层。

2. 鹰山组（$O_{1-2}y$）

塔河油田二区大部分钻井均钻遇鹰山组，为一套开阔台地相的台内浅滩与滩间海间交互的沉积，与下伏地层蓬莱坝组呈整合接触。根据钻井所见岩石特征和生物类别可划分为两段：下段以浅灰、黄灰色泥微晶灰岩、泥微晶砂屑灰岩、含云质泥微晶灰岩、砂屑灰岩为主，夹浅褐灰色白云岩、含灰质白云岩、云质灰岩薄层（图3-4a）。该段局部发育微波状层理、微细水平层理。上段为浅灰、黄

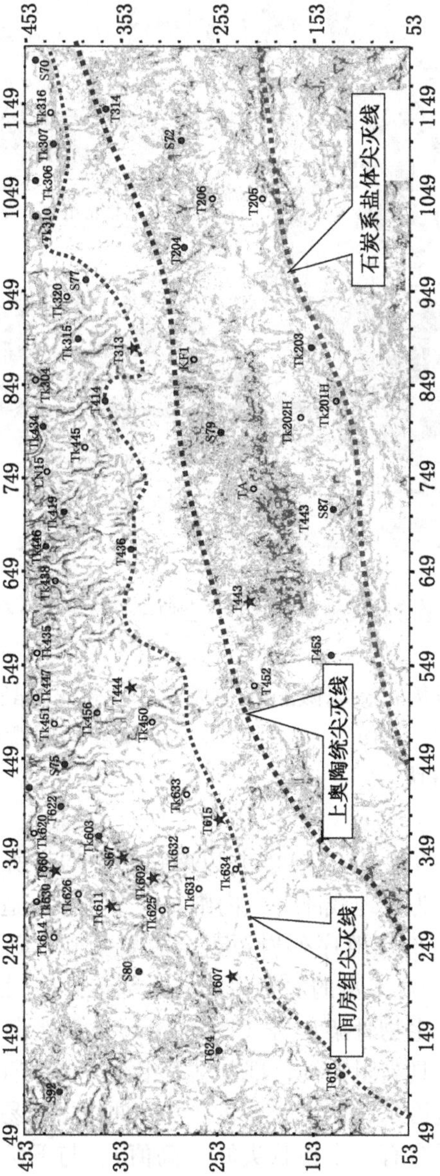

图 3-1 研究区奥陶系地震协方差本征结构反映地层尖灭分布图（据中石化西北局，2006）

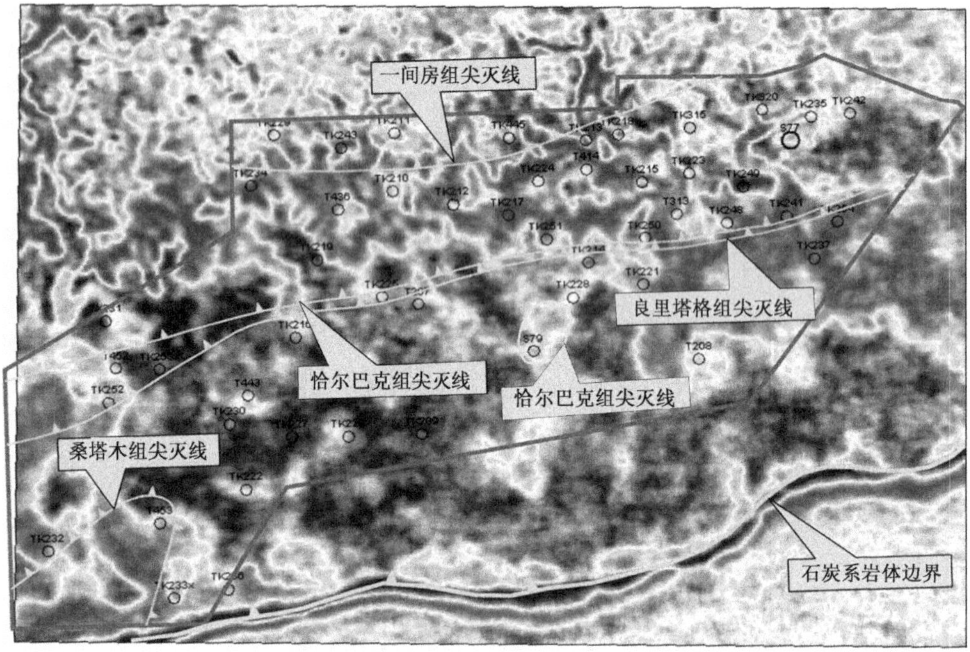

图3－2　研究区奥陶系各组在地震时间切片上的尖灭线平面分布图

灰色生屑泥微晶灰岩与泥微晶灰岩、泥微晶砂屑灰岩、砂屑泥微晶灰岩略等厚互层，该段发育白云化斑块（图3－4b）。该组顶部为含藻鲕的泥微晶灰岩，多含硅化团块，也见（含沥青）斑块。

3. 一间房组（O_2yj）

研究区在Tk229－Tk243－Tk211－Tk445井以南钻井中均有所见，发育2个礁－滩相沉积序列，沉积环境为台地浅滩－台内礁。一个建滩－造礁沉积序列厚约50 m，垂向上分两部分：下部建滩序列岩石组合主要为砂、砾屑灰岩、藻鲕灰岩、鲕粒灰岩（图3－4c），含丰富的底栖生物；上部造礁序列岩石组合主要为海绵礁灰岩、藻黏结灰岩、生物骨架灰岩（图3－4d）。自然伽马曲线呈低值箱形。部分钻井电阻率较高，具高阻特征；部分钻井电阻率曲线有两个旋回式变化，可反映序列演化。与上覆恰尔巴克组的界线在测井曲线上较易识别，恰尔巴克组自然伽马曲线在底部附近多有一个指状尖峰（高值），与下伏地层鹰山组呈整合接触。

4. 恰尔巴克组（O_3q）

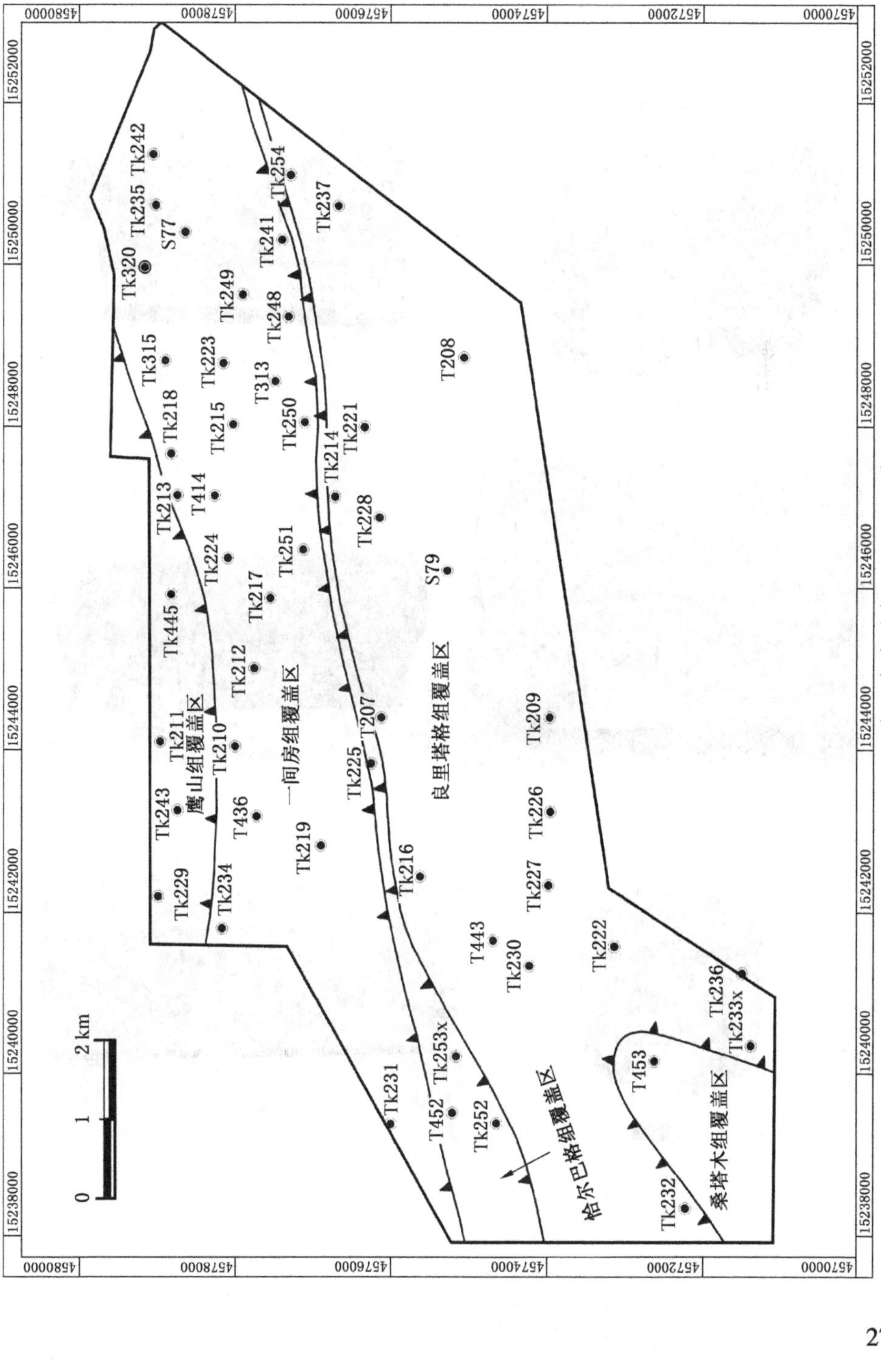

图3－3 研究区奥陶系各组段平面分布图

(a)

(b)

(c)

(d)

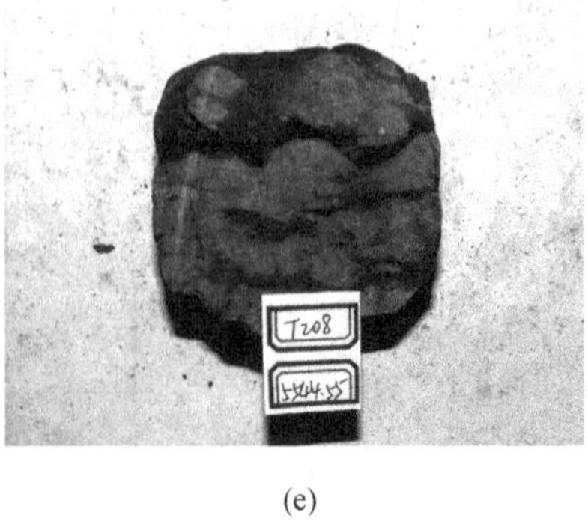

(e)

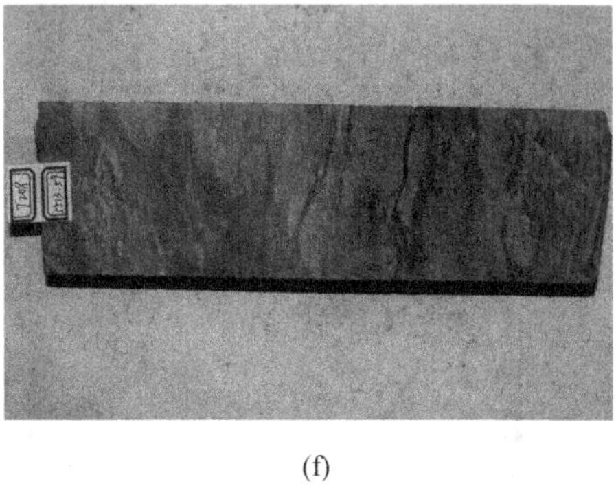

(f)

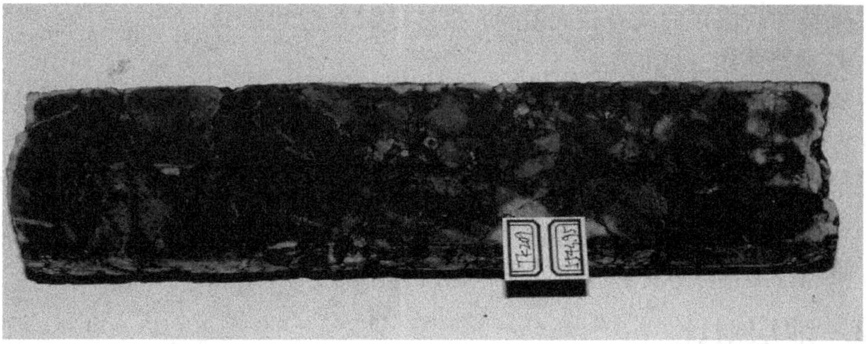

(g)

图3-4 塔河油田二区奥陶系岩心照片图板

注：图3-4中，(a) 为S77井鹰山组下段黄灰色泥微晶灰岩；(b) 为S77井鹰山组下段白云石化砂屑斑片灰岩；(c) 为T208井一间房组下段砂屑灰岩；(d) 为Tk209井一间房组上段生物骨架灰岩；(e) 为T208井恰尔巴格组下段紫红色瘤状灰岩；(f) 为T208井恰尔巴格组上段泥微晶灰岩，含灰绿色泥质条纹；(g) 为Tk209井良里塔格组褐色瘤状灰岩。

研究区在Tk231－Tk219－Tk251－Tk250－Tk248－Tk241井以南各钻井均有所遇，具独特的岩石组构和沉积特征，沉积环境为深浅海陆棚。该组下部为紫红色瘤状灰岩（图3-4e），厚10余米，岩性较均一，含丰富的介壳（毫米级、絮状分布），底部见海绿石。上部为灰绿过渡为紫红色瘤状灰岩，瘤体为泥微晶灰岩，瘤体间为灰绿、紫红色泥质或粉砂质条纹、条带（图3-4f），顶部泥质含量增加，见同生期暴露标志（淡水胶结方解石、生物外壳发育铁质氧化膜），厚3~5 m。该组测井曲线特征与研究区奥陶系其他组段区别十分明显，该组底部自然伽马曲线多有一个指状的高峰区。上部瘤状灰岩段呈明显的高峰值，电阻率曲线也呈明显的低峰值。与上覆良里塔格组地层界线在测井曲线上极易识别，界线处有明显的幅度差，该界线在FMI图上也有明显反映。该界线是奥陶系内部重要的沉积转换面，恰尔巴克组上部瘤状灰岩沉积开始的大规模海侵淹没了早—中奥陶世的碳酸盐台地。

5. 良里塔格组（O_3l）

研究区Tk252－tk253x－Tk225－Tk251－Tk250－Tk248－Tk241井以南均有所发育，为奥陶系最后的碳酸盐台地沉积，沉积环境为台地浅滩-滩间，局部为藻礁或藻丘。岩石组合为灰—灰白色藻灰岩、藻砾屑灰岩、生物碎屑灰岩、微晶灰岩，含灰绿色泥质条纹。部分井底部可见褐色瘤状灰岩（图3-4g）。最厚达50 m以上。该组灰岩自然伽马曲线呈低值箱形，与上、下各组泥质含量较高的自然伽马（高值）曲线有较大差异，极易识别。

6. 桑塔木组（O_3s）

该组主要分布于研究区西南部 Tk232 – Tk453 – Tk233x 所夹的狭窄区域内，在 T453 井奥陶系顶部钻遇。岩性为灰色夹灰绿色粉砂质泥岩与泥质粉砂岩不等厚互层夹多层薄层（生物屑）灰岩，沉积环境为台缘斜坡。T453 井自然伽马、电阻率曲线均呈锯齿状。灰岩夹层自然伽马值低、电阻率值高，泥质基线则相反。该组与上覆石炭系巴楚组界线不易识别。

3.2 地层对比

为弄清研究区奥陶系各组段的空间分布规律，以研究区奥陶系测井资料为基础在近东西和近南部选择了 4 条剖面进行重点分析（图 3 –5、图 3 –6）。

通过南北向地层对比发现南部地层较北部地层厚，南缘上、中、下奥陶统均有发育，北缘只发育中、下奥陶统（图 3 –5）。东西向地层对比发现北部临近塔 4 区主要发育中、下奥陶统的一间房组和鹰山组地层，且各组段地层厚度不尽相同（图 3 –6），推测与地层后期剥蚀程度有关，地层厚度与后文所述地下暗河的发育有很好的对应关系；中部上奥陶统尖灭线附近上、中、下奥陶统均有所发育，且有明显的尖灭，同样各组段的地层厚度也不尽相同，推测与地层后期剥蚀程度有关；南部近上、中、下奥陶统地层均有所发育，各组段的地层厚度也不尽相同，有局部高点和残丘存在（图 3 –7、图 3 –8）。

3.3 沉积特征

沉积环境是决定储集体物性的主要因素之一，这个问题看起来很理论化，似乎与改造成因的缝洞型碳酸盐岩储集体的储集相及相关的油藏问题关系不大，实际上要深入认识碳酸盐岩储集体的储集相及相关的油藏问题，首要的问题是要把碳酸盐岩沉积相与岩石相这两个基本问题搞清楚，因为碳酸盐岩沉积相与岩石相在很大程度上决定了碳酸盐岩储集体后期改造的路径及其结果：有什么样的沉积相就有什么样的岩石相，有什么样的岩石相就有什么样的储集相，有什么样的储集相就有什么样的油藏，这是一个关联度很高的因果链。

3.3.1 沉积相

1. 单井相

以岩石微相分析和岩石相分析为主要内容的岩心观察描述是单井相分析的基础，而单井相分析则是进行电性分析和井间对比的基础。作者在对塔河油田二区

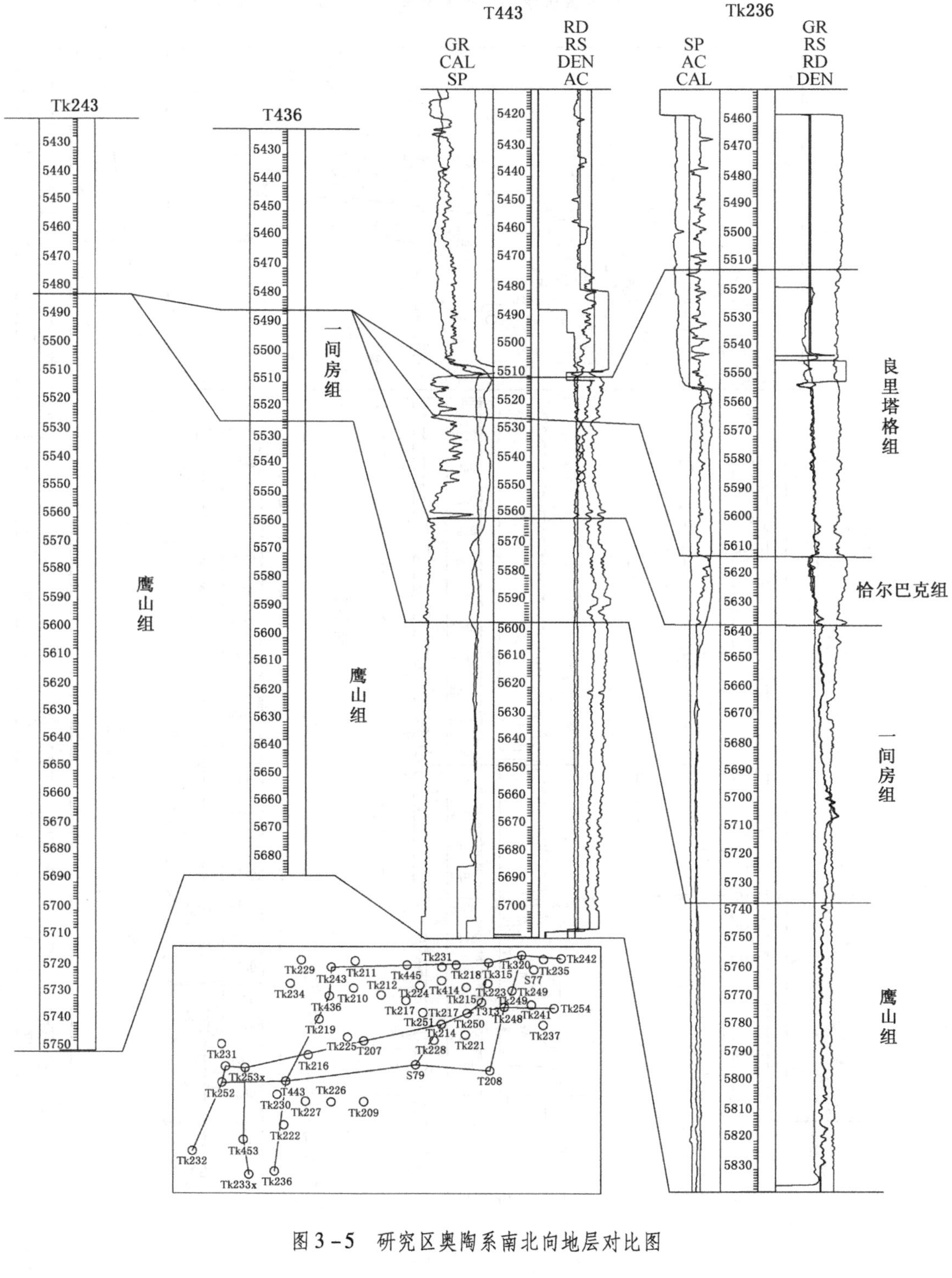

图 3-5 研究区奥陶系南北向地层对比图

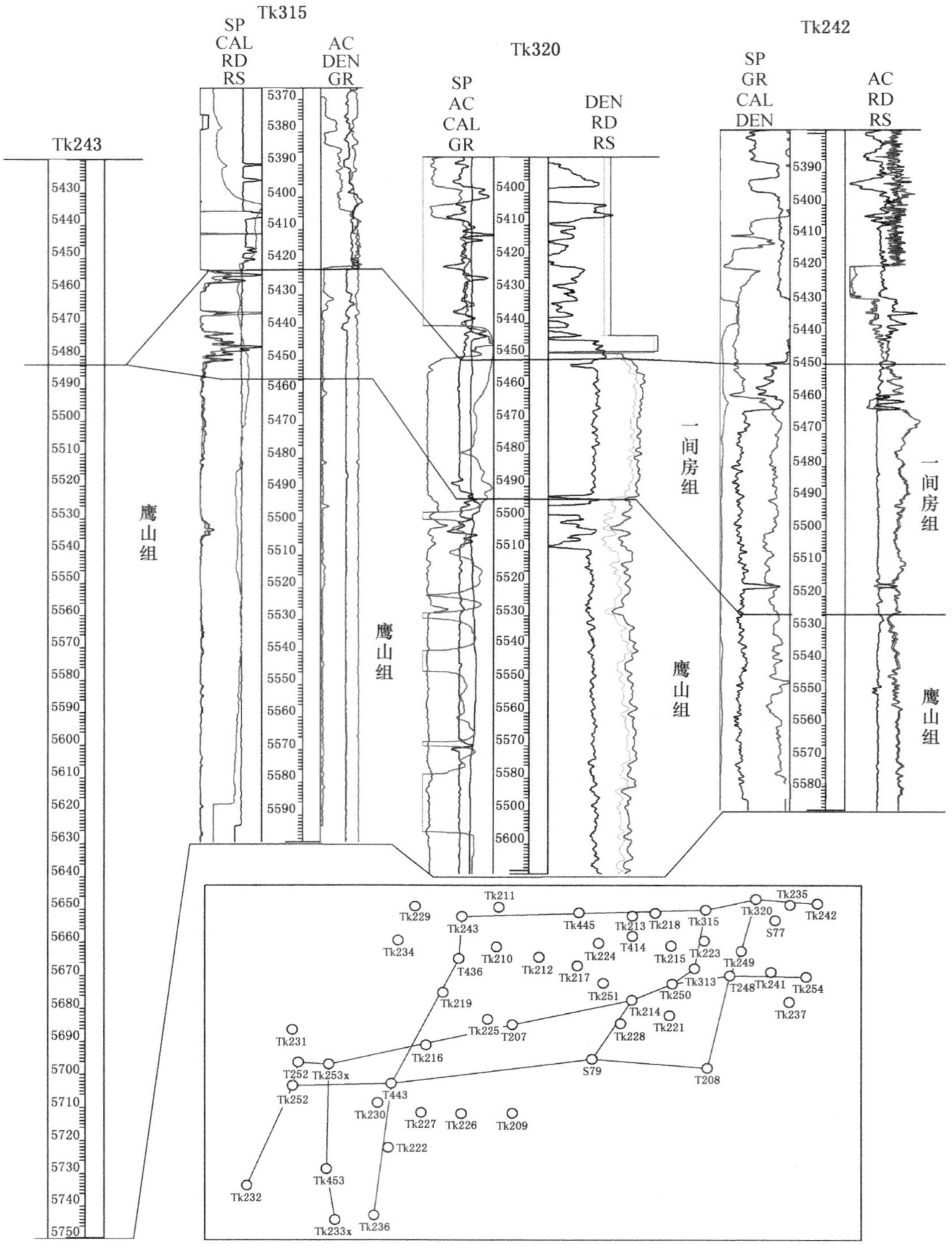

图3-6 研究区北部奥陶系近东西向地层对比图

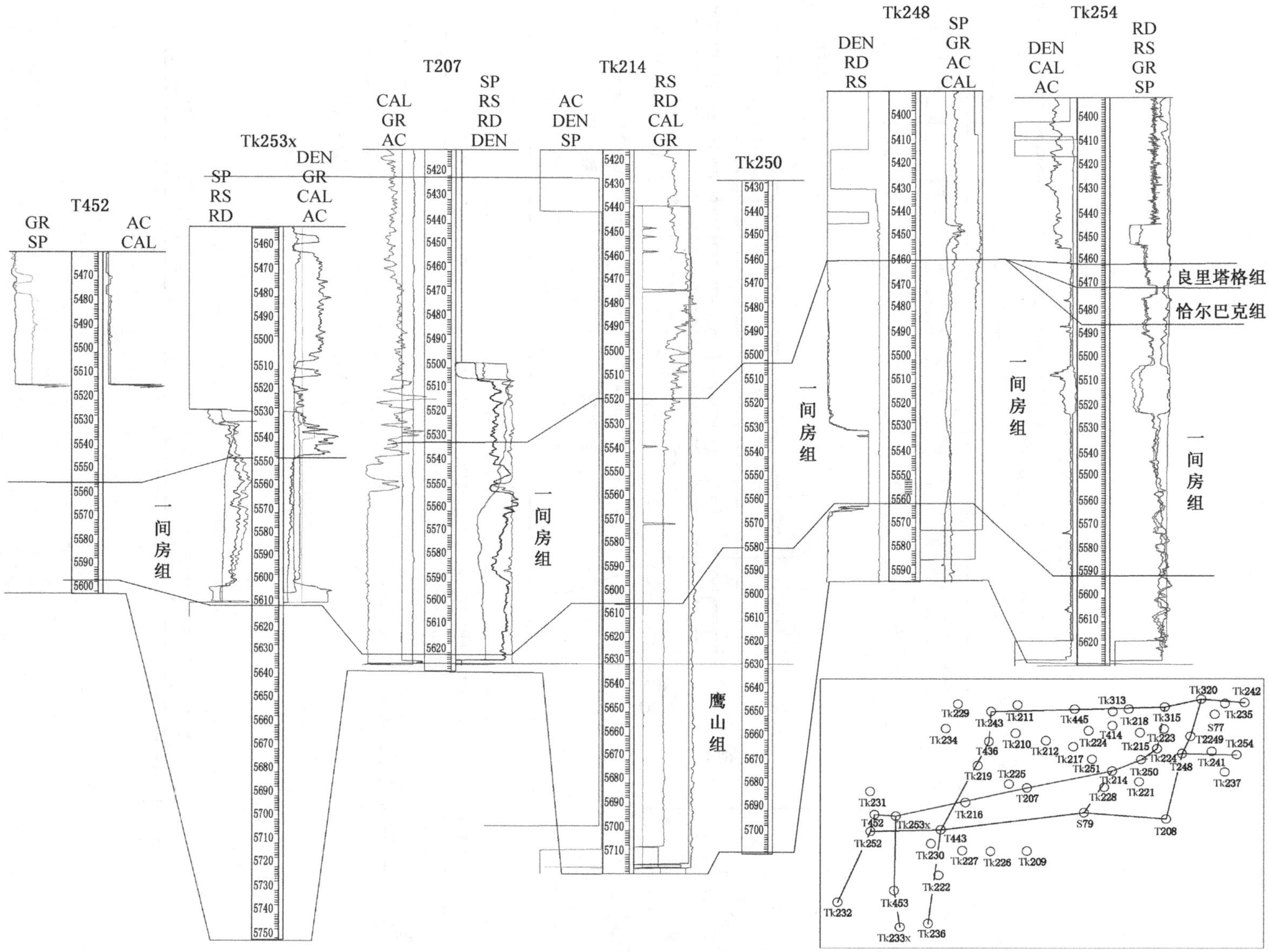

图3-7　研究区中部上奥陶统尖灭线附近东西向地层对比图

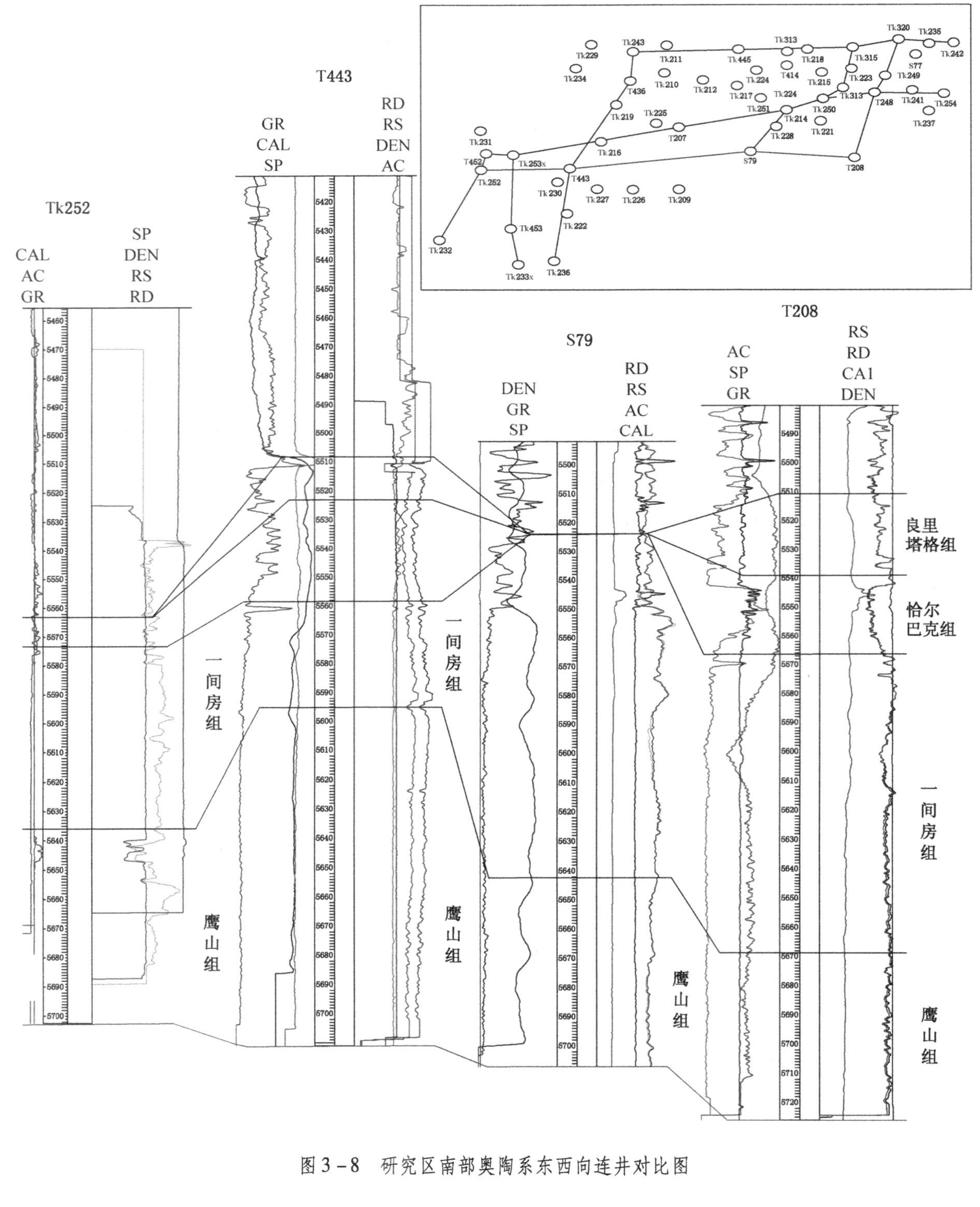

图3-8 研究区南部奥陶系东西向连井对比图

奥陶系 S77、S79、T207、T208、T313、T443、T452、Tk209 等 8 口取心井精细描述的基础上，对所取岩心样品进行了沉积微相和岩石相分析，结合所含生物化石和测井曲线特征，对 S77、S79、T207、T208、T443、T452、Tk209 等 7 口关键井（T313 井因所剩取心仅 0.26 m 除外）进行了单井微相分析（图 3－9、图3－10）。分析结果表明研究区鹰山组、一间房组、恰尔巴克组、良里塔格组和桑塔木组等 5 个岩石单元与沉积相有较好的对应关系。可划分为五大沉积相：局限台地相、开阔台地相、台地边缘相、台缘斜坡相和混积陆棚相；9 个沉积亚相：棚内缓坡、棚内砂质浅滩、潮间、潟湖、台缘陡坡、台缘礁、台缘滩、台内滩和滩间海；12 个微相：砂屑滩、生屑滩、潮间坪、潮道、灰质潟湖、云质潟湖、蒸发潟湖、滑塌浊流、台缘陡坡原地沉积、生物礁、鲕粒滩、生物滩（表 3－2）。

2. 剖面相

在 7 口单井微相分析的基础上在研究区进行剖面相分析，用于研究各个相带在垂向的展布规律研究（图 3－11）。研究结果表述如下：

（1）鹰山组。研究区鹰山组主要为滩间海亚相和台内砂屑滩沉积。其中台内滩非常发育，主要为砂屑滩，并且呈连片分布。地震剖面上表现为连续平行反射，局部发育小型内部杂乱的丘状反射体，前者代表滩间海，后者代表台内滩沉积。

（2）一间房组下段。研究区一间房组下段主要为滩间海和台内砂屑滩。根据钻井揭示，局部发育以瓶筐石为主的小型海绵生物礁（丘）范围很小。S77、T443、Tk209 岩心上均揭示该段发育台内砂屑滩，并且连片出现，范围较广。

（3）一间房组上段。研究区一间房组上段主要为滩间海和生物丘－砂屑滩。S77、S79、T208、T443、Tk209 井一间房组上段均发育海绵类、腹足类生物碎屑，揭示该区域生物丘－砂屑滩相当发育，并连片出现。

（4）恰尔巴克组。研究区恰尔巴克组主要发育台缘边缘相和台地斜坡相，下段以台地边缘相为主，古杯海绵、托盘类发育。上段以台缘斜坡相发育，以薄壳腕足类、三叶虫为代表。

（5）良里塔格组。良里塔格组主要以局限台地相为主，岩心上见水平层理、逆粒序层理，生物以介形虫，古杯海绵、托盘类、棘皮和苔藓虫为主。以 T208、Tk209、T443 为代表，到良里塔格组尖灭线消失。

3. 平面相

综合单井相和剖面分析成果，有利于储集体发育的 3 个层位的沉积相平面图如图 3－12～图 3－15 所示。各个相带在平面上的分布规律如下。

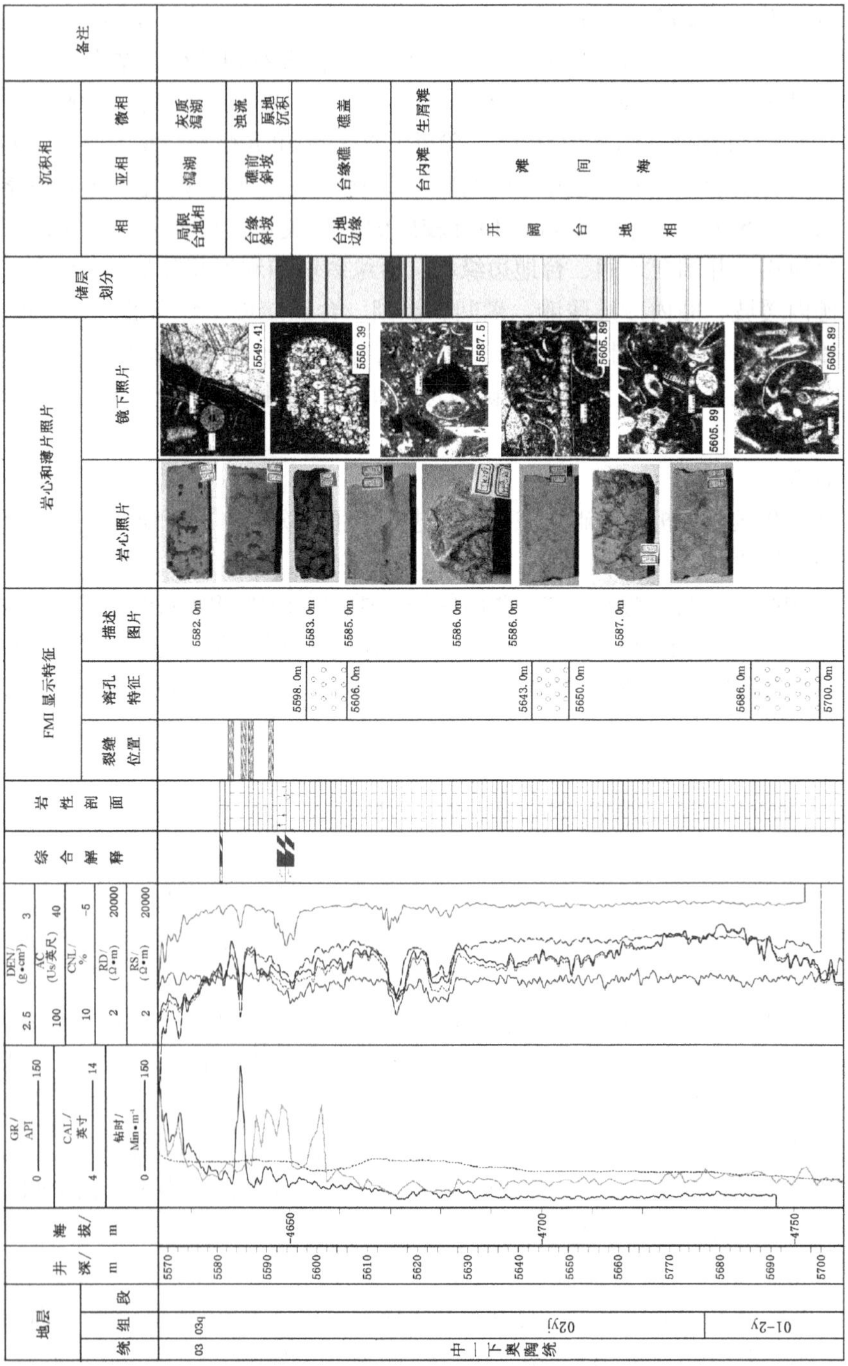

图3－9 研究区Tk209井奥陶系单井相图

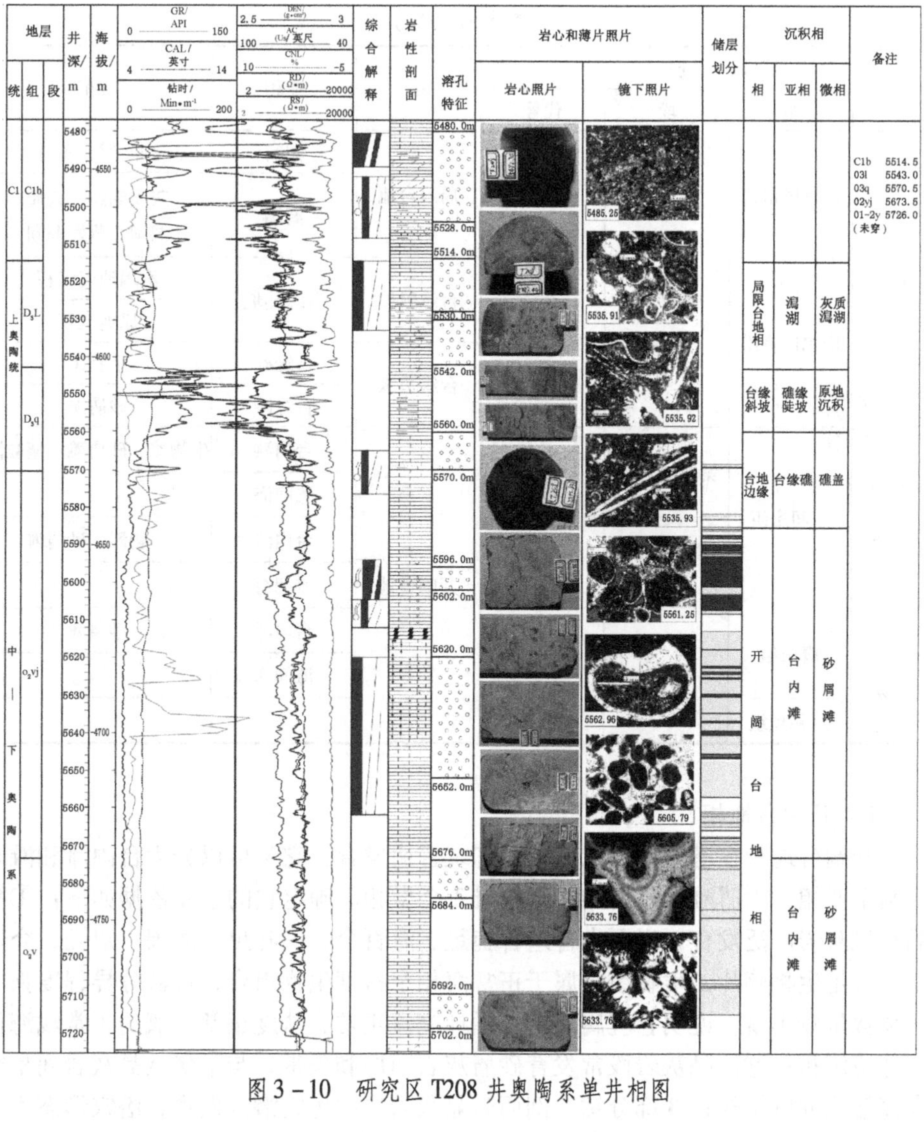

图3-10 研究区T208井奥陶系单井相图

表3-2 塔河油田二区奥陶系分层沉积微相划分表

地层				相	亚相	微相
统	组	段	代号			
上统	桑塔木组		O_3s	混积陆棚	棚内缓坡	砂屑滩、生屑滩
					棚内砂质浅滩	

表3-2（续）

地层				相	亚相	微相
统	组	段	代号			
上统	良里塔格组		O_3l	局限台地	潮间	潮间坪、潮道
					潟湖	灰质潟湖、云质潟湖、蒸发潟湖
	恰尔巴克组		O_3q	台缘斜坡	台缘陡坡	滑塌浊流沉积
						原地沉积
				台缘边缘	台缘礁	生物礁
					台缘滩	砂屑滩
中统	一间房组	第二岩性段	O_2yj^2	开阔台地	台内滩	生物滩、砂屑滩、鲕粒滩
					滩间海	
		第一岩性段	O_2yj^1		台内滩	生物滩、砂屑滩
					滩间海	
	鹰山组		$O_{1-2}y$		台内滩	砂屑滩
下统					滩间海	
	蓬莱坝组		O_1p			

1）开阔台地相

开阔台地相在塔河油田二区下奥陶统普遍发育，它又可以分为台内滩和滩间海两个亚相，生屑滩、砂屑滩和鲕粒滩3个微相。确定它的主要依据如下：①微晶有机灰岩广泛发育，岩石中普遍含腕足、海百合、三叶虫、海绵、双壳、介形虫、腹足生物碎片，生物组合属于正常海相窄盐度生物组合，种群分异程度强和生物数量较丰富，说明它应属于广海循环交流正常、盐度正常充氧的正常浅海低能环境沉积；②微晶灰岩段常发育砂屑灰岩薄层和条带，与下伏微晶灰岩间呈突变接触或冲刷接触；③部分钻井剖面微晶灰岩层中生物潜穴发育，潜穴形态不规则，较复杂、较密集；④微晶灰色化学成分揭示 TiO_2、Al_2O_3、Fe_2O_3、FeO、MnO、SrO、Na_2O 和 K_2O 含量低，但都在正常海水盐度控制的范围内。

（1）台内浅滩亚相。研究区台内浅滩亚相属于能量相对较高的沉积环境。以层状微晶灰岩、亮晶砂屑灰岩、生物碎屑灰岩、鲕粒灰岩等发育为标志。根据颗粒类型、胶结物性质等又可划分出砂屑滩、亮晶砂屑滩、生屑滩等微相。但砂屑灰岩中颗粒变化范围宽，砂屑灰岩多为微晶及微亮晶填积，指示其沉积环境能

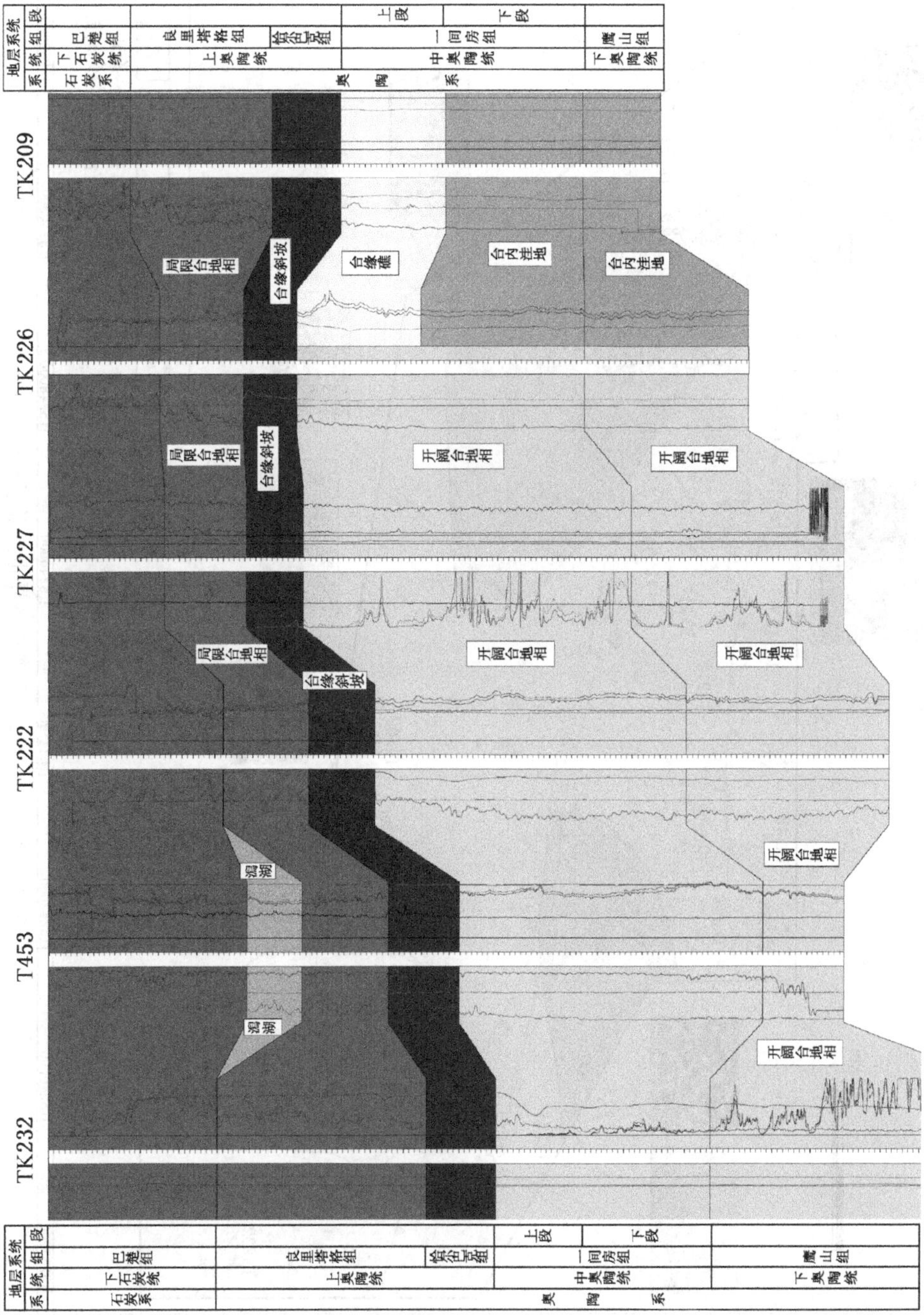

图3－11　研究区奥陶系沉积相剖面图

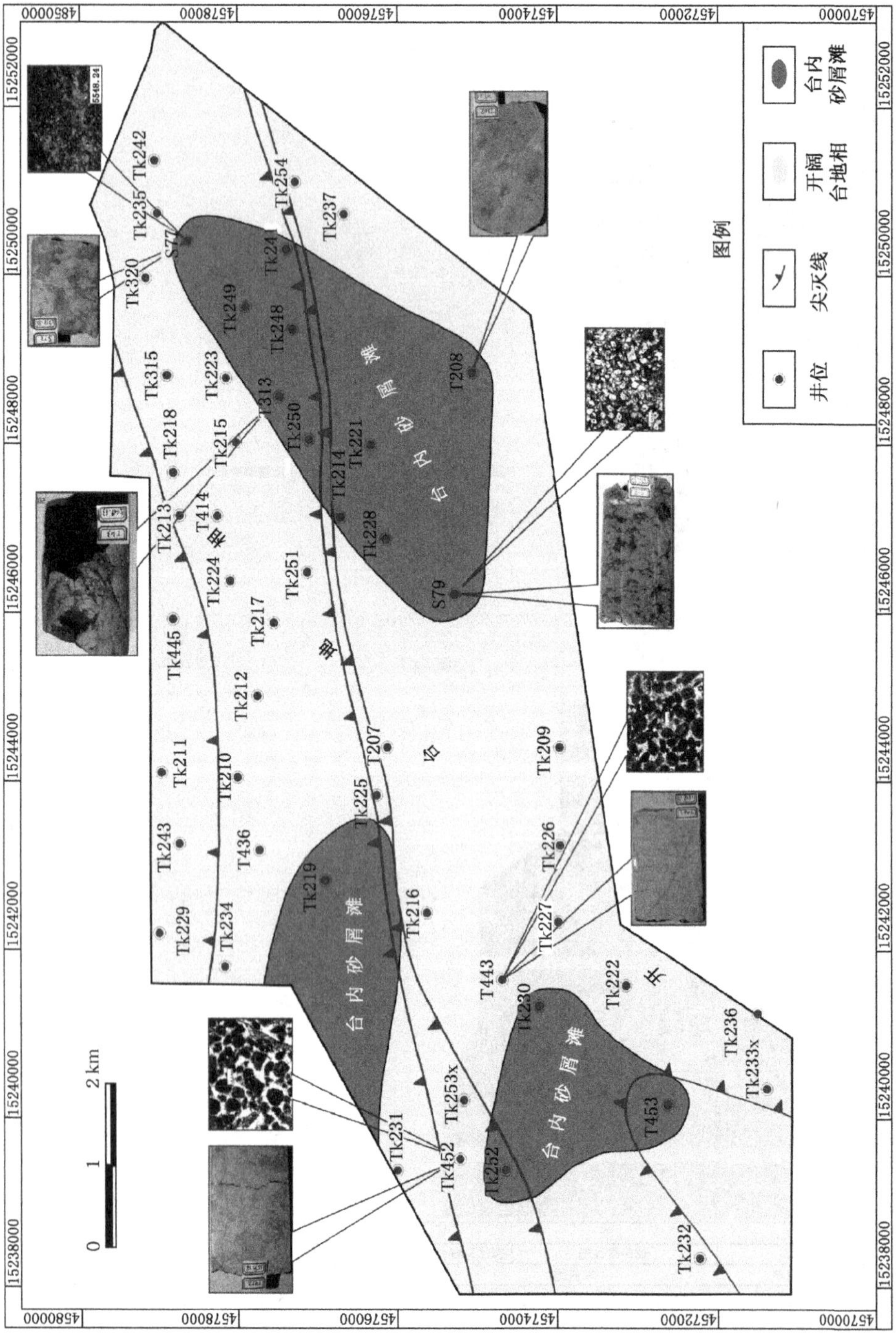

图3-12 塔河油田二区奥陶系鹰山组沉积相分布图

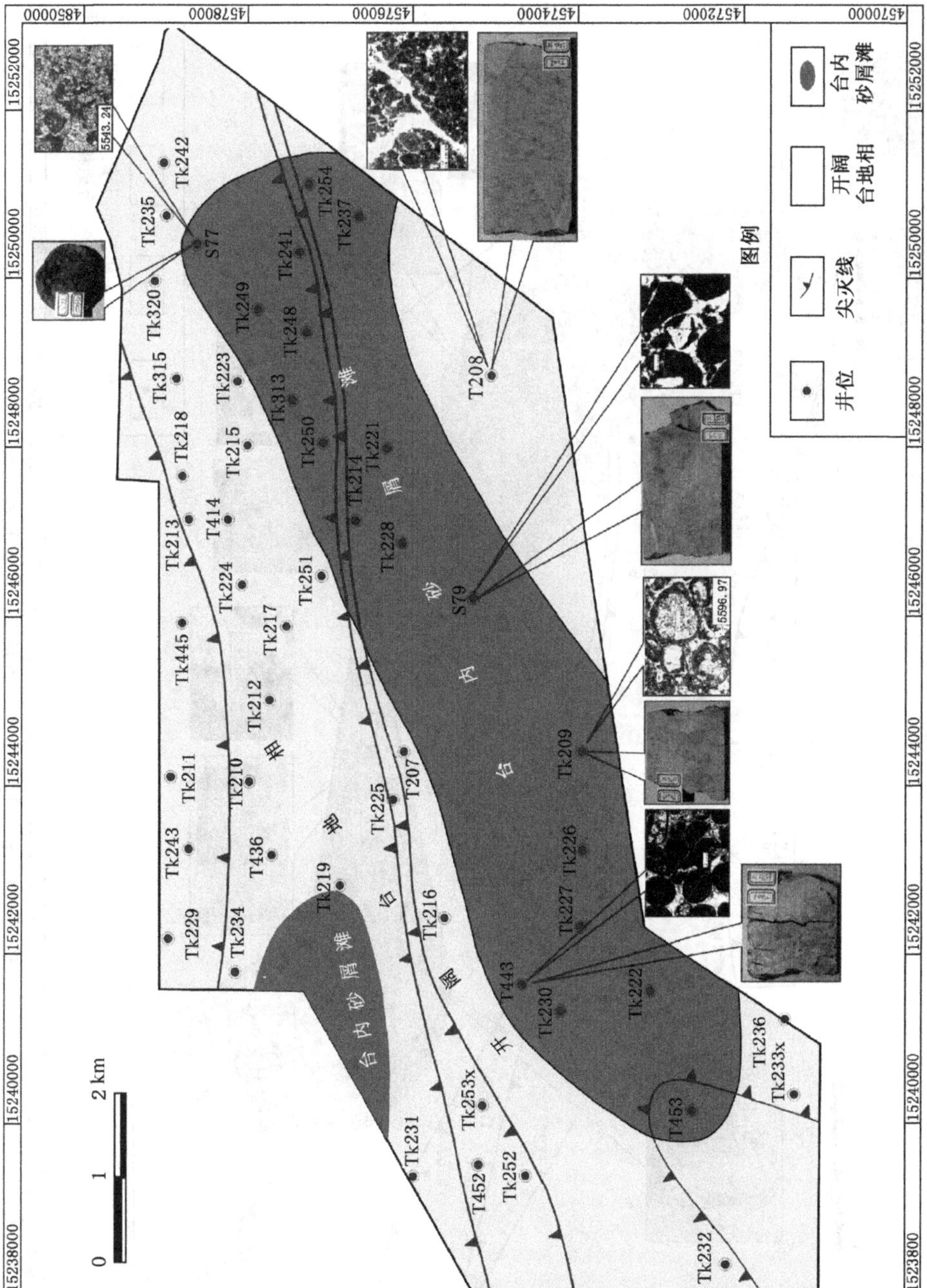

图 3-13 研究区奥陶系一间房组下段沉积相分布图

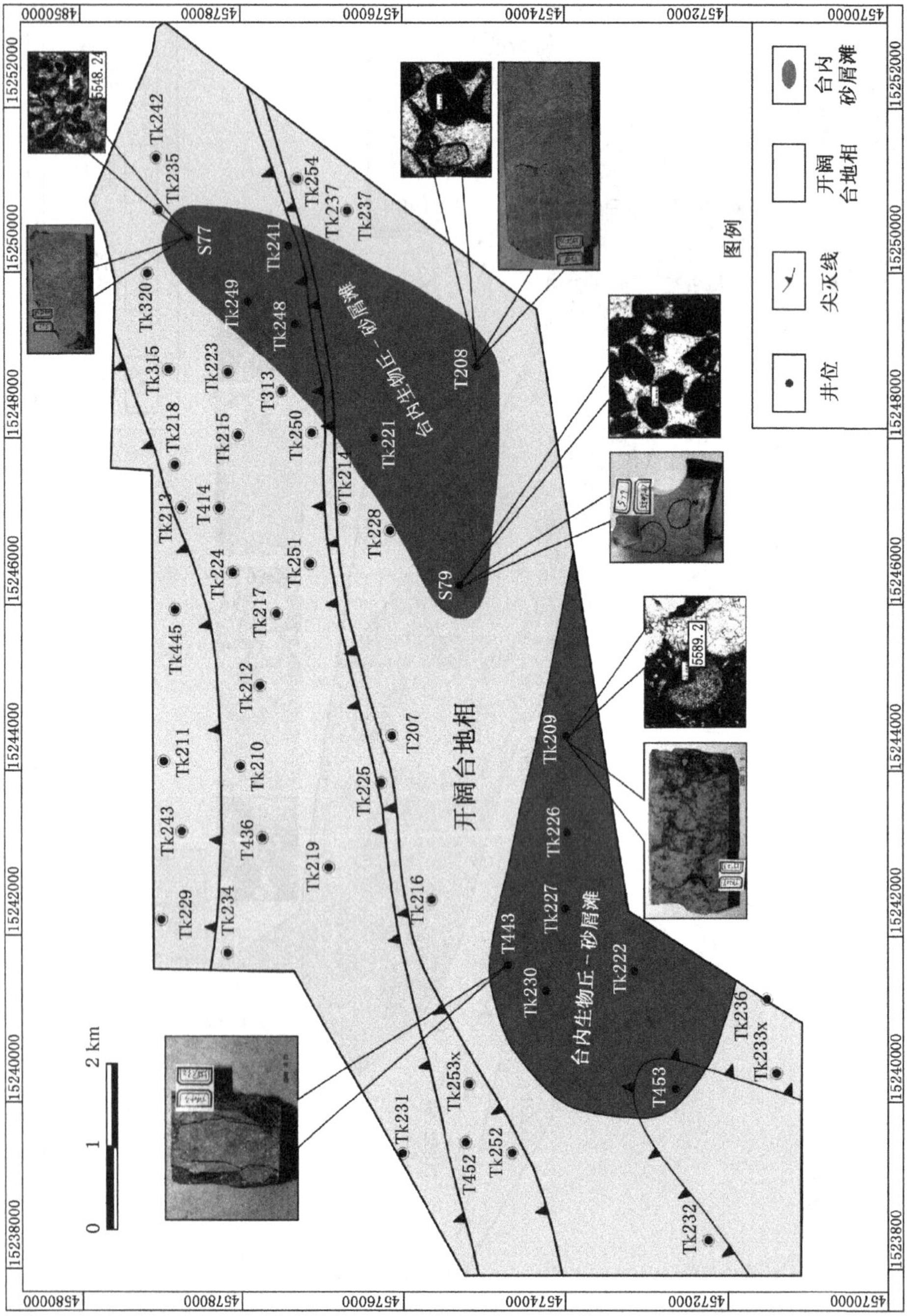

图3－14 研究区奥陶系一间房组上段沉积相平面分布图

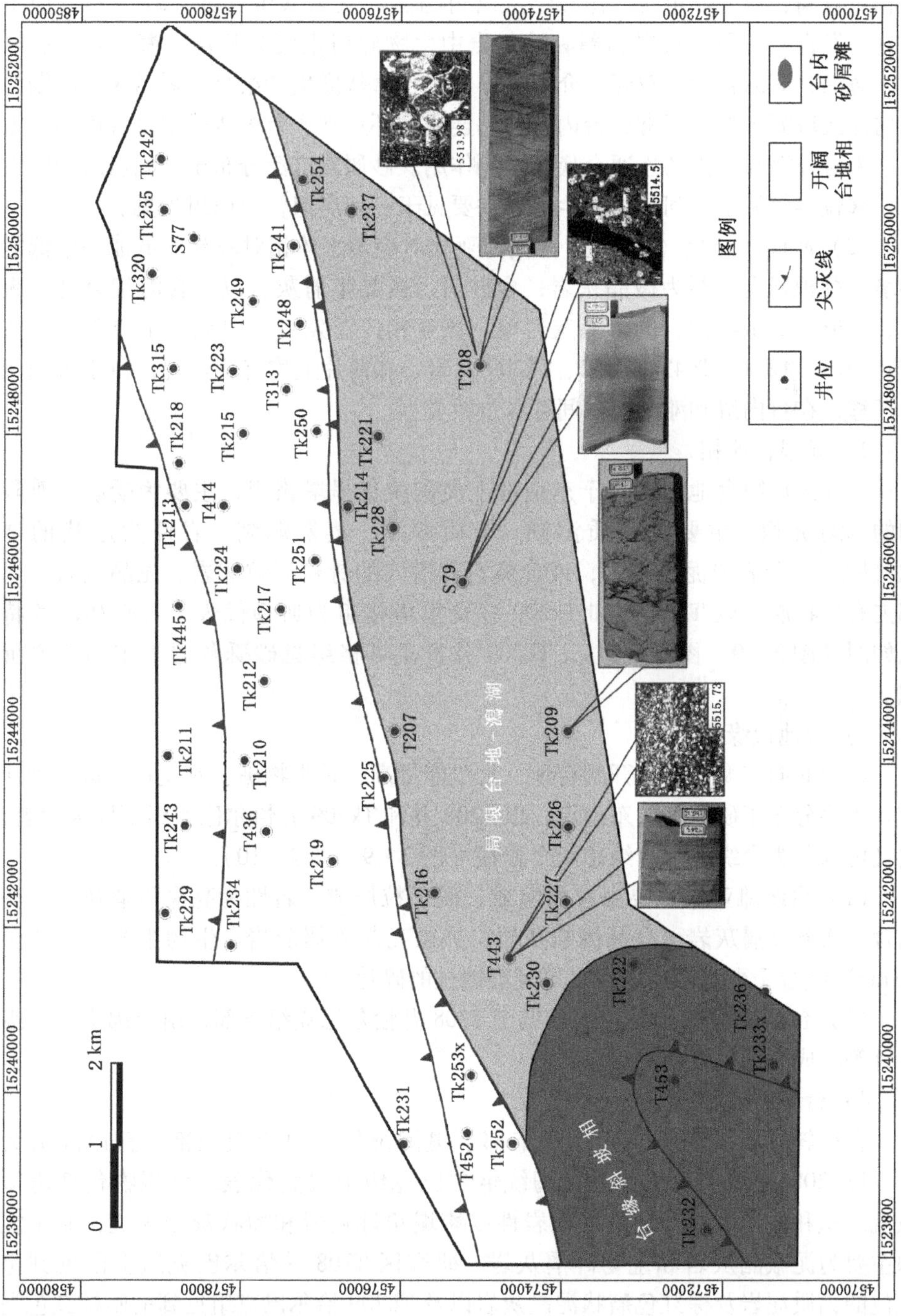

图 3-15 研究区奥陶系良里塔格组沉积相平面分布图

量相对较高，但并非很强。藻黏结灰岩可与颗粒灰岩共生（如 T207 井），但不是普遍发育，且颗粒灰岩和藻黏结灰岩中生物碎屑主要为腕足、海百合、三叶虫、海绵、海绵骨针、双壳、介形虫等，属于窄盐度生物组合。揭示这一时期台地内部区域海水盐度正常，台内与外海连通循环正常，台内浅滩发育规模不是太大，未对外海与台内的连通交换起阻隔作用。砂屑滩广泛分布于一间房组和鹰山组，鲕粒滩仅见于一间房组，生屑滩主要见于一间房组，鹰山组少见。

（2）滩间海亚相（台坪）。滩间海亚相对应于水体相对较深的低能—中低能环境，沉积岩类主要为微晶灰岩，含砂屑、微晶生屑灰岩以及含海绵骨针、腹足、介形虫等生物化石的微晶灰岩等。该亚相广泛发育于研究区下奥陶统，在 S77、S79、T207、T443、T452、Tk209 井岩心和薄片上均有所发现，由于沉积相的迁移，在台内滩和滩间海之间存在过渡类型。

2）局限台地相

研究区局限台地相发育于东南部上奥陶统良里塔格组，主要为受礁、滩限制的潟湖沉积，主要为灰质潟湖、云质潟湖、蒸发潟湖。岩性为层状的球粒（团粒）灰岩或泥晶灰岩，或含燧石和潜穴的骨粒泥粒灰岩、泥晶灰岩，局部夹有生物层，以 T208 井和 Tk209 井良里塔格组为典型代表，岩心和薄片特征如图（图 3 – 9、图 3 – 10），Tk209 井良里塔格组见砂砾灰岩为主的潮道沉积。

3）台地边缘相

该相面向广海，背靠开阔台地，水浅能量高，是生物礁、滩发育的最有利地带。主要分布于研究区的东南缘，以 T208 井和 Tk209 井恰尔巴克组下段为代表，它又可以分为台缘滩和台缘礁两个亚相（图 3 – 9、图 3 – 10）。

（1）台缘滩亚相主要由粒屑组成，属于粒屑滩。岩性为亮晶砂屑灰岩、亮晶含生物屑砂屑灰岩、亮晶鲕粒灰岩，夹微亮晶砂屑灰岩。生物主要为努亚藻（Nuia）组合，少量棘皮、腕足等经磨蚀过的碎片。

（2）台缘生物礁（丘）亚相见于 T208 井恰尔巴克组下部，由海绵类、海绵骨针等组成海绵生物灰泥丘。

4）台缘斜坡相

台缘斜坡相发育于研究区东南部上奥陶统恰尔巴克组上部，且以陡坡为主，以T208 井和 Tk209 井上奥陶统恰尔巴克组上段为代表。沉积物包括垮塌浊流沉积和原地沉积，浊流沉积岩性以垮塌角砾灰岩和瘤状灰岩为主，原位沉积主要为泥微晶灰岩和生物碎屑灰岩。研究区 T208 井恰尔巴克组上段见到棕红色的钙质泥岩及棕红色瘤状泥晶灰岩以及 Tk209 恰尔巴克组见到的暗棕红色泥晶灰岩都为该相沉积物，岩心呈现的红色主要由于后期成岩作用而形成的次生色。

5）混积陆棚相

研究区混积陆棚相主要发育于T453西南部的桑塔木组覆盖区，由于T453未取心，其他取心井区桑塔木组多被剥蚀掉，在岩心上未观察到该相沉积特征。在临近区域LN46、S96井区混积陆棚相在桑塔木组、良里塔格组第二岩性段有所发育，为灰绿、灰色粉砂质泥岩和泥质粉砂岩、灰质粉砂岩，夹薄层泥岩、粉晶生屑灰岩、泥－细晶灰岩。以陆源碎屑物、碳酸盐岩沉积物的混合沉积为特征，可以识别出棚内浅滩亚相、棚内缓坡亚相。

（1）棚内浅滩亚相发育于混积陆棚水体能量相对较低的位置。

（2）棚内缓坡亚相分布于良里塔格组的第三岩性段。LN46井揭示为泥晶生屑灰岩、粉－细晶灰岩、粉晶鲕粒灰岩、泥微晶灰岩、灰质粉砂岩与泥岩、角砾状灰岩、细晶粒屑灰岩。

3.3.2　沉积演化

研究区奥陶系的沉积演化经历了从早奥陶世的两次海侵、海退和中奥陶统的持续海侵（中奥陶世末第一次淹没台地）和晚奥陶世的海侵（第二次淹没台地），沉积环境由开阔台地相向台地边缘相和台缘斜坡过渡，最后海退回到局限台地相，再次大范围地突然海侵到混积陆棚相的过程（图3－16）。

早奥陶世末到晚奥陶世的加里东中期第一幕构造运动，使塔里木板块自南纬18°向北漂移。以盆地内地震剖面上中、上奥陶统与下奥陶统之间存在明显的不协调现象（反射界面下削上超）、盆地内中上奥陶统埋深变化大为标志；此次构造运动主要受西昆仑北带向西昆仑早古生代岛弧俯冲作用控制，波及范围不大，此幕构造运动在塔里木克拉通内部产生挠曲，碳酸盐台地转变为台坳相间，形成了塔中、塔北2个遥相对应的碳酸盐台地间夹柯坪—满加尔西台间坳陷的沉积格局。南、北2个台地边缘发育点式海绵礁，两隆起间的台间坳陷为泥页岩夹灰泥的深水沉积。位于塔北台地的研究区局部存在短期的暴露剥蚀，此次暴露剥蚀与全球海平面下降同步，对研究区中奥陶统一间房组滩、礁相溶蚀孔隙型储集体的形成具有重要意义。随后的海侵开始了碳酸盐台地的第一次淹没。该暴露剥蚀和海侵形成的岩性界面为地震 T_7^4 界面，区域上可追踪对比。

晚奥陶世与志留纪之间加里东中期第二幕构造运动，使塔里木板块近南北向的挤压进一步加强。研究区所处的碳酸盐台地经2次淹没后消亡，2次淹没除与全球海平面上升同步，还与晚奥陶世陆源碎屑的大量出现（盆山转换的结果）且

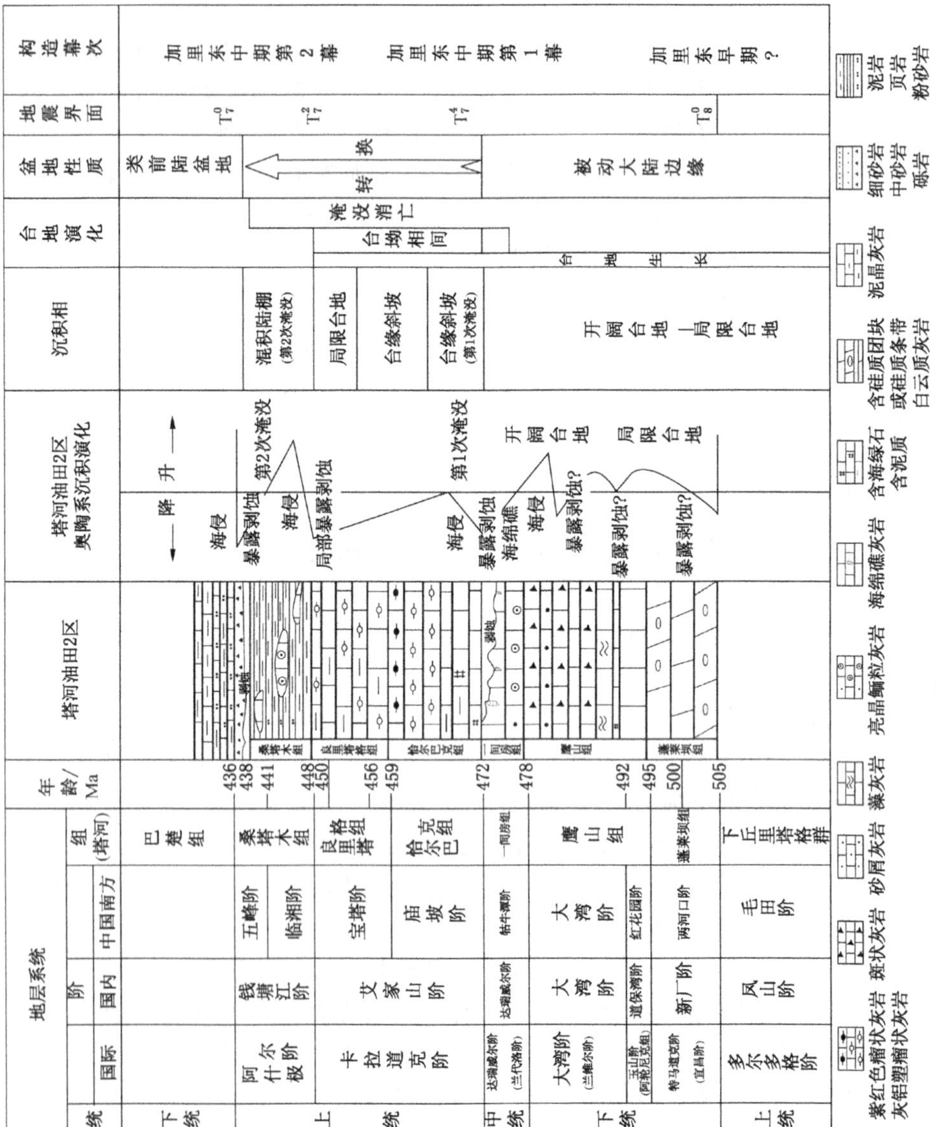

图3-16 塔河油田二区奥陶纪沉积演化图

逐渐近源有关，而后者的影响更为关键。第一次淹没在晚奥陶世卡拉道克期早期（对应于上奥陶统恰尔巴克组），研究区淹没后接受了泥岩、瘤状灰岩等深水沉积。卡拉道克期晚期（对应于良里塔格组），由于全球海平面下降，研究区最后一次短暂地成为含泥的碳酸盐台地，发育藻丘、藻礁。到晚奥陶世阿什极尔早期，塔河油田被第二次淹没（对应于桑塔木组），这次淹没与奥陶纪最大规模的全球海平面上升有关，研究区淹没后接受了含灰岩“碎屑”的重力流深水沉积，说明研究区以北隆起区局部出现了碳酸盐岩的暴露剥蚀。随着碳酸盐台地第二次淹没后的全球海平面下降，研究区经短暂的剥蚀后又接受了后期的沉积。

4 储集体特征及主控因素

4.1 储集体岩石学特征

塔河油田二区奥陶系各组多为碳酸盐岩沉积物，各组的岩性组合和沉积序列明显不同。地层残留厚度从南部1015 m向北减少到480.5 m。大量岩石薄片鉴定统计表明，其矿物成分主要为方解石，一般含量占到99%以上，其次分布相对较广的矿物有黄铁矿、硅质、白云质和自生石英等，总含量小于1%，少部分岩石的白云石含量较高，此外，局部层位见陆源碎屑沉积，成分主要为石英、泥质、玉髓和长石，可见云母、酸性喷发岩岩屑等。

依据岩石的成分、结构和成因，该区奥陶系碳酸盐岩可分为颗粒灰岩（包括亮晶颗粒灰岩及泥微晶颗粒灰岩）、微晶灰岩（包括含颗粒微晶灰岩）、（含）云灰岩、生物（屑、藻）灰岩、白云岩、岩溶岩等六类。依据岩石出现频率可知：中－下奥陶统岩石类型主要为颗粒灰岩、微晶灰岩，其次为（含）云灰岩、岩溶灰岩等；白云岩只在下奥陶统蓬莱坝组呈厚层状发育；生物碎屑灰岩、藻黏结灰岩、礁灰岩发育相对较局限，主要发育于一间房组。

4.2 储集体物性特征

根据研究区最重要的储集体中—下奥陶统一间房组（O_2yj）和鹰山组（$O_{1-2}y$）429块小样品的分解结果统计可知（表4－1）：研究区小样品的孔隙率分布区间为0.87%～4.55%，平均为2.65%；渗透率为0.029～36.3×10^{-3} μm^2，算术平均值为3.8×10^{-3} μm^2，研究区分析结果与塔河油田奥陶系7011块样品的分布趋势基本一致（表4－2）。塔河油田7011个小样品渗透率分布区间为0.001～5052×10^{-3} μm^2，算术平均渗透率1.518×10^{-3} μm^2，其中小于0.12×10^{-3} μm^2样品数的占样品总数的68%，小于3×10^{-3} μm^2的占94%，大于3×10^{-3} μm^2的仅占6%。

从两种样品分析结果看，塔河油田二区奥陶系油藏碳酸盐岩储集体基质的物性总体较差，基质孔渗对储集体储渗基本无贡献。决定储集体储渗性能的是溶蚀孔缝、裂缝和大型溶蚀孔洞。

表 4-1　研究区中—下奥陶统孔隙率和渗透率分析表

井名	层位	孔隙率/%				渗透率/10^{-3} μm^2			
		块数	最小值	最大值	均值	块数	最小值	最大值	均值
S77	$O_{1-2}y+O_2yj$	365	0.1	2.9	0.87	365	0.029	0.082	0.056
S79	$O_{1-2}y+O_2yj$	58	0.7	2.97	1.56	58	0.053	0.092	0.073
T208	O_2yj	2	2.13	2.23	2.19	2	1.48	1.62	1.55
T443	$O_{1-2}y+O_2yj$	2	1.9	2.97	2.44	2	0.07	36.3	18.19
Tk209	O_2yj	2	3.07	4.55	3.81	2	0.052	0.079	0.066

表 4-2　塔河油田奥陶系孔隙率和渗透率分析表

分　段	孔隙率/%				渗透率/10^{-3} μm^2			
	块数	最小值	最大值	均值	块数	最小值	最大值	均值
$O_{1-2}y+O_2yj$	6284	0.005	10.8	0.9	5821	0.001	5052	2.727
O_3l	727	0.005	8.3	1.186	652	0.001	250	1.071
$O_{1-2}y+O_2yj$、O_3l	7011	0.005	10.8	0.96	6473	0.001	5052	2.336

4.3　储集体成岩特征

通过对塔河油田二区奥陶系 200 余块岩石薄片、铸体薄片的镜下观察，结合岩心观测、阴极射线和扫描电镜等资料，认为研究区奥陶系碳酸盐岩主要发生了压实、压溶、胶结、溶蚀、交代（白云石化、黄铁矿化、硅化）、重结晶等成岩作用。

4.3.1　成岩作用类型及特征

1. 压实作用

研究区奥陶系碳酸盐岩压实作用主要发生在成岩作用初期，在岩心上表现为颗粒变形或错位，颗粒间接触频率高，多为线状接触、缝合接触或曲面接触（图 4-1a）；在鲕粒灰岩薄片上出现鲕粒被压扁、破裂，鲕粒表皮撕裂或剥离、鲕粒表面揉皱、压缩变形等，并且鲕粒有定向排列的趋势（图 4-1b）。

2. 压溶作用

塔河油田二区奥陶系碳酸盐岩中压溶作用表现为缝合线发育。通过对塔河油田二区及邻区 24 口取心井岩心的观察发现缝合线有 3 种产状：一是平行或近于

(a) (b)

图4－1 研究区奥陶系压实作用照片

注：图4－1中，（a）为压实作用使岩心上颗粒变形、颗粒错位、颗粒间线状接触、缝合接触或曲面接触，Tk209井；（b）为岩心薄片鲕粒被压扁，表面出现揉皱并呈定向排列的趋势，T443井。

平行层面（与层面夹角小于15°）的，将其称为“顺层缝合线”，这是一种主要的缝合线，占整个缝合线的80%以上，以T208井、T443井最为典型；二是与层面夹角介于15°、75°之间的“倾斜缝合线”，这是一种次要的缝合线，占整个裂缝的15%左右，以S79井、T207井为代表；三是与层面夹角大于75°的“竖直缝合线”，这种缝合线最不发育，不超过5%，以Tk209井为代表。上述不同缝合线的占有率是一个总的分布规律，不同井有差异，同一口井岩心能见到不同类型的缝合线并存（图4－2）。另外还发现缝合线的锯齿大多数是直立的，充分表明塔河油田奥陶系碳酸盐岩总体上仅受到了来自于地层自身重力形成的垂直应力的作用，而由地壳构造运动形成的侧向挤压作用则相对较弱（图4－2a）。但局部层位岩心上，缝合线的锯齿是水平或斜歪的，其最小倾角小于45°，充分表明其在形成过程中叠加了强烈的侧向应力作用，进而表明受到了水平构造应力的作用（图4－2b）。此外，还发现岩心上缝合线的发育状况与岩石的物理化学性质有一定的关系：纯净的泥晶灰岩不大容易发育缝合线，而含粉砂斑片的白云石化泥晶灰岩利于发育缝合线。

3. 胶结作用

胶结作用是影响塔河油田二区奥陶系储集空间发育非常重要的成岩作用。通过对研究区奥陶系200余块薄片胶结物形态的观察分析发现：胶结作用多见于下奥陶统的颗粒灰岩中，胶结物多为方解石，局部区域见泥质胶结和玉髓胶结等（图4－3a～图4－3c）。胶结作用可以分为3期：海底海水胶结、大气淡水胶结和埋藏成岩环境的胶结。结合塔河油田二区的地质构造运动，认为海底海水胶结作用和大气淡水胶结主要发生于加里东晚期—海西期抬升暴露前，主要表现为少

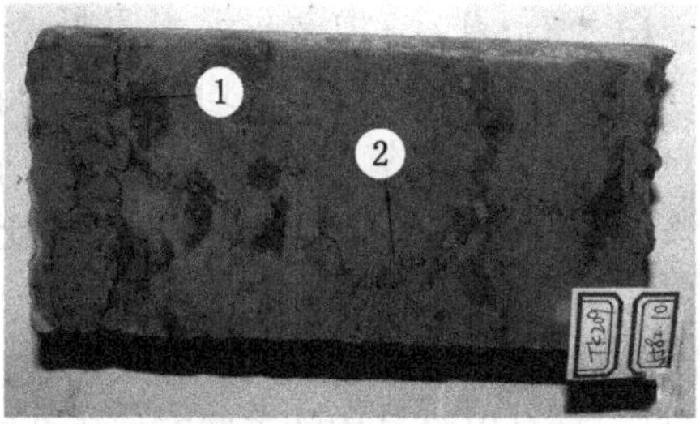

(a)

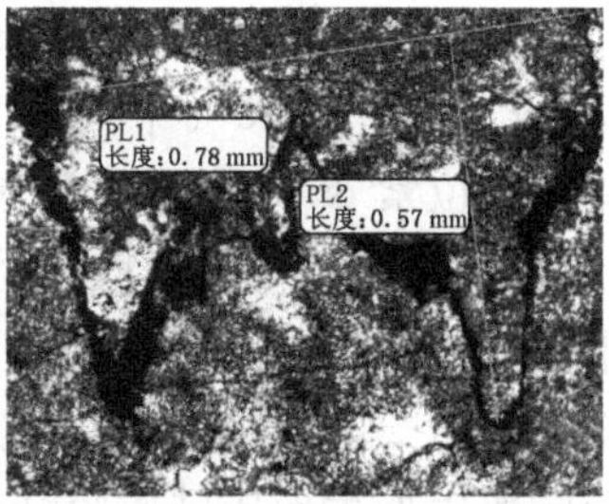

(b)

图4-2 研究区压溶作用形成缝合线岩心和薄片照片

注：图4-2中，(a) 为岩心上缝合线，①为近水平缝合线，②为近垂直的缝合线，Tk209井；(b) 为岩心薄片偏光显微镜下照片，缝合线的峰高常被视为岩层被压缩的厚度，T207井。

量残余孔隙在早期浅埋环境被充填胶结；埋藏成岩环境的胶结主要表现在对加里东—海西期表生岩溶洞（缝）及后期构造裂缝的充填胶结，如角砾岩、暗河砂泥、渗滤砂泥等溶洞（缝）中岩溶沉积物充填，以及无铁粒状方解石和含铁方解石的充填胶结。

塔河油田二区奥陶系颗粒灰岩薄片上方解石胶结物形态呈3个“世代”。第一世代方解石胶结物呈细柱状、粒状等厚分布在颗粒周围，厚0.01~0.06 mm，部分颗粒周围因溶蚀作用而发育不完全（图4-3d）。这类胶结物为海底成岩环境的产物，在阴极射线下发橘黄色光。这个世代的胶结物形成后使孔隙率降低5%~10%。由于它构成的环颗粒胶结，加固了岩石的支撑格架，在一定程度上避免了残余粒间孔隙进一步遭受压实作用的破坏。第二世代胶结物多为粉-细等轴粒状亮晶方解石，它围绕在第一世代的柱、粒状胶结物外缘生长。如果第一世代胶结物被溶蚀则较细粒的淡水方解石胶结物呈等厚、环状直接分布于颗粒的周围而跃居为第一世代，而大粒的淡水方解石为第二世代。无论作为第二、三世代还是作为第一世代，等粒状胶结都是淡水潜流胶结物的特点，胶结物多为无铁方解石，微量元素Sr含量较低，电子探针分析FeO、MnO、Na_2O、SrO、BaO大多接近于零，绝大部分胶结物在阴极射线下不发光，只有少量共轴增长胶结物发暗光，以及少量残余孔隙中的胶结物发亮黄色-暗色光，说明早期大气淡水影响相当强烈。这类胶结物既破坏了残余原生粒间孔隙，又堵塞了淡水溶蚀产生的溶孔，使孔隙率下降10%~15%。第三世代胶结物主要充填于第二世代胶结物形成后的残余粒间孔隙或较大的溶蚀孔洞中。胶结物晶粒粗大，一般为0.1~0.5 mm，晶体表面粗糙，双晶纹发育，在阴极射线下发暗褐黄色光，与不发光条带构成环带结构。混合染色鉴别为铁方解石、白云石；胶结物微量元素呈低 Na（30 ~ 33.6 mg/kg）无 Sr 高 Fe（平均 855.4 mg/kg）、高 Mn（平均 689 mg/kg）的特征；碳稳定同位素 $\delta^{13}C$ 平均值为 0.66‰（PDB）、氧稳定同位素 $\delta^{18}O$ 平均值为 -8.15‰（PDB）。这些特征均表明该期胶结物在温度较高的还原 - 弱还原的埋藏条件下形成。

在塔河油田二区奥陶系岩心薄片上硅质胶结物中常以两种方式出现：一种是碎屑颗粒的次生加大形成硅质胶结，另一种是以隐晶质的玉髓充填于孔隙中，玉髓胶结物偏光下常见同心环带状（图 4 - 3e），各环带成分和颜色上往往有所不同，颜色呈灰褐色—灰白色—浅褐色—灰白色更迭；正交光下呈纤维状、放射状分布，正交光下加 530 nm 石膏试板观察发现胶结物沿同心环带呈棕色、暗黄色、暗紫色干涉色，中心为显晶质粒状的石英（图 4 - 3f）。

4. 溶蚀作用

溶蚀作用是塔河油田奥陶系碳酸盐岩形成缝洞系统的最主要成岩机制。研究认为塔河油田二区奥陶系溶蚀作用可分为 3 期。第一期溶蚀作用发生在成岩早期，第一世代胶结物形成之后到第二世代胶结物形成之前，沉积物上升处于浅地表淡水环境，表现为第一世代柱状胶结物部分被溶蚀或者全部被溶蚀形成 1% ~ 3% 的早期溶蚀孔，可见到第二世代胶结物直接覆于颗粒之上（图 4 - 4a）。第二期为加里东 - 海西期构造抬升暴露表生岩溶期，第二世代胶结物形成之后到第三世代胶结物形成之前，表现为第二世代粉晶状胶结物部分被溶蚀甚至波及第一世代胶结物也被溶蚀，然后第三世代胶结物覆盖其上。早、中期溶蚀作用所形成的孔、缝、洞均被后期胶结物所充填，形成规模不等、非均质性很强的溶蚀缝、洞。该期溶蚀作用是塔河油田二区奥陶系储集空间的主要形成期。第三期为海西晚期浅 - 深埋藏期的溶解作用，表现为沿裂隙、缝合线溶蚀形成串珠状溶孔、溶洞，部分溶蚀裂缝中充填的方解石，颗粒及各期胶结物、基质中均见有溶孔，该期溶蚀形成的溶孔中常充填褐色油（图 4 - 4b）。深部溶蚀作用主要与生油岩有机质在成熟过程中产生有机酸及二氧化碳所形成的酸性水有关。深部溶蚀对该区储集空间的形成有重要的贡献，深部溶蚀最大的特征是沿裂缝、缝合线常有溶蚀扩大，形成毫米级的串珠状溶蚀孔隙（图 4 - 4c）。从岩心观察可知，研究区 S77 井 - S79 井 - T443 井 - T208 井中 - 下奥陶统为台地内滩相亮晶砂屑 - 生物碎屑灰岩，受到了显著的深部流体溶蚀作用。埋藏溶蚀现象在岩心的宏观和微观特征上都有变化，一间房组和鹰山组溶蚀最为明显，其他层段较少见。通过岩石薄片和电镜扫描观察还发现溶蚀程度最大的是颗粒灰岩，溶孔一般小而密（孔径 0.01 ~ 0.03 mm），多呈网眼状、港湾状等形态（图 4 - 4d、图 4 - 4e）。

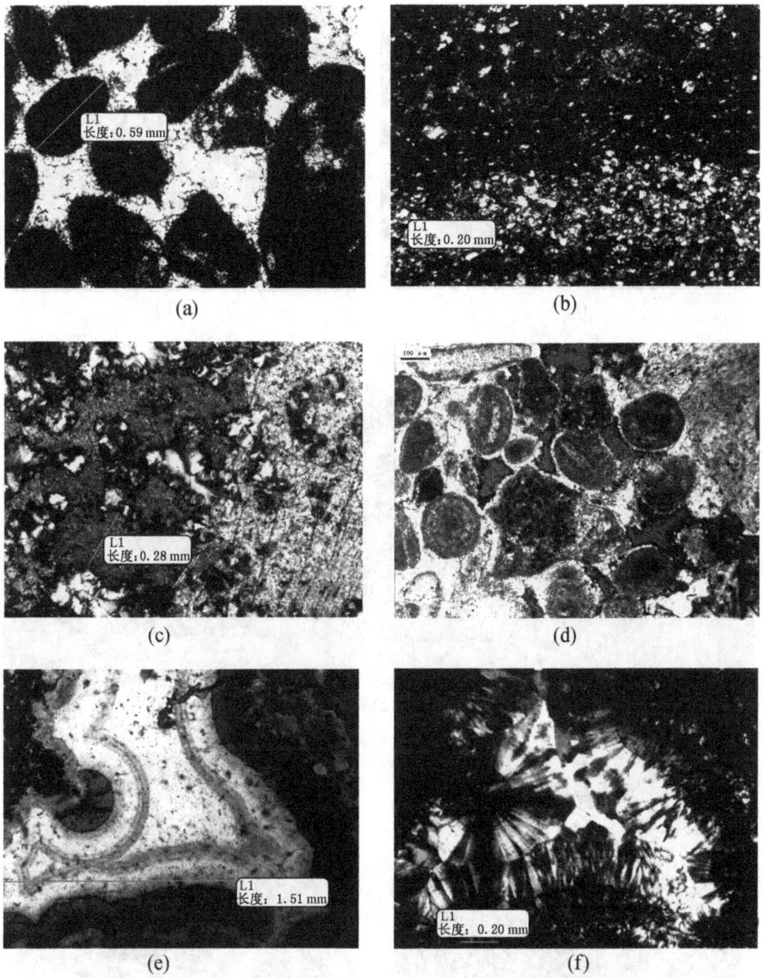

图4－3 研究区奥陶系胶结作用薄片照片

注：图4－3中，(a) 为偏光显微镜下泥球颗粒被方解石胶结，胶结物呈明显的"世代"现象，S79井；(b) 为偏光显微镜下碎屑颗粒间被泥质胶结，T208井；(c) 为偏光显微镜下（正交光＋530 nm 石膏试板）方解石颗粒间孔隙被玉髓胶结，T208井；(d) 为偏光显微镜下泥球颗粒被方解石胶结，因溶蚀作用部分颗粒间胶结物被溶蚀掉，只剩下紧贴颗粒的第一世代方解石胶结物；(e) 为单偏光下玉髓胶结物呈明显的"世代"现象，常出现同心环带构造，T208井；(f) 为偏光显微镜下（正交光＋530 nm 石膏试板）玉髓胶结物呈放射状分布，见棕色、暗黄色、暗紫色干涉色，中心为显晶质粒状的石英，T208井。

5. 白云石化作用

塔河油田二区中—下奥陶统的一间房组（O_2yj）和鹰山组（O_1y）豹斑状泥

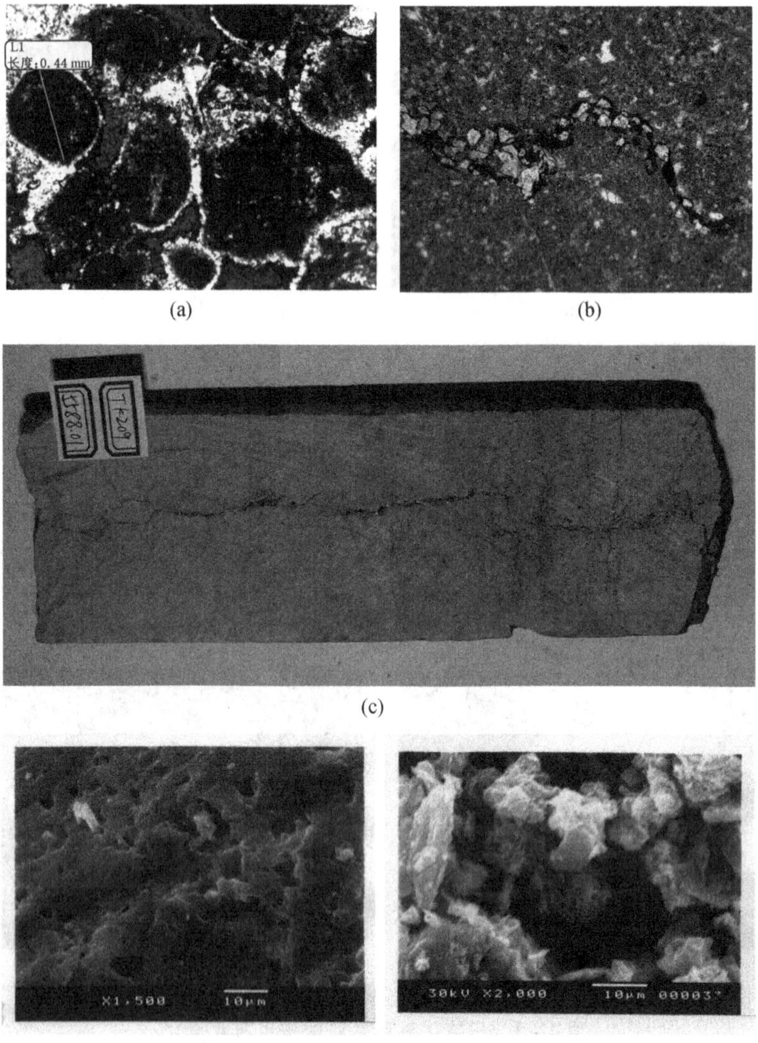

图4-4 研究区奥陶系溶蚀作用岩心和薄片照片

注：图4-4中，(a) 为铸体薄片偏光显微镜下泥球颗粒间方解石胶结物被溶蚀掉，只剩下紧贴颗粒的第一世代方解石胶结物，T208井；(b) 为普通薄片偏光显微镜下缝合线被溶蚀形成串珠状，缝合线中被沥青充填，T207井；(c) 为岩心中溶蚀沿裂缝进行，形成串珠状小溶孔，Tk209井；(d) 为扫描电镜下方解石颗粒表面被溶蚀形成网孔状，T443井；(e) 为扫描电镜下溶蚀沿缝合线进行，形成港湾状溶孔，S77井。

微晶砂屑斑片灰岩是该区最重要的储集体。这些砂屑斑片灰岩内颗粒呈菱形，棱角分明，粒径为0.23～0.33 mm 属中砂，分选性很好，颗粒表面较脏，粒内溶孔发育，颗粒染色后，表面零星点缀着红色，但是总体背景还是白色，这正是灰岩白云石化的证据；另外颗粒多呈线接触，也有与杂基直接接触，接触处常有缝隙存在；颗粒间胶结物多为方解石；杂基主要是泥，表面偶有重结晶现象；孔隙主要是微裂缝、颗粒间溶孔、粒内溶孔3部分，微裂缝把粒间孔很好地连通起来形成有效的储集空间（图4-5a）。豹斑状泥微晶砂屑斑片边界缝合线发育（图4-5b），在岩心上呈团块状或绸带状分布，并常被黑色沥青充填或褐色的原油浸染。

造成塔河油田二区奥陶系中—下奥陶统的一间房组和鹰山组灰岩白云石化的原因与前述的埋藏溶蚀作用有关系。在S77井、S79井、T207井、T208井等中—下奥陶统的一间房组、鹰山组岩心白云石化砂屑斑片灰岩层段发现大量的闪

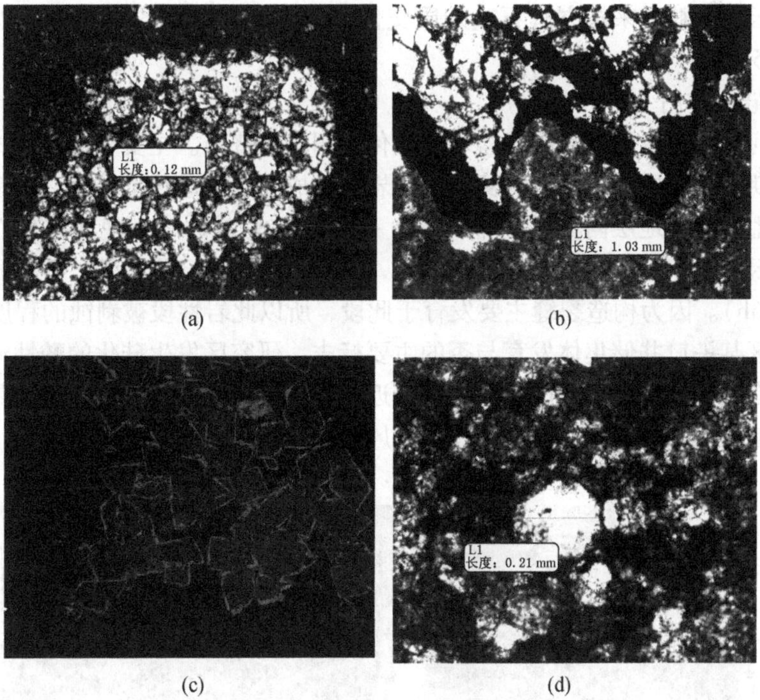

图4-5 研究区奥陶系白云石化灰岩薄片照片

注：图4-5中，(a)为普通薄片下灰岩被斑状白云石化，颗粒呈菱形，棱角分明，分选性很好，颗粒表面较脏，粒内有溶孔发育，颗粒染色后，表面零星点缀着红色，Tk209井；(b)为普通薄片中灰岩被白云化，沿白云化边界缝合线发育，缝合线中被沥青充填，S77井；(c)为普通薄片下白云石化形成的自形晶体很好的白云石菱形晶体，在阴极射线下发暗红色的光，S77井；(d)为偏光显微镜下薄片上去白云石的灰岩化（去白云石化）形成的亮心雾边颗粒，T207井。

锌矿和黄铁矿可作为与埋藏溶蚀有关的证据。埋藏溶蚀作用使塔河油田二区中—下奥陶统一间房组和鹰山组的泥微晶灰岩 Ca^{2+} 随溶液流失，同时为灰岩的白云石化提供必需的 CO_3^{2-}，造成 Mg^{2+}/Ca^{2+} 向有利于白云石化的1:1方向发展，此时如果白云石化完全是分子对分子的交代，碳酸盐岩的来源也很局限，那么方解石向较大比重的白云石转化时，会导致孔隙率的增加，可达13%。由于深埋藏溶蚀为斑片状，造成此条件下形成的白云岩在岩心上呈团块状分布。灰岩的白云石化形成的晶型很好的白云石菱形晶体在阴极射线下发红色或暗红色的光（图4－5c），但是由于灰岩白云石化过程中杂质析出后不能融入白云石晶体，残留在白云石晶格内形成“亮边雾心”现象。同时，白云石化和去白云石化是 Mg^{2+} 交代 Ca^{2+} 这个化学反应的一个双向过程，在研究区奥陶系薄片中还发现白云岩颗粒后来被方解石或杂质交代形成去白云石化的“亮心雾边”现象（图4－5d）。

6. 硅化作用

塔河油田二区奥陶系碳酸盐岩中硅化作用较为普遍。主要有两种形式：一是成岩早期富含硅质酸性水进入藻砂屑灰岩中形成，这种硅化呈结核、透镜体或半球状自生石英在地层内零星分布（图4－6a）。二是成岩中—晚期硅化作用，是热液白云石化作用形成白云岩后的硅化，以别具特色的硅质条带、硅质团块产出（图4－6b）。因为构造裂缝主要发育于此段，所以此岩性段被剥蚀的程度成为衡量研究区某一口井储集体发育与否的主要标志。研究区发生硅化的酸性流体成岩环境最常见、分布范围最广泛的是北部近地表大气淡水成岩环境，也就是所谓的风化壳地带。因此，硅质团块多发育于风化壳之下150～200 m之内。

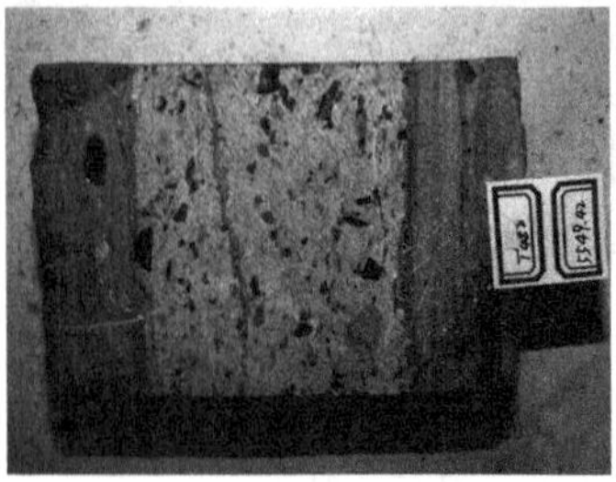

(a)

(b)

图4－6　研究区奥陶系硅化作用岩心照片

注：图4－6中，(a) 为岩心上硅质团块呈结核、透镜体或半球状自生石英在地层内零星分布，T443井；(b) 为岩心上的硅质条带，内见明显的高角度微裂缝分布，T208井。

7. 黄铁矿化作用

黄铁矿是塔河油田二区奥陶系碳酸盐岩地层广泛存在的一种矿物。通过对塔河油田二区奥陶系岩心观察发现，黄铁矿有两种形式产出：一种以自形晶型很好的颗粒产出（图4－7a），该种黄铁矿在偏光显微镜下晶形成立方体状；另一种以晶形不明显的斑块在地层中产出（图4－7b）。通过对两类黄铁矿中的微量元素钴、镍含量的测试发现，自形晶型很好的黄铁矿中 Co/Ni＜1，说明这种黄铁矿是在还原环境下沉积形成的。晶形不明显的斑块状的黄铁矿 Co/Ni＞1，推测这种黄铁矿可能是有在热液白云岩形成的过程中沉淀出来的。

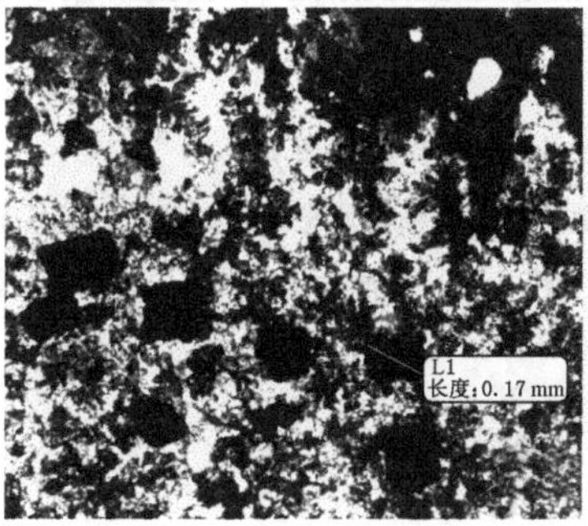

(a)

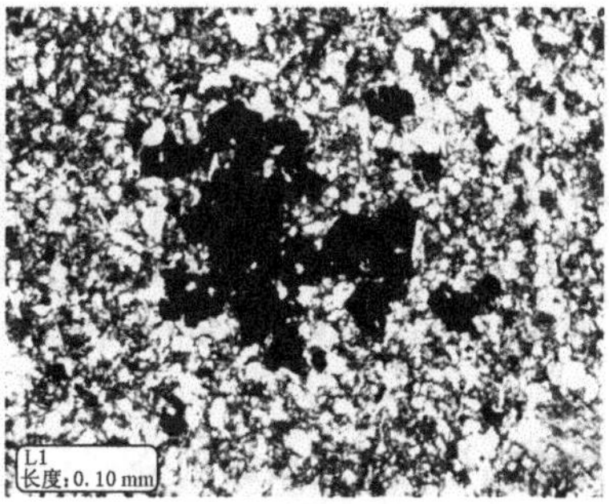

(b)

图4－7 研究区奥陶系薄片中黄铁矿照片

注：图4－7中，(a) 为薄片中自形晶体极好的黄铁矿颗粒，在偏光显微镜下因为不透光为黑色立方体，S77井；(b) 为薄片中它形晶黄铁矿颗粒，偏光显微镜下因不透光呈黑色斑块，S77井。

8. 重结晶作用

塔河油田二区 T452 井－Tk220 井－Tk225 井－Tk214 井以北地区由于风化剥蚀缺失上奥陶统，中奥陶统上部是个古风化壳。古风化壳中的渗流带以上是开放性的环境，渗流带以下是相对封闭的环境。因此在塔河油田二区奥陶系风化壳下发生了复杂的重结晶作用：

（1）泥晶化作用主要见于生物碎屑灰（云）岩中，在生物碎屑边缘见有生物钻孔和泥晶套，泥晶套厚度为 0.01～0.03 mm，保存完整，未见有被搬运和磨蚀的痕迹。这表明该区颗粒灰岩经历的是海底潜流成岩环境（图4－8a）。

（2）结晶颗粒变粗，塔河油田二区奥陶系碳酸盐岩中颗粒灰岩发育，颗粒灰岩中的颗粒经常被白云石自形晶所替代发生重结晶作用（图4－8b）。

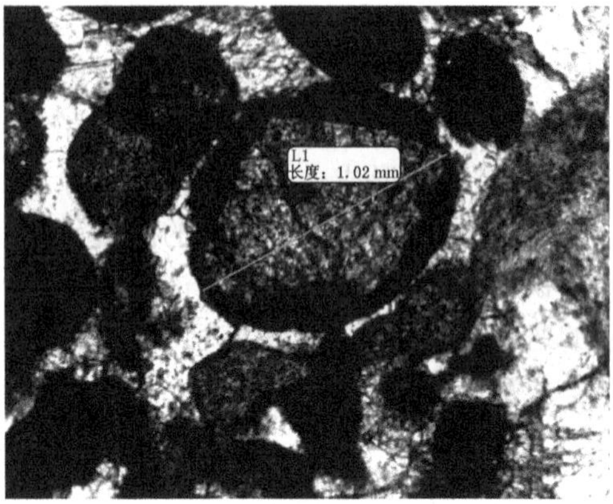

(a)

(b)

图4-8 研究区奥陶系重结晶作用薄片照片

注：图4-8中，(a) 为颗粒灰岩薄片中重结晶现象，重结晶颗粒外缘见有泥晶套，泥晶套厚0.01～0.03 mm，保存完整，未见有被搬运和磨蚀的痕迹，T443井；(b) 为薄片中颗粒被白云石自形晶所替代发生重结晶，颗粒内部白云晶体较粗大为中晶白云岩，Tk209井。

4.3.2 成岩演化与成岩阶段划分

通过对塔河油田二区奥陶系S77、S79、T207、T208、T443、T452、T313、Tk209等取心井岩心裂缝中充填的方解石进行包裹体分析，结果表明包裹体形成时的温度均在200 ℃以下，主要集中在60～80 ℃、80～120 ℃及120～200 ℃ 3个区间(表4-3)，说明充填物形成的深度和环境不同，经历了不同的成岩演化阶段。

表4-3 塔河油田二区S79井奥陶系流体包裹体均一化温度数据统计表

岩样编号	深度/m	层位	宿主矿物	包裹体个数	成因	类型	T/℃		
							最大值	最小值	平均值
S79-1	5703.64	$O_{1-2}y$	方解石细脉（早期）	5	原生	盐水	75.5	70.2	73.06
			宽方解石脉（切割细脉）	5	原生	盐水	74.5	64.3	67.8
			宽方解石脉（切割细脉）	4	原生	含烃盐水	99.3	97.4	78.82
			宽方解石脉裂纹	4	次生	盐水	99.8	108.4	102.18
S79-2	5695	$O_{1-2}y$	宽方解石脉	2	原生	含烃盐水	99.2	97.5	98.35
			宽方解石脉	3	原生	盐水	112.5	96.1	102.43
			宽方解石脉	6	原生	油	79.3	67.9	72.01

表4-3（续）

岩样编号	深度/m	层位	宿主矿物	包裹体个数	成因	类型	T/℃		
							最大值	最小值	平均值
S79-3	5695.35	$O_{1-2}y$	晚期白云石化	4	原生	盐水	127.3	118.6	121.8
S79-4	5530.84	O_{2+3}	亮晶方解石胶结物	4	原生	盐水	69.2	61.7	65.28
			方解石细脉（早期）	6	原生	盐水	110.2	74.7	93.03
S79-5	5536.65	O_{2+3}	宽方解石脉	4	原生	盐水	79.2	73.6	76.55
S79-6	5588.08	$O_{1-2}y$	亮晶方解石胶结物	3	原生	含气盐水	59.8	58.4	59.13
			亮晶方解石胶结物	3	原生	盐水	60.5	60.2	60.33
			张性裂缝充填方解石	6	原生	含气盐水	85.4	75.6	79.73
			张性裂缝充填方解石	3	原生	CO_2+盐水	124	123.4	123.73
S79-7	5589.28	$O_{1-2}y$	宽方解石脉	7	原生	盐水	66.7	58.4	61.96
			溶洞充填粗晶方解石	8	原生	盐水	103.1	84.1	92.51
S79-8	5591.07	$O_{1-2}y$	宽方解石脉	6	原生	盐水	104.1	85.6	96.41
			宽方解石脉	5	原生	CO_2+盐水	125.6	123.9	124.76
			溶孔充填方解石胶结物	6	原生	盐水	102.4	98.4	100.06
S79-9	5595.8	$O_{1-2}y$	溶孔充填方解石胶结物	3	原生	盐水	87.2	86.3	86.8
			宽方解石脉	11	原生	盐水	122	96.5	110.7

碳酸盐岩储集空间的孔隙演化与成岩演化密切相关，决定碳酸盐岩成岩演化的因素主要包括构造作用、沉积相、埋藏史及成岩环境。沉积作用决定了原生孔隙的形成和数量，成岩作用影响原生孔隙的破坏与次生孔隙的建设，构造作用控制了储集体埋藏史和构造裂隙及风化裂隙的形成。塔河油田二区奥陶系沉积后，经受了早成岩期的海底成岩和近地表成岩作用，并逐步埋藏进入中成岩期，受加里东期—海西期运动影响，研究区北部强烈抬升剥蚀，经受了暴露溶蚀，其后随中新生界的沉积，再次埋藏，构成了中期开启型成岩演化系统。早奥陶世碳酸盐岩沉积，随着海平面多次短暂升降变化经受了海底生物黏结、泥晶化和少量胶结作用，以及浅地表大气淡水环境下的溶蚀、胶结、重结晶等成岩作用。早奥陶世末，由于全球海平面下降及本区构造活动，下奥陶统遭受抬升剥蚀，发生表生溶蚀。该期表生大气淡水环境与早期浅地表大气淡水环境叠置，极大地加强了淡水对该区下奥陶统的影响，并一直延续到随后的浅埋藏环境，形成具淡水特征的方解石胶结作用、重结晶作用。进入浅埋藏后，压实—压溶作用逐渐增强，缝合线

广泛发育，沿缝合线及其他裂缝发生了白云石化和烃类的运移侵入；加里东末期—海西早期受区域性挤压抬升的影响，研究区下奥陶统抬升暴露，进入表生成岩环境，遭受不同程度的剥蚀、风化淋滤，发生强烈的溶蚀作用，形成以溶蚀缝、洞为主体的储集体；海西晚期至印支期多次构造升降，下奥陶统抬升、埋深不断变化，总体处于波动浅埋成岩环境；燕山期构造运动相对较弱，奥陶系上覆地层持续堆积，埋深不断增加，进入中新世以来，受喜马拉雅运动的影响，地层急剧下降，奥陶系快速埋深达 5000 m 以上，处于深埋成岩环境，成岩作用及孔隙演化模式如图 4 -9 所示。从埋藏成岩史看出，研究区下奥陶统碳酸盐岩，经历了正常浅海成岩环境、浅地表大气淡水成岩环境、早期浅埋藏成岩环境、抬升暴露表生大气淡水成岩环境、浅—深埋藏成岩环境。不同成岩环境制约着孔隙的发育演化，利用包裹体温度分析并结合奥陶系埋深和矿物岩石资料，推断研究区下奥陶统目前处于晚成岩阶段，中—上奥陶统处于晚—中成岩阶段。

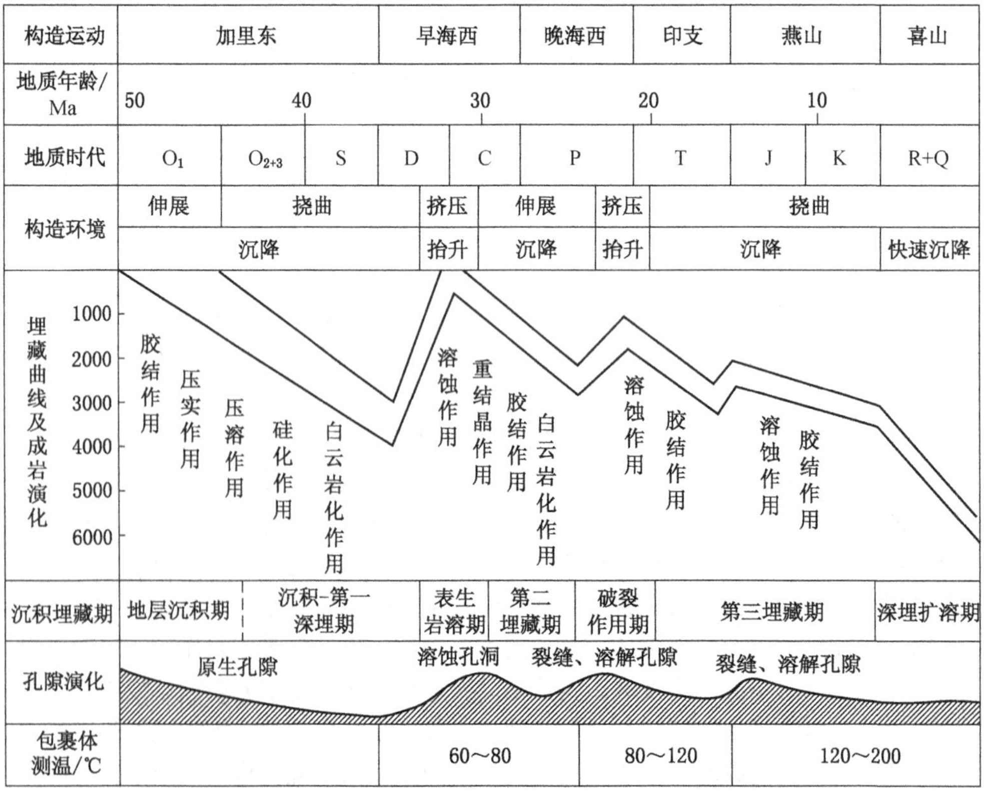

图 4 -9　研究区奥陶系成岩作用及孔隙演化模式图（据陈强路，2003）

4.4　储集空间类型

塔河油田二区奥陶统碳酸盐岩储集空间形态多样、大小悬殊、分布不均。根据岩心、薄片及扫描电镜等观察结果以及工程录井、测井等资料所确定的储集空间按成因、几何形态可划分为孔、缝、洞三大类和16小类（表4-4）。

表4-4　塔河油田下奥陶统储集体空间类型表

形态	成因	大小（直径或宽度）/μm	地质作用
洞	巨洞	>100×10^3	溶蚀作用
	大洞	$10\times10^3\sim100\times10^3$	
	中洞	$5\times10^3\sim10\times10^3$	
	小洞	$2\times10^3\sim5\times10^3$	
缝	构造缝	大小不等	构造作用
	风化缝	大小不等	风化破裂
	溶蚀缝	大小不等	溶蚀作用
	充填体裂缝	$0.1\times10^2\sim5\times10^3$	充填、成岩
	压溶缝	$0.1\times10^2\sim1\times10^3$	压溶作用
	收缩缝	一般<5×10^3	成岩收缩
孔	溶蚀孔	<2×10^3	溶蚀作用
	晶间孔	$0.1\times10^2\sim2\times10^2$	次生、成岩
	残留孔	$1\sim1\times10^3$	原生沉积
	粒内孔	$0.1\times10^2\sim1\times10^3$	原生沉积
	格架孔	$1\sim10\times10^3$	原生沉积
	铸模孔	$10-100\times10^3$	次生、溶蚀

其中孔、洞定义为三度空间长度相近的储集空间；缝：空隙三度空间长度相差悬殊，一度很小，另外两度很大，比值小于1∶10储集空间。

1. 洞

洞是研究区奥陶系最重要的储集空间，主要是在海西期和加里东中期形成的溶洞。形态上表现出大小不一，充填类型多样（表4-4）。溶洞在岩心上有表现：如肉眼可见的溶洞孔洞或与上下顶面岩性明显不同的溶洞充填物等，如S77井和S79井岩心（图4-10a～图4-10c）；此外，大型未充填溶洞或半充填溶洞在钻井过程中会出现井漏、井涌等现象（如T313、T452、T207、TK210、TK211、

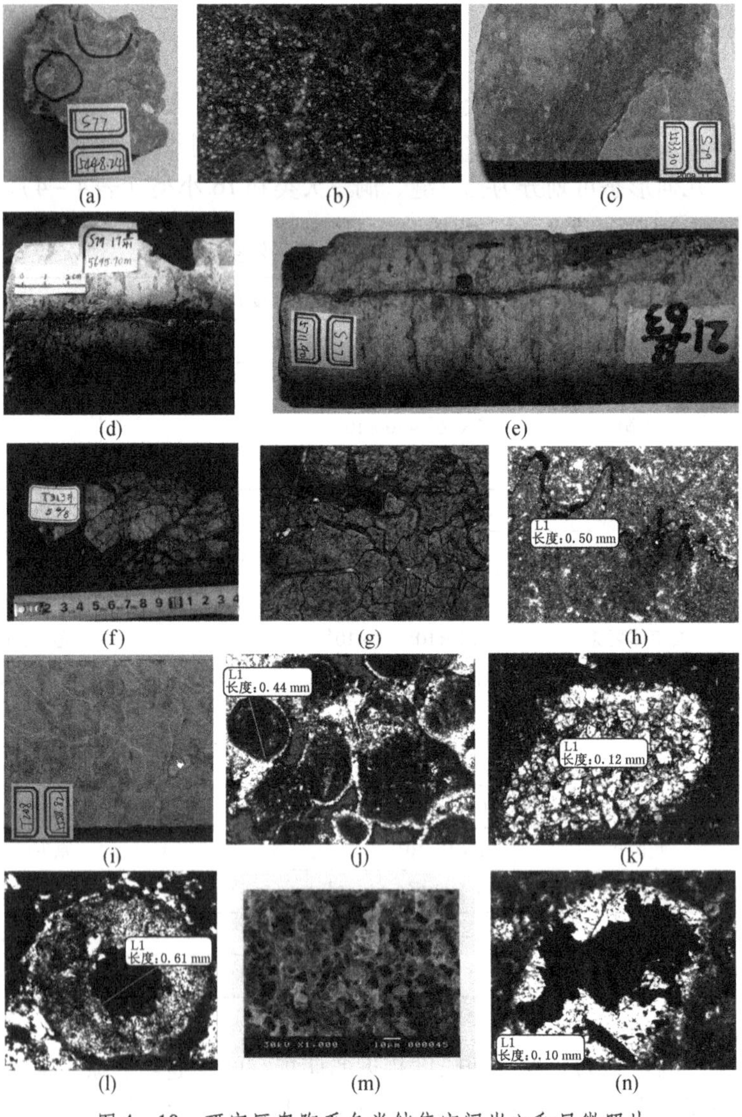

图4-10　研究区奥陶系各类储集空间岩心和显微照片

注：图4-10中，(a) 为研究区奥陶系溶洞充填体，S77井；(b) 为图4-10a的偏光显微镜照片，溶洞充填部分发生白云石化，具有很好的储集性能，S77井；(c) 为研究区奥陶系溶洞充填体，S79井；(d) 为研究区奥陶系构造作用产生的裂缝，T443井；(e) 为研究区奥陶系沿构造微裂缝发生溶蚀形成的溶蚀缝，S77井；(f) 为研究区奥陶系风化破裂缝，T313井；(g) 为巴楚溶洞充填体中的裂缝，五道班；(h) 为研究区奥陶系岩性薄片上的缝合线，S77井；(i) 为研究区奥陶系岩上的收缩缝呈网状分布，T208井；(j) 为研究区奥陶系岩性铸体薄片上的溶蚀孔，T208；(k) 为研究区云斑灰岩中白云石晶体间的晶间孔，Tk209井；(l) 为研究区奥陶系灰岩中的粒内孔，S79井；(m) 为研究区奥陶系灰岩扫描电镜下的格架孔，T452井；(n) 为研究区奥陶系泥晶灰岩中的生物铸模孔，Tk209井。

Tk224、Tk227、Tk231、Tk234、Tk237、Tk252、Tk253x 井等）。前人研究还发现大型充填溶洞在地震剖面上表现出明显的“串珠状”反射现象（如 T207、Tk210、Tk213、Tk214、Tk215、Tk216、T223、Tk241 井等）。对该类储集空间的几何形态与识别、充填类型与充填期次在后文的岩溶型储集体中再加以详述。

2. 缝

缝也是研究区奥陶系非常重要的储集空间，其成因和大小不一，类型多样（表4－4）。有加里东中晚期运动、海西运动、印支运动、燕山运动、喜马拉雅运动形成的构造缝，如 S77、T443、T452 井岩心裂缝等；有构造运动期间台地抬升出露地表风化形成的风化缝，如 T313 井裂缝；有溶蚀作用沿断裂、构造缝或风化缝等形成的溶蚀缝，如 S77、S79 井岩心；有在溶洞充填过程中由于充填期次的不同、充填物类型不同在后期成岩过程中形成的溶洞充填体裂缝；有岩溶作用形成的压溶缝，主要表现为缝合发育，在研究区奥陶系取心井均有发育；还有在成岩过程中岩石体积减小形成的收缩缝，在研究区奥陶系取心井也均有发育。T443、T208 井岩心观察还发现，高角度收缩缝多以树枝状发育，而近水平和低角度收缩缝则以网状发育。各种裂缝的典型几何形态如图 4－10d～图 4－10i 所示。

3. 孔

孔也是研究区奥陶系重要的储集空间。前人对研究区奥陶系的储集体研究中，对孔的研究比较薄弱。但是它的确是研究区储集体构成非常重要的储集空间，如果把溶洞比喻成油气储集的心脏，裂缝是油气运移的动脉，孔则是油气储集的最基本的单元——细胞，是分布最为广泛的储集单元。研究区孔的类型和成因也是复杂多样，有原生形成的残留孔、粒内孔、格架孔以及次生形成溶蚀孔、晶间孔、铸模孔等。各种孔的典型几何形态如图 4－10j～图 4－10n 所示。

4.5 储集体类型划分

研究区奥陶系三大类、16 小类的储集空间共同作用构成缝洞型碳酸盐岩储集体。按构成储集体的储集空间的成因和形态及规模可以划分为：滩相溶蚀孔隙型、云斑灰岩型白云石粒间孔隙型、裂缝型和岩溶洞穴型四类储集体。下面将按构成各类储集体的储集空间类型、几何学特征、岩心、薄片、测井和地震识别方式、储集体空间展布特征及主控因素分析等对各类储集体进行详述。

4.6 滩相溶蚀孔隙型储集体特征及主控因素

从前面第 3 章塔河油田二区奥陶系沉积相分布图（图 3－13、图 3－14）可知，南部上奥陶统覆盖区一间房组上段生物礁（丘）及粒屑滩发育，属于浅海开阔台地相、台缘生物丘-砂屑滩相沉积。从岩心观察、钻井和测井解释发现S77、S79、T204、T208、T443、Tk209、Tk222、Tk226、Tk227、Tk230、Tk232、T233x、Tk236、Tk252井等均有溶蚀孔隙发育，且厚度较大（最厚达到23.5 m），所以在塔河油田二区奥陶系一间房组为滩相溶蚀孔隙储集体。

发育滩相溶蚀孔隙型储集体的岩性主要为亮晶砂屑鲕粒灰岩、泥球灰岩、鲕粒灰岩，储集空间主要为泥球或鲕粒粒间溶孔、粒内溶孔、颗粒铸模孔等溶蚀孔隙，溶蚀孔隙集中发育处面孔率可达5%~8%，整体面孔率可达2%~3%；此外，见垂直及高角度斜交层面方解石部分充填裂缝或未充填构造裂缝，构造裂缝的渗透导油是此类储集体构成有效储集体的关键。

4.6.1 滩相溶蚀孔隙型储集体特征与识别

1. 岩心和薄片

滩相溶蚀孔隙型在岩心上主要发育亮晶砂屑灰岩和鲕粒灰岩、生屑灰岩段，岩心粒度相对较粗，岩心表面有细小的溶蚀孔，且多见沥青充填（图4-11a、图4-11b）。在滩相鲕粒灰岩薄片上表现为鲕粒间方解石胶结物溶蚀后形成粒间孔（图4-11c、图4-11d），从剩余胶结物以等厚环边型胶结物结壳的形式沉淀的现象，推测原先的胶结物形成于大气淡水潜流带。

2. 野外露头特征

在与研究区奥陶系沉积环境相似的巴楚奥陶系一间房—唐王城地区一间房组露头发育大量的滩相沉积的亮晶砂屑礁灰岩和生屑礁灰岩，由于被地表淡水溶蚀作用造成溶蚀孔发育（图4-11e、图4-11f）。在其铸体薄片发现粒间溶蚀缝隙发育，且溶蚀孔隙连通成网状，具有很好的储集性能（图4-11g、图4-11h、图4-12）。

3. 测井特征

滩相溶蚀孔隙储集体在常规测井曲线上典型响应特征为，深浅电阻率出现正差异，电阻率值比致密层低（约150~1600 Ω·m）；岩性密度、声波时差、中子

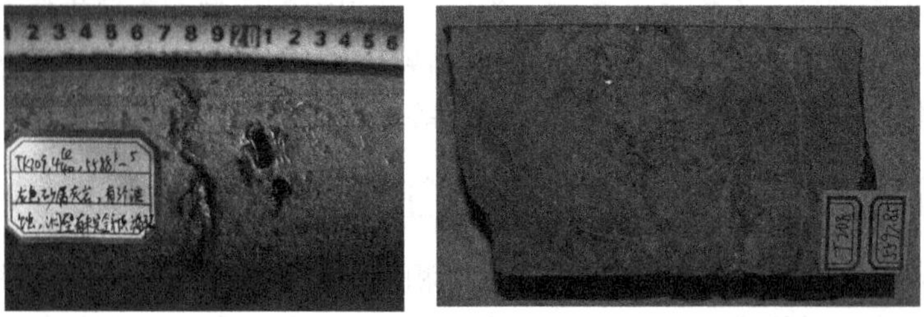

(a) (b)

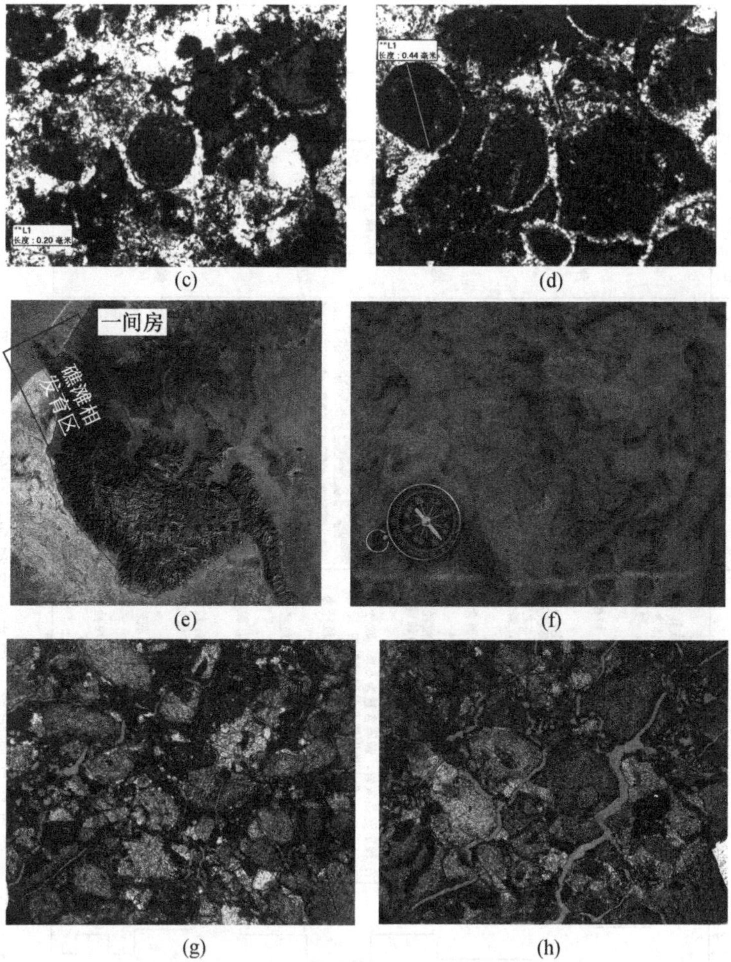

图4-11 研究区及相似露头区奥陶系滩相碳酸盐岩储集体露头、岩心和显微照片

注：图4-11中，(a) 为研究区奥陶系一间房组滩相岩心上发育的溶蚀孔，Tk209井；(b) 为研究区奥陶系一间房组发育的亮晶砂屑灰岩，上见微小溶蚀孔，被沥青充填，T208井；(c) 为研究区奥陶系一间房组铸体薄片鲕粒灰岩溶蚀孔，见粒间溶蚀孔和颗粒铸模孔，T208井；(d) 为研究区奥陶系一间房组铸体薄片亮晶砂屑鲕粒灰岩溶蚀孔，胶结物以等厚环边型胶结物结壳的形式沉淀说明形成于大气淡水潜水带，T208井；(e) 为相似露头滩相储集体位置图，巴楚一间房；(f) 为巴楚一间房组发育的滩相亮晶砂屑灰岩；(g)(h) 为巴楚五道班相似露头区奥陶系鹰山组藻礁灰岩薄片，颗粒见溶蚀孔隙发育，被蓝色铸胶充填。

对孔隙率均有反映。用组分分析程序可以较准确地确定矿物组分和总孔隙率。该区此类储集体的总孔隙率约为2%~7%，裂缝孔隙率很低（小于0.2%）。对不均匀分布的针孔，在FMI图像上呈分散状黑色小斑点。在ARI图像上，由于此类储集体的成层性较好，通常呈条状。在DSI资料上，斯通利波能量有衰减，

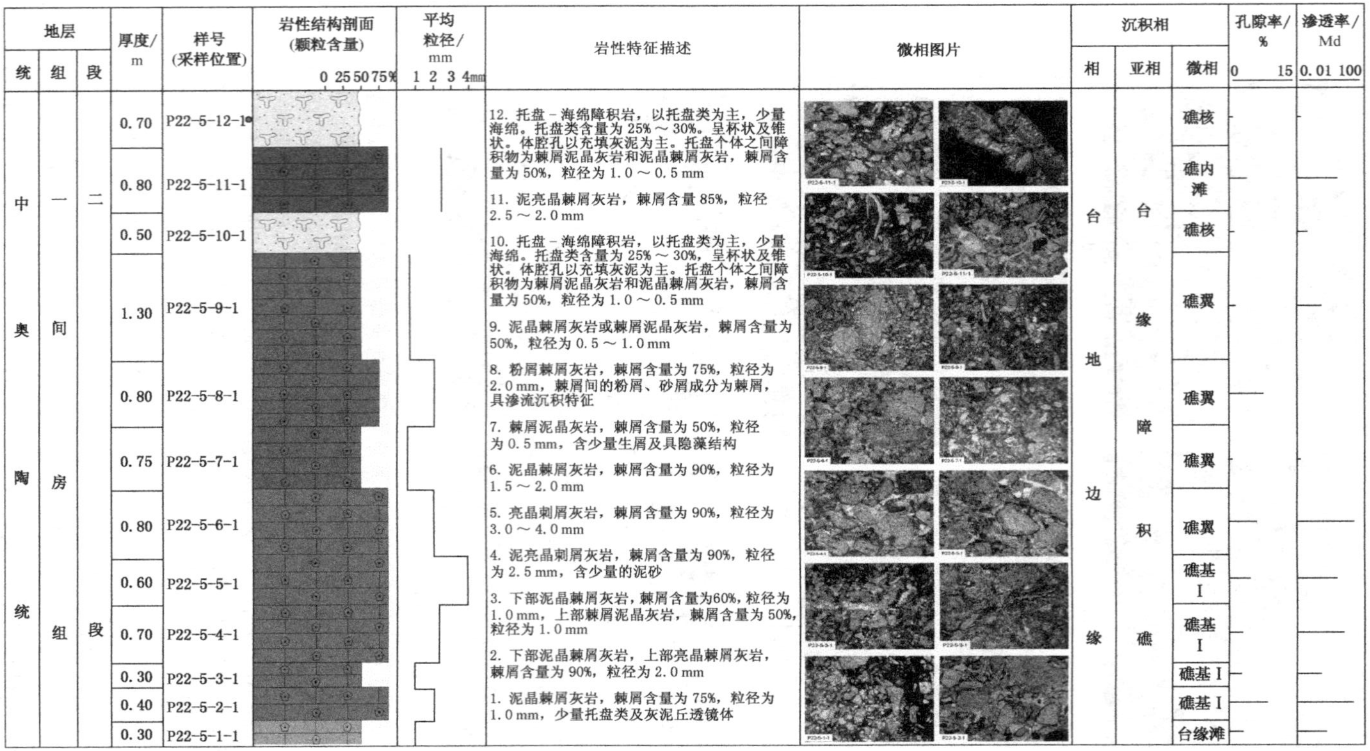

图4－12　巴楚—间房地区奥陶系—间房组沉积和储集体综合评价图

但衰减比裂缝性储集体段小。

研究区奥陶系滩相溶蚀孔隙型储集体测井特征以T208井和T204井最为典型。T208井奥陶系井深5534.35～5636.76 m段为连续取心，岩心观察揭示其中5599.05～5607.4 m段亮晶砂屑鲕粒灰岩中溶蚀孔隙均匀密集发育，具裂缝导油和岩石含油，可构成滩相溶蚀隙型储集体（图4－13）；第一次生产测井显示，井

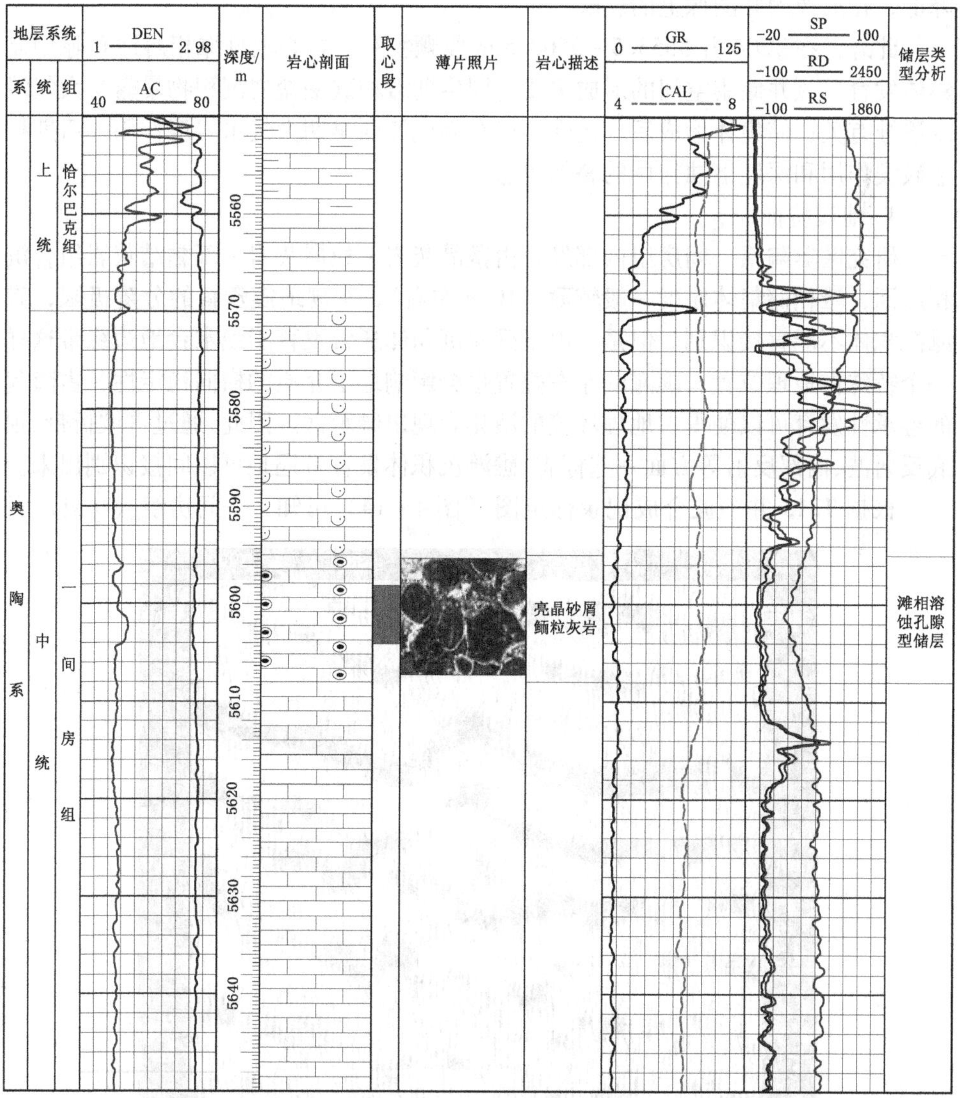

图4－13 研究区奥陶系T208井滩相溶蚀孔隙型储集体测井分析图

深5571.27～5608.64 m段产油0.3 m^3/d、水1.3 m^3/d，第二次生产测井显示井深5587～5601 m段产油1.5 m^3/d、产水12 m^3/d，则表明该套储集体可构成有效储集体。但是，由岩心与成像测井的对比分析可知，此类溶蚀孔隙小，在成像测井图像上溶孔的黑色斑点状发育分布特征不是很明显，但此类溶蚀孔隙型储集体发育段，颜色明显较其上下部位偏深，分析认为可能是此类储集体发育段电阻率降低，在成像测井图像上的反映。

此外，在T204井5553.5～5560.5 m段颗粒灰岩岩心上见滩相溶蚀孔隙型储集体发育。该井储集空间的形成主要与同生期滩相碳酸盐岩沉积物暴露受大气淡水溶蚀有关；储集体形成后，还受加里东期或海西早期大气水岩溶作用、后期构造破裂作用和深埋溶蚀作用的叠加改造。

4. 地震特征

研究区奥陶系一间房组内部发育由微晶灰岩－粒屑灰岩－藻黏结灰岩组合沉积旋回，滩相储集体厚度一般较薄（10 m左右），常规地震资料的分辨极限，礁滩沉积体不能直接识别。但是，由于礁滩沉积体通常发育于浅水台地边缘带这样一个特殊古地理位置，礁滩的左右叠置也会影响地层介质的横向稳定性，古隆起的继承性发育可以使得古地理环境的演化表现出继承性。因此，通过古坡折带、顶底反射波、内部反射等方面一些标志，礁滩沉积体发育带还是可以间接识别出来。

根据T215井声波合成记录标定图（图4－14）可知，一间房组（O_2yj）底

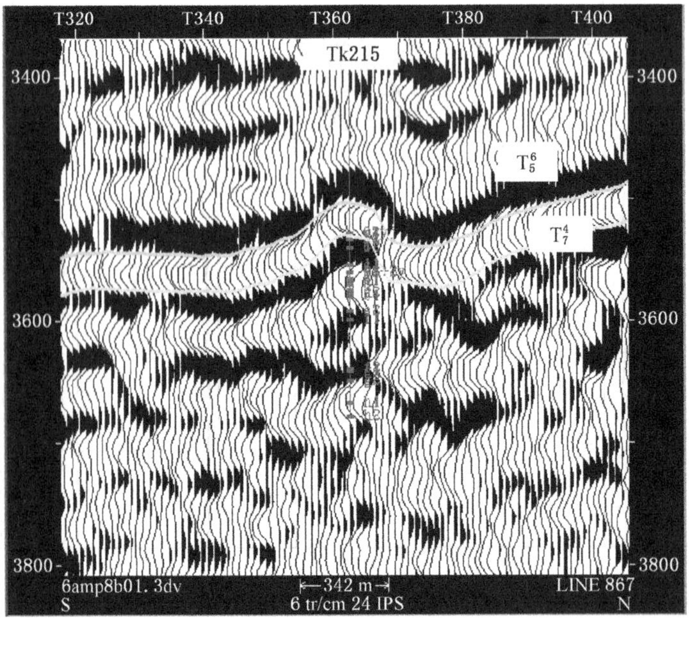

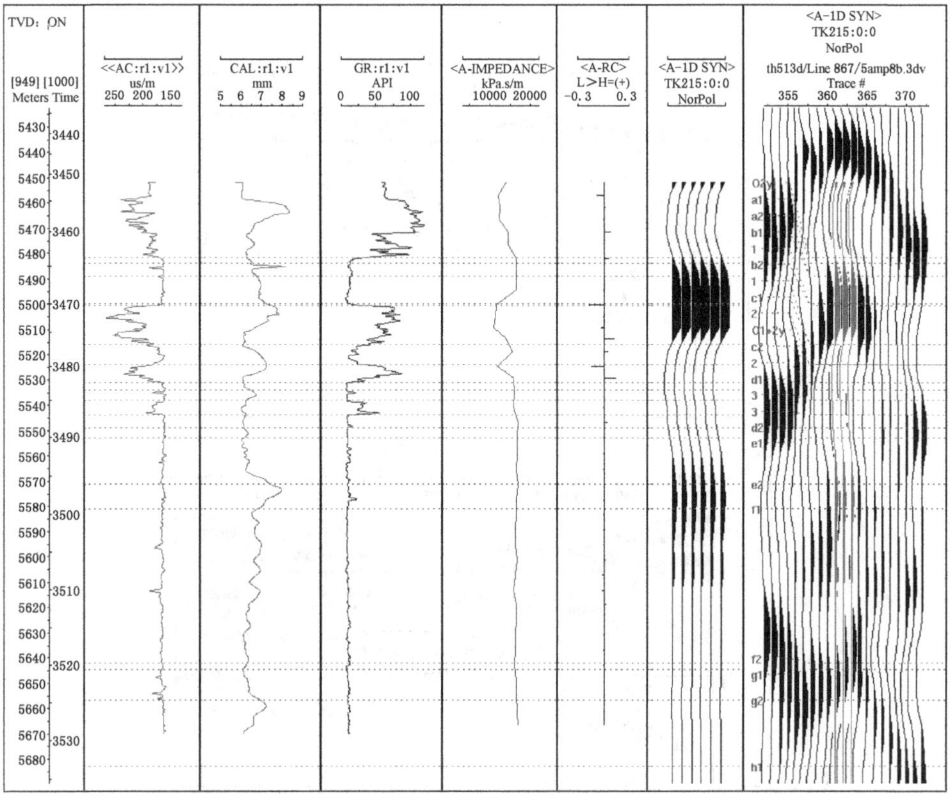

图 4-14 研究区 Tk215 井奥陶系声波合成记录标定图（据中石化西北局，2006）

界面所对应的反射波为一个弱振幅、连续性差的反射波。在台地边缘礁滩发育带，由于滩相存在横向上的变化，可以造成反射波道间波形相似性差，同相轴不光滑；所以礁滩发育带的一间房组底界面反射波表现为弱振幅不光滑不连续反射。从前面第 3 章层序演化可知，一间房组（O_2yj）的顶面存在一次海侵使上面的恰尔巴克组沉积了较细粒的泥灰岩。从而一间房组（O_2yj）的顶面反射波振幅减弱，与波峰的对应关系变差，甚至与波谷对应（或极性反转）。外由于滩相沉积体多呈透镜状，它们横向相邻或叠置，使得内部层状介质横向不稳定，使得礁滩发育带表现出弱振幅零乱反射、波形不规则、同相轴不光滑等特征（图 4-15）。而滩间地带由于层状介质横向相对稳定，内部为弱振幅层状反射，道间波形相似，同相轴较光滑。因此，一间房组（O_2yj）内部的这种弱振幅零乱反射可以作为礁滩沉积体发育带的直接识别标志。

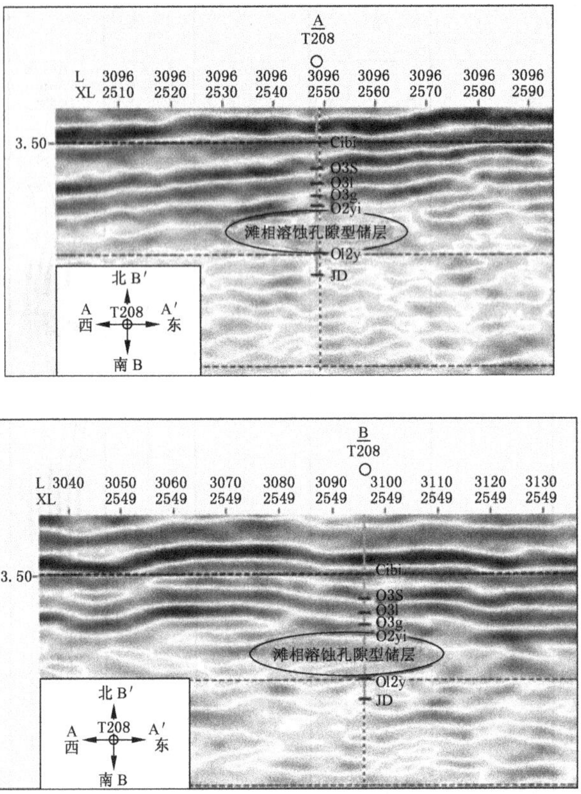

图4－15　过T208井奥陶系一间房组滩相溶蚀孔隙型储集体地震反射剖面

4.6.2　滩相溶蚀孔隙型储集体空间展布

滩相溶蚀孔隙型储集体平面上应用上述地震滩相沉积体识别标志，结合研究区奥陶系地震数据体进行协方差处理得出本征结构。从所得本征结构图上可知研究区滩相溶蚀孔隙型储集体主要发育在东部和南部沿台地边缘带呈带状分块发育分布，且单个区块呈块状（图4－16）。在参考地震预测所得滩相溶蚀孔隙型储集体平面分布的基础上，应用研究区钻井和测井解释所得滩相溶蚀孔隙型储集体的厚度数据（表4－5）得出了塔河油田二区奥陶系滩相溶蚀孔隙型储集体的平面分布范围（图4－17）。根据岩心观测和测井曲线解释分析对滩相溶蚀孔隙型储集体垂向上主要发育于一间房组（O_2yj）（图4－18）。

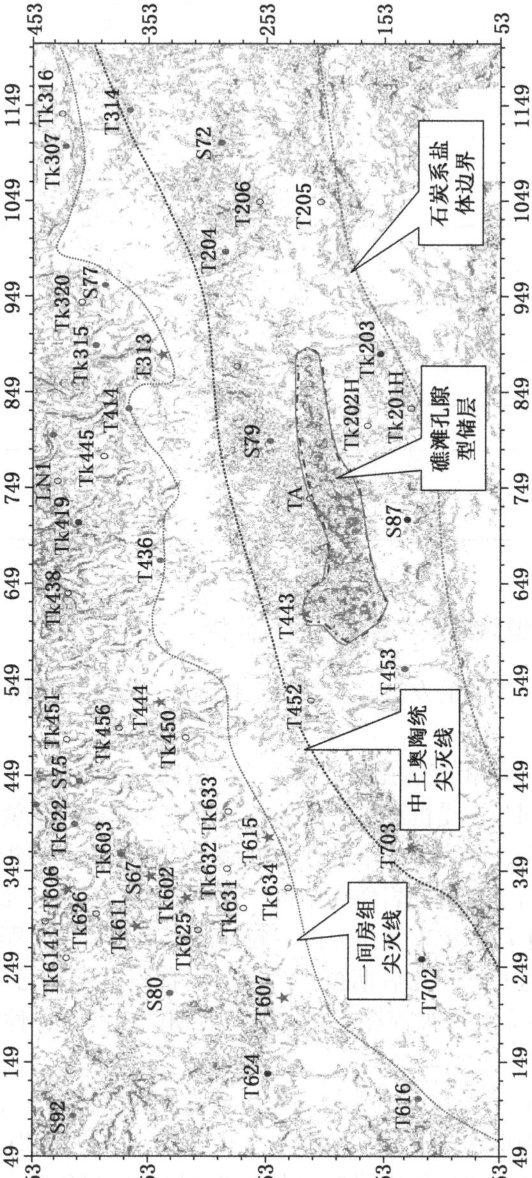

图4-16 奥陶系地震协方差本征结构反映滩相储集体平面分布图（据中石化西北局，2006）

表4-5　研究区奥陶系滩相碳酸盐岩储集体厚度统计表

钻井名称	揭示滩相溶蚀孔隙储集体厚度/m
T204	9
T208	11
Tk209	11.5
Tk226	3
Tk227	3.5
Tk230	17
Tk232	7
Tk233x	5.5
Tk235	14.5
Tk236	21.5
Tk249	5
Tk252	2

4.6.3　滩相溶蚀孔隙型储集体发育主控因素分析

滩相溶蚀孔隙型储集体的发育受多种因素控制，主要控制因素表现为以下3个方面。

1. 沉积微相控制了滩相溶蚀孔隙型储集体的空间分布

滩相沉积体的空间分布受沉积微相的控制，因此沉积微相也就控制了滩相溶蚀孔隙型储集体的分布，因为滩相溶蚀孔隙型储集体是依附于滩相沉积体而存在的。此外沉积微相控制了岩石的岩性和结构，从而控制岩石原生孔隙的发育。研究区奥陶系一间房组上段广泛发育生屑滩、粒屑滩，而它们由于颗粒支撑能形成大量的粒间孔，虽然这些粒间孔后期被方解石、生物碎屑或灰泥充填、半充填，单仍会有1%左右的残余孔隙被保存下来，这为后期的组构选择性溶蚀奠定了基础。

2. 早期暴露蜂窝状溶蚀也是滩相沉积体形成优质孔隙型储集体的重要因素

研究区中—晚奥陶世构造与海平面震荡变化频繁，造成沉积的多旋回叠加、海平面的相对下降可能造成短暂的同生期大气淡水岩溶成岩环境，使滩相沉积体形成的古地貌高部露出海面（如研究区在加里东运动中期达瑞威尔阶末期有近1 Ma的暴露剥蚀期）。出露高地在潮湿多雨的气候下，受到富含 CO_2 的大气淡水

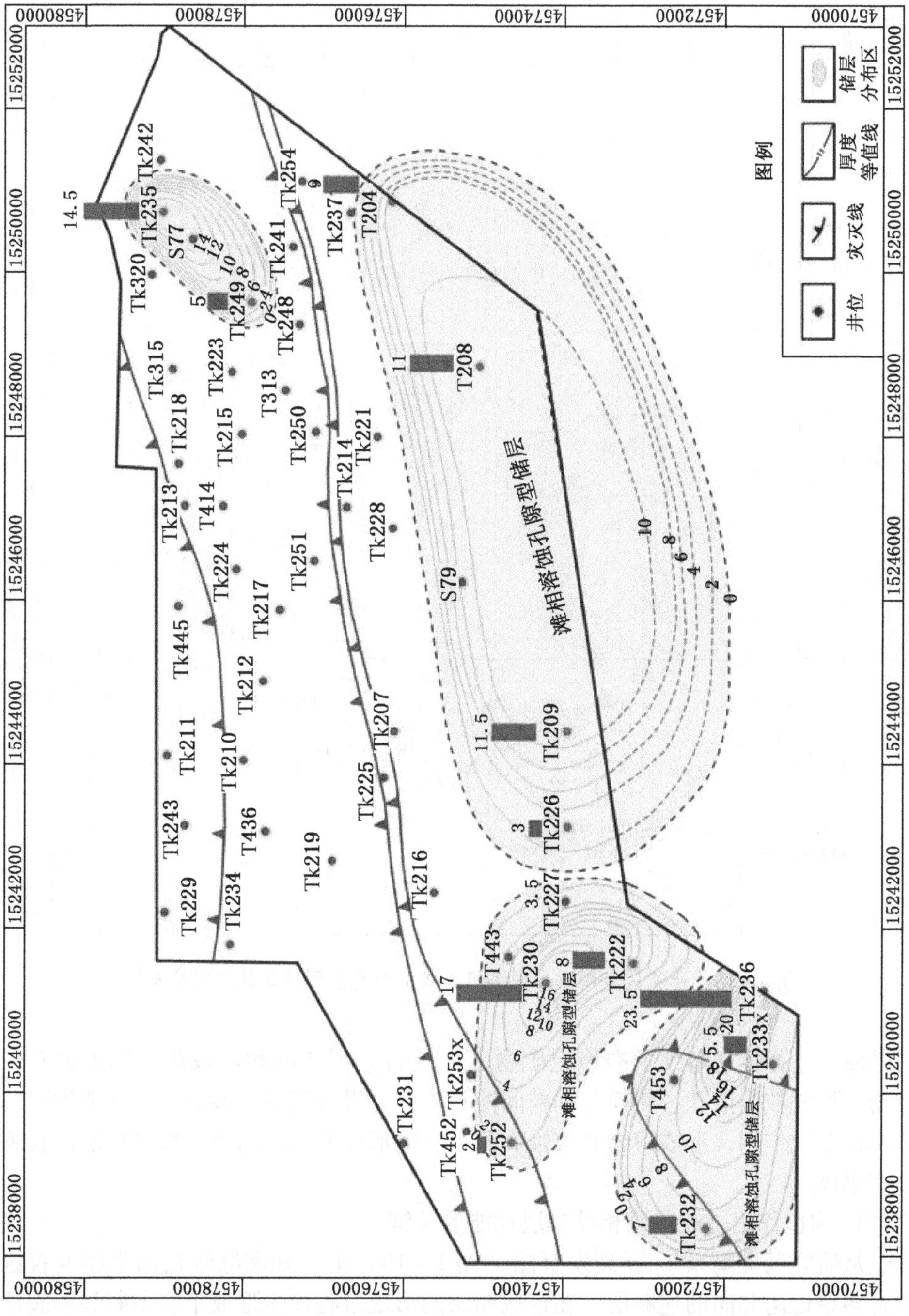

图4-17 研究区奥陶系一间房组滩相溶蚀孔隙型储集体平面分布图

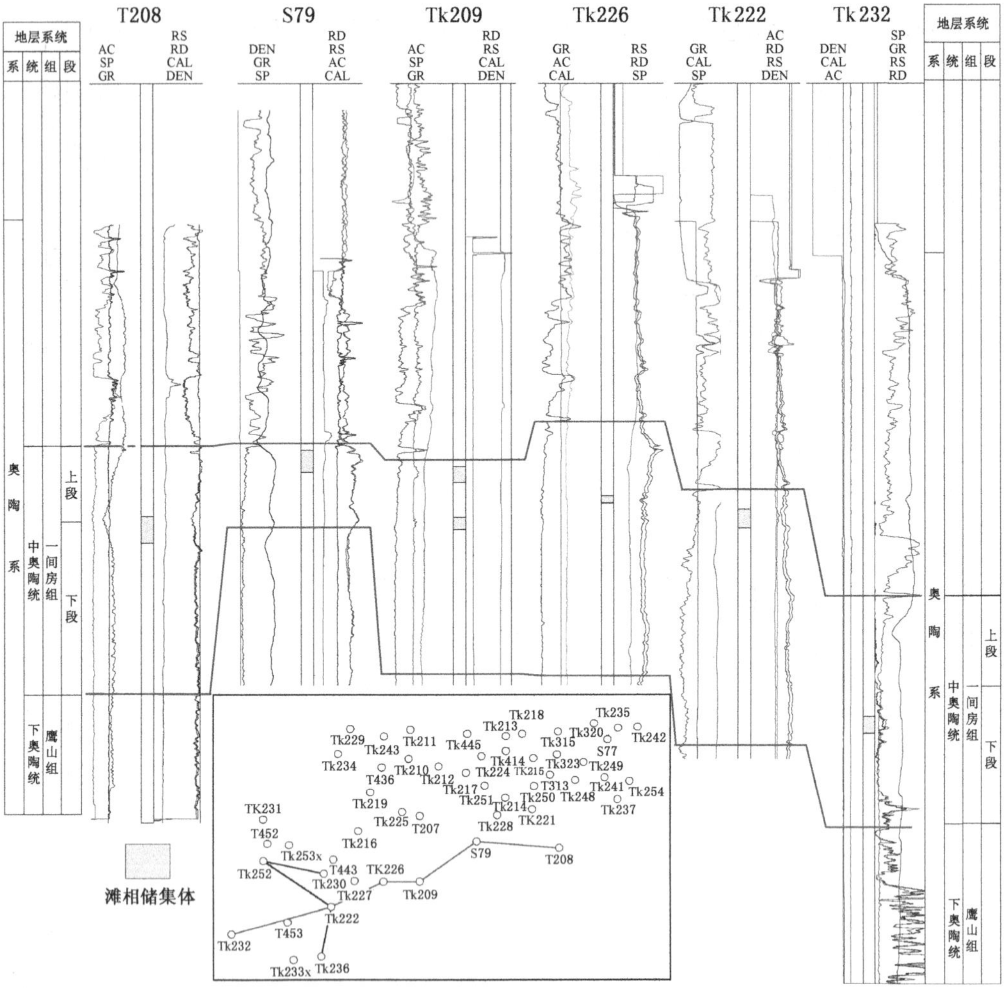

图4-18 研究区奥陶系一间房组滩相溶蚀孔隙型储集体垂向分布图

的淋滤，选择性地溶蚀了准稳定矿物（如文石）形成的颗粒或第一期方解石胶结物，形成粒内溶孔、铸模孔和粒间溶孔；又可沿着裂缝、残余原生孔隙发生非选择性溶蚀作用，形成溶缝和溶蚀孔洞，从而形成研究区南部台缘滩相溶蚀孔隙型储集体。

3. 构造作用是改善滩相储集层性能的关键

从研究区奥陶系 T_7^4 断裂发育图（图2-10）上可知南缘滩相储集体发育区发育多条近南北向的逆断层。在这些断层的形成过程伴生形成了多条断裂和裂缝系统，它们沟通了溶蚀孔隙发育层，为后期的埋藏溶蚀提供了条件。前人研究还发现研究区二叠纪发生过多次的火山运动，这些火山运动为滩相储集体在埋藏环境下发生热液溶蚀提供了外部热液和溶液条件，从而使研究区滩相沉积体在多期溶蚀下造成溶蚀孔发育形成良好的溶蚀孔隙型储集体。

另外，研究区滩相溶蚀孔隙储集体为多期旋回形成的复合体，多期滩相储集体纵向叠置、横向连片，沿东南部边缘广泛发育，规模较大。

4.7　云斑灰岩白云石粒间孔隙型储集体及主控因素

云斑灰岩是研究区奥陶系中—下奥陶统广泛发育且非常重要的一种储集体，储集空间为云斑灰岩内部广为发育的白云石化砂屑团块和沿团块发育的缝合线。这类储集体对研究区奥陶系油藏的贡献从开发地质角度分析，我们可以用一个形象的比喻来说明：如果研究区的各类储集体作为一个有机体，岩溶溶洞是心脏，裂缝是动静脉血管，缝合线是毛细血管，那么云斑灰岩储集体和滩相溶蚀储集体的储集空间就是细胞，它是研究区奥陶系油藏最基本的储集单元。

4.7.1　云斑灰岩白云石粒间孔隙型储集体特征

1. 地下云斑灰岩储集体特征

地下云斑灰岩储集体特征研究主要通过钻井取心和岩心薄片鉴定分析进行。通过对研究区及邻近区块奥陶系 24 口取心井岩心的详细观察发现，大量的石油储存于一种团块状泥晶灰岩中白云石砂屑团块（形态极不规则，平面看上去如无定型的云团，暂将其称为“白云石砂屑团块”）。白云石砂屑团块在中—下奥陶系—间房组和鹰山组广泛分布，且厚度巨大，可达 200 m。在岩心上表现为不规则斑状或绸带状分布，占岩心总表比面积的 30% 左右，内多被黑色原油或沥青充填，且贴近斑块周围缝合线极为发育，且把相邻斑块连接了起来（图 4 - 19a、图 4 - 19b）。根据这些现象推测团块内有机质成熟和生排烃过程中形成的酸性可溶性流体的活动有利于促进缝合线的发育。但是也不能排除有的溶蚀缝合线是在压实缝合线和压裂缝合线基础上改造形成的，这些白云石团块是在缝合线的影响下经灰岩的白云石化形成的。统计发现这种云斑灰岩周边发育的缝合线几何特征从简单到复杂均有，总体特征为缝合线的锯齿齿尖不大尖锐，而比较浑圆。在对岩心薄片鉴定后认为云斑灰岩斑块内部多为白云岩颗粒，颗粒直径为 0.1 ~ 0.4 mm，粒间孔发育（图 4 - 19c）。贴近云斑灰岩周边缝合型发育，宽度可达 0.5 mm，常呈港湾状或河流状分布，把云斑灰岩团块和周边泥晶灰岩截然分开，缝合线内部被黑色残留沥青充填（图 4 - 19d、图 4 - 19e）在对砂屑斑片做扫描电镜分析，发现砂屑云斑灰岩内白云石颗粒高度发育，颗粒间孔隙非常发育（图4－19f、图4－19g）。荧光下白云石颗粒具有明显的“亮边雾心”结构，周边亮边为橙色光，表现出浅埋藏下白云石的特征，中间为黑色或灰色核心，多为灰岩未完全白云石化的残留物（图4－19h）。

2. 野外云斑灰岩储集体特征

巴楚县西北37 km的五道班附近出露的奥陶系露头中发现了一套云斑灰岩地层，厚度为20 m左右，地层分析为奥陶系中—下奥陶统鹰山组，距离鹰山组顶面10 m左右，储集空间和塔河油田二区中—下奥陶统云斑灰岩一样均为白云石砂屑团块，敲击岩石，有强烈的油味，岩石断面如图4－19i所示，从断面可以发现有灰色和白色两种截然不同的斑片，其中白色的为白云石砂屑斑片，有强烈油味，灰色为泥晶灰岩。从白云石砂屑斑片薄片中（图4－19j、图4－19k）可

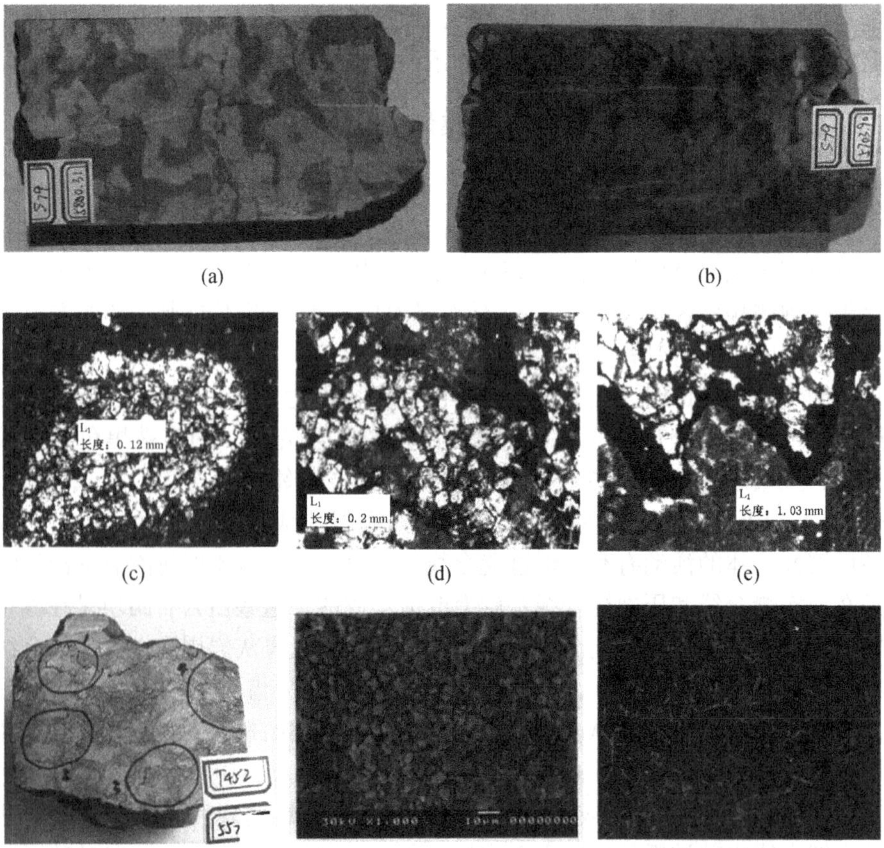

(a) (b)

(c) (d) (e)

(f) (g) (h)

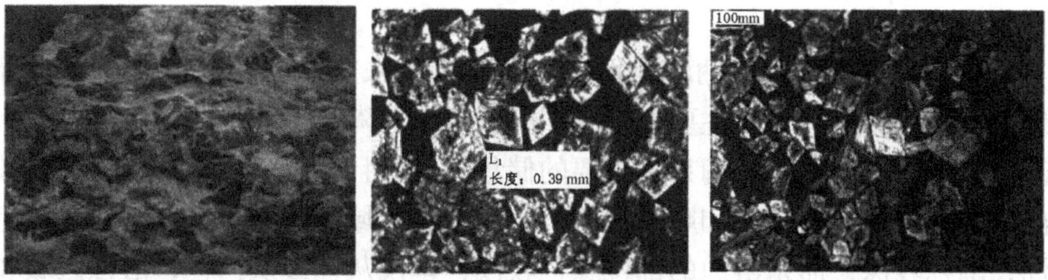

(i) (j) (k)

图4-19 研究区奥陶系云屑灰岩型岩心和显微照片

注：图4-19中，(a) 为S79井奥陶系云斑灰岩岩心上的白云石砂屑团块，砂屑团块被裂缝贯通；(b) 为S79井奥陶系云斑灰岩岩心上的白云石砂屑团块，砂屑团块边界缝合线发育且被沥青充填；(c) 为Tk209井奥陶系岩心普通薄片下白云石砂屑团块，团块内白云石颗粒呈菱形，棱角分明，分选性很好，颗粒表面较脏，见粒内溶孔发育，颗粒染色后表面零星点缀着红色，是灰岩未被彻底白云石化的结果；(d) 为S77井奥陶系岩心薄片中沿缝合线发育的砂屑团块，白云石颗粒特征明显；(e) 为S77井奥陶系岩性薄片中白云石团块边界的缝合线，呈港湾状比较圆滑；(f) 为T452井奥陶系岩心剖面，白云石砂屑团块发育；(g) 为图4-19f所示岩样的扫描电镜照片，白云石颗粒粒间孔发育；(h) 为S77井奥陶系白云石砂屑团块内白云石颗粒荧光照片，白云石边缘颗粒呈橙色，为浅埋藏白云石化的产物；(i) 为巴楚五道班野外露头云斑灰岩断面，白色的为白云石砂屑团块，有强烈油味；(j) 为图4-19i所示岩样普通薄片的偏光显微镜下照片，白云石颗粒"亮边雾心"结构明显，粒间孔发育；(k) 为图4-19i所示岩样铸体薄片的偏光显微镜下照片，白云石颗粒"亮边雾心"结构明显，粒间微裂缝发育。

以发现白云石密集产出，白云石颗粒直径为0.2~0.4 mm，白云石"雾心亮边"结构非常明显，白云石颗粒晶间孔和微裂缝均很发育，且连通性极好，是主要的储集空间，被沥青充填。

从巴楚五道班野外露头云斑灰岩的产出层位和塔河油田二区奥陶系钻井揭示的云斑灰岩的发育层来看，二者均为中—下奥陶统地层，野外调查和室内分析还揭示两地岩性和生物具有很大的相似性，属于同期沉积的地层。二者相比塔河油田二区中—下奥陶统的云斑灰岩储集体厚度更大，经历过成岩作用的改造后，使其储集空间更发育。

4.7.2 云斑灰岩白云石粒间孔隙型储集体成因探讨

对研究区奥陶系通过岩心观测、薄片鉴定，结合阴极射线与扫描电镜等分析，认为研究区奥陶系云斑灰岩的成因有两种：①埋藏溶蚀基础上的白云石交代作用成因；②构造断裂控制下的热液白云石化成因，以第一种成因形成的砂屑斑片最为常见。下面对两种成因的云斑灰岩特征、作用过程及流体来源进行初步的探讨分析。

对于塔河油田奥陶系油藏的埋藏溶蚀作用，朱东亚、胡文瑄（2007）等通过研究认为埋藏溶蚀作用主要发育在一间房组，奥陶系的其他层段溶蚀较少，而一间房组恰好是研究区奥陶系最重要的储集体，并且这种溶蚀多少沿缝合线或裂缝向周围扩展，形成斑状和顺层状。发生溶蚀的区域一般充填有沥青或棕黄色的原油，颜色较深；而未溶蚀的部位颜色较浅，呈浅灰色或灰白色，溶蚀区域和未溶蚀的区域交织在一起。灰岩的溶蚀部分具有较多的溶蚀孔隙。溶孔孔径一般为0.01～0.03 mm，少数可超过0.1 mm。溶蚀形成的孔隙一般小而密，多呈网眼状、港湾状等形态。

朱东亚博士等还根据溶蚀孔隙形态和溶蚀流体来源，将埋藏溶蚀作用进一步分为自源溶蚀作用和它源溶蚀作用，且认为多数情况下，埋藏溶蚀是两种溶蚀作用类型共同作用的结果。先是在内部侵蚀流体作用下发生自源溶蚀，然后随着外部流体的深入，在自源溶蚀的基础上进一步发生他源溶蚀。在溶蚀较强烈的区域一般看到的是他源溶蚀作用的结果，如岩心上广泛发育的溶蚀斑块。对于溶蚀所需要的流体来源，他们认为自源溶蚀作用的溶蚀流体来自灰岩内部，侵蚀成分是灰岩本身所含的有机质在热成熟作用过程中所释放出来的有机酸、CO_2、H_2S等酸性物质。由于灰岩自身所含的有机质数量少，生成的酸性物质非常有限，所以自源溶蚀作用非常弱，只能在有机质所在的位置周围溶蚀产生一些微小的、近圆形的、彼此孤立的溶蚀孔。它源溶蚀作用的溶蚀流体来自本地灰岩之外烃源岩，其溶蚀成分为烃源岩中的有机质所产生的有机酸、CO_2、H_2S等酸性物质。这些物质随含油气流体沿着断裂、裂缝、不整合面以及缝合线等通道运移。它源溶蚀作用形成较大的溶蚀孔隙，且孔隙之间连通性较好。

朱东亚博士关于云斑灰岩的埋藏溶蚀作用成因笔者非常赞同，但是对于他所认为的云斑灰岩的储集空间是溶蚀产生的溶蚀孔，笔者认为值得商榷。从对砂屑斑片的薄片（图4－19c～图4－19e）镜下观察可以发现，云斑灰岩的真正储集空间应该是白云石的粒间孔，而不仅是溶蚀孔。对于这些白云岩的成因，笔者认为是在埋藏溶蚀的过程中使研究区中下奥陶一间房组和鹰山组的泥微晶灰岩中的Ca^{2+}随溶液流失，同时为灰岩的白云石化提供必需CO_3^{2-}，造成Mg^{2+}/Ca^{2+}向有利于白云石化的1:1方向发展，此时如果白云石化完全是分子对分子的交代，那么方解石向较大比重的白云石转化时，会导致孔隙率的增加，可达13%。由于深埋藏溶蚀为斑片状和顺层状，造成此条件下形成的白云岩在岩心上呈团块状和顺层状分布。灰岩的白云石化形成的晶型很好的白云石菱形晶体在阴极射线下发红色或暗红色的光（图4－19h），但是由于灰岩白云石化过程中杂质析出后不能融入白云石晶体，残留在白云石晶格内形成“亮边雾心”结构。

此外，热液作用也是研究区奥陶系云斑灰岩白云石粒间孔隙型储集体的一个重要成因。热液溶蚀作用是深部热液流体活动对碳酸盐岩的溶蚀作用，溶蚀作用的结果使灰岩储层的储集性也得到很大程度的改善，热液溶蚀作用模式可通过图4-20来解释。热液从底部沿断裂或裂缝向上侵入，在侵入周围产生大量的溶蚀孔。热液对灰岩的溶蚀作用不像岩溶作用那样形成大型的溶蚀孔洞，而是在灰岩中产生大量小的溶孔，溶孔大小以毫米级为主。对研究区奥陶系中地质历史上未曾暴露地表、未发生岩溶作用的碳酸盐岩储层的形成尤为重要；热液溶蚀除了发生溶蚀作用外还能促使地下灰岩发生白云石化（也就是热液白云石化）。从研究区奥陶系S77、S79、T208、T443、T452等井岩心上发现的大量热褪色现象（图4-21a~图4-21e），可以作为研究区奥陶系曾经发生热液作用的标志。在对热液侵蚀部分的扫描电镜分析发现灰岩发生了明显的白云石化，形成了大量的白云岩颗粒，粒间孔发育（图4-21f、图4-21g），是非常有效的储集空间。另外，在研究区的相似露头区奥陶系一间房和五道班地区大量发育的萤石矿（图4-22a、图4-22b）以及五道班和硫黄沟大量发育的硫黄矿（图4-22c、图4-22d）也是塔里木盆地奥陶系曾经发生过热液作用的证据。理论计算，萤石交代

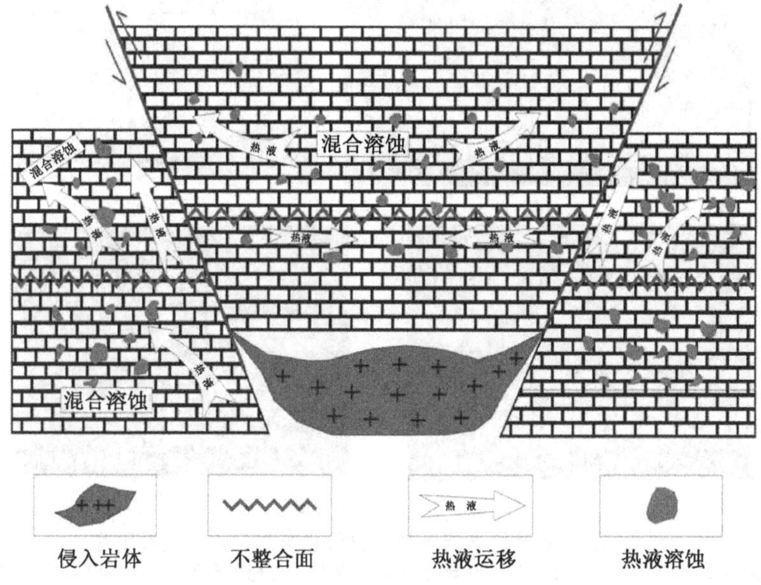

图4-20 研究区奥陶系热液溶蚀模式图

图4-21 研究区奥陶系热液白云化灰岩岩心和显微照片

注：图4-21中，(a) 为T452井5600.60热液溶蚀条带，见褪色现象；(b) 为T443井5686.80热液溶蚀条带，见岩石褪色现象；(c) 为S79井5649.21热液溶蚀条带，见岩石褪色现象；(d) 为S77井5536.05热液溶蚀褪色条带；(e) 为T208井5633.79m热液溶蚀条带，见白云化条带；(f) 为图4-69e的扫描电镜照片，见白云颗粒和方解石边界；(g) 为图4-21e的扫描电镜照片，见白云颗粒。

方解石后体积能减小33.5%，体积缩减的结果使得萤石中产生大量的晶间孔隙。在扫描电镜下发现热液侵入的硫黄颗粒之间发育大量的粒间孔，也是有效的储集空间（图4－22d、图4－22e）。

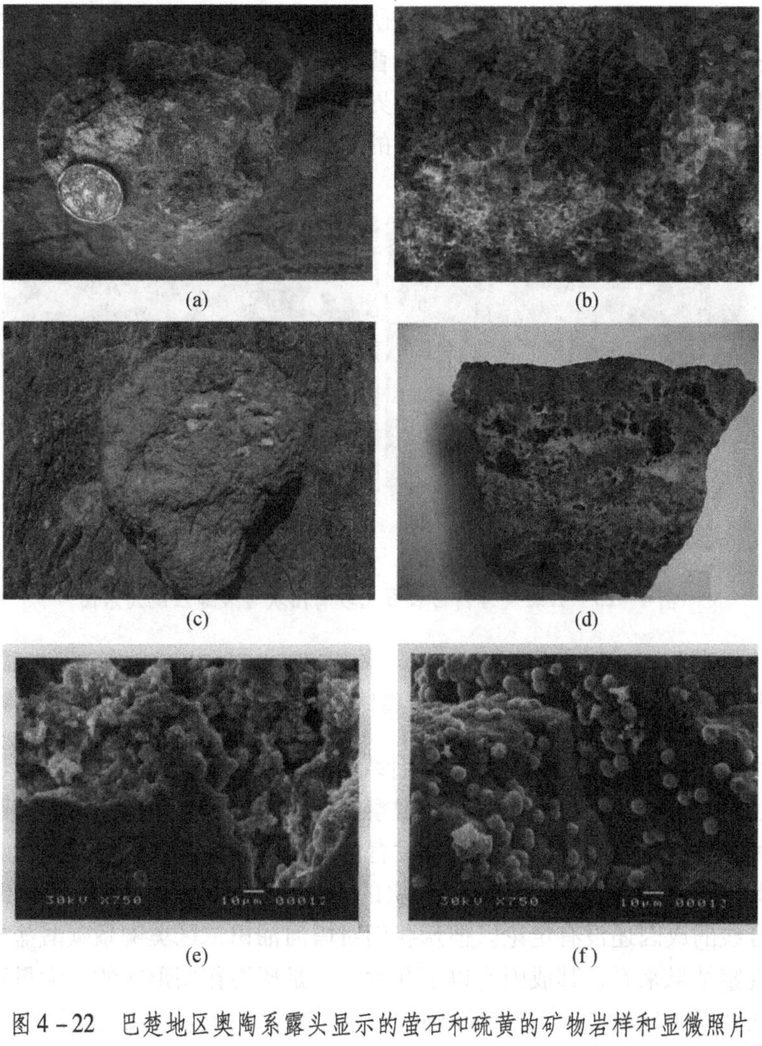

图4－22 巴楚地区奥陶系露头显示的萤石和硫黄的矿物岩样和显微照片

注：图4－22中，（a）为巴楚地区五道班奥陶系鹰山组露头中的萤石照片；（b）为巴楚地区奥陶系一间房组露头中的萤石照片；（c）为巴楚地区硫黄3号沟硫黄照片；（d）为巴楚地区五道班奥陶系鹰山组露头钙华沉积物，内见硫黄充填；（e）为图4－21d的扫描电镜照片，左上角为孔隙内的硫黄颗粒；（f）为图4－21d的扫描电镜照片，圆球为方解石表面黏附的硫黄颗粒。

4.7.3 云斑灰岩白云石粒间孔隙型储集体空间展布

通过对研究区及相邻区域钻井的岩心观察发现，在中—下奥陶统一间房组和鹰山组均大量发育云斑灰岩。一般认为云斑灰岩为开阔台地相沉积灰岩在后期成岩作用的改造下形成，而开阔台地相在研究区中—下奥陶统普遍发育，所以云斑灰岩白云石粒间孔隙型储集体在全区也普遍发育。在垂向上云斑灰岩主要分布于一间房组和鹰山组上段，体现出受层序界面的影响。云斑灰岩白云石粒间孔隙型储集体在裂缝的沟通下能形成非常有效的储集体（图4－23）。

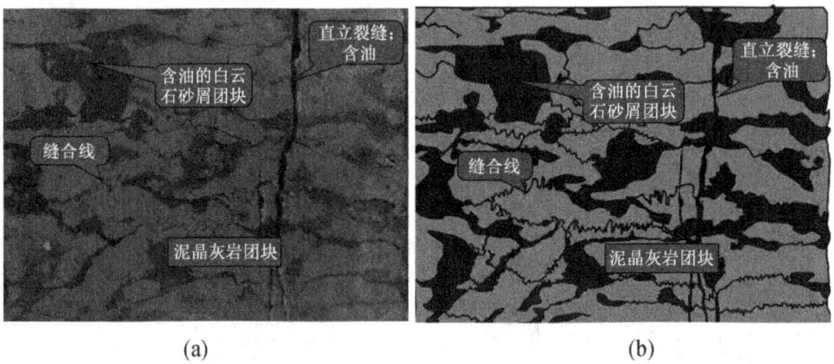

图4－23 云斑灰岩内白云石化砂屑团块与裂缝匹配关系图

4.7.4 云斑灰岩白云石粒间孔隙型储集体发育主控因素分析

1. 云斑灰岩的发育受微裂缝或缝合线的控制

通过对研究区及临区奥陶系岩心观察发现，云斑灰岩的白云化砂屑团块常和缝合线相伴而生，在缝合线或为裂缝发育的部位，其周围白云化砂屑团块也较发育，由此可知缝合线对于云斑灰岩团块的发育具有一定的控制作用。到目前为止，缝合线的成因还没有定论。但从我们对塔河油田二区奥陶系碳酸盐岩中的缝合线的观察结果来看，其成因有以下几种：一是压溶作用形成的。大量顺层发育的缝合线就属于这种成因，占所有缝合线的75%以上。主要原因有如下几点：①泥晶灰岩块的长轴顺层面的优选排列形成了水平方向的“缝隙”，在压实过程中有利于顺层缝合线的发育。所以，许多缝合线是沿着泥晶灰岩块之间的水平边界或泥晶灰岩团块与砂屑灰岩团块的结合边界发育的。②研究区奥陶系油藏油层的埋藏深度较大，多在5000～6000 m，因此上覆岩层的静压力非常大，所以易于在最大主应力平面上使被作用的岩层中的矿物或其他物质产生调整，形成定向排列，从而为形成缝合线奠定基础。这种缝合线一般规模较大或不规则，锯齿细密或粗大稀疏，缝合线平坦或曲折，稳定性相对较差，有些缝合线会转变为倾斜缝合线或竖直缝合线；常数条交织成辫状或网状，少数完全重叠成一条复合缝合线。二是压裂作用形成的。这是一种纯粹的受力破碎，实际上是一种受压剪形成的纯物理破裂，没有丝毫化学溶蚀。一般发育在纯的泥晶灰岩团块内部，锯齿多为细密尖锐（锯齿夹角小于30°～45°）锯齿状或三角（锯齿夹角约90°）锯齿状；形成这种缝合线可能是泥晶灰岩团块周围的物质提前屈服，使泥晶灰岩团块受到了周围应力的集中作用，出现应力在泥晶灰岩团块集中，而导致泥晶灰岩团块受到垂向单轴压缩被“压断”，形成压裂缝合线。这种缝合线的含油和过油性较差。三是溶蚀作用形成。研究区奥陶系碳酸盐岩中缝合线的成因可能很难有纯粹的“压溶”，尤其是含油的“云斑灰岩团块”周围的缝合线，泥晶灰岩在有机质成熟和生、排烃的过程中形成的酸性可溶性流体的活动有利于促进缝合线的发育。因此，溶蚀缝合线很有可能是在压实缝合线和压裂缝合线的基础上改造形成的。溶蚀作用形成的缝合线几何特征从简单到复杂均有，但总的来说缝合线的锯齿齿尖不太尖锐，比较浑圆。

2. 云斑灰岩的发育受岩性的控制

从研究区奥陶系岩心观察发现，云斑灰岩主要发育在中—下奥陶统的一间房组和鹰山组，而上奥陶统发育较少，推测和它们的岩性差别有很大关系。中—下奥陶统岩性主要为生屑灰岩、泥晶灰岩和砂屑灰岩。首先，中—下奥陶统泥晶灰岩岩性脆，容易破裂形成微裂缝作为埋藏溶蚀的通道。其次，广泛发育的泥晶灰岩和生屑灰岩本身又是生油的烃源岩，为在埋藏环境下的溶蚀提供了流体来源，但是由于生油能力有限，所以埋藏溶蚀仅在局限区域以斑片状和顺层状发育。

3. 云斑灰岩的发育受成岩作用的控制

塔河油田二区奥陶系一间房组（O_2yj）和鹰山组（O_1y）泥晶灰岩中的白云石化作用主要从两个方面控制次生孔隙的发育：一方面是白云石的交代和重结晶作用；另一方面是溶蚀作用。白云石的交代和重结晶作用在一定范围内促进孔隙的增加，偏光显微镜下观察到白云石晶体交代方解石晶体颗粒的时候，首先交代颗粒的外部，其内部核心由于溶蚀作用产生铸模孔，这说明在白云石化的高级阶段，残余的方解石矿物变得不稳定被溶蚀。所以说塔河油田二区奥陶系一间房组（O_2yj）和鹰山组（O_1y）豹斑状白云石化泥微晶云斑灰岩储集体是溶蚀作用和白云石化作用共同作用的结果。

4. 热液白云石化受流体流动和断层的控制

由于热液白云岩是热液流体沿断裂或裂缝的侵入，在断裂或裂缝的内部或周缘发生白云石化而形成，所以热液白云化的发育范围和程度都受到热液流体和断层的控制。研究区奥陶系热液主要为二叠纪火山活动时期是从下往上侵入的，所以中—下奥陶统较上奥陶统发育。前人研究还发现热液的侵入受构造断层的控制，侵入过程的优选场所为①张性断层之上，优选上盘一侧；②扭断层之上，在松动的水平错断处；③张性断层或扭断层的相交处。从研究区的构造图上可以发现，岩心上发育热液白云化的井平面位置位于上述情况之一。岩心观察发现热液白云岩的发育，也是集中在裂缝发育的层段，这些都说明热液白云石化受流体和断层的控制。

4.8 裂缝型储集体特征及主控因素

研究区奥陶系碳酸盐岩油藏储集体中发育了大量裂缝系统，它们与溶洞一起构成了塔河油田二区奥陶系复杂的缝洞型油藏，成为研究区奥陶系碳酸盐岩一种重要的储集空间。通过研究区及临区 24 口井岩心的观察发现，奥陶系裂缝发育有如下几个特点：一是不均衡性；二是多期性；三是多成因性；四是多控性。不均衡性表现在裂缝在岩心上时有时无、时多时少；裂缝的多期性表现在裂缝密集发育段多组系交错切割；裂缝的多成因性表现在构造裂缝、风化裂缝、压溶缝合收缩缝并存（图 4－24）。裂缝的多控性表现在其发育受岩性、构造及岩溶等多因素控制。

4.8.1 裂缝型储集体特征

1. 岩心和薄片裂缝特征

1）裂缝分类

裂缝的分类依据很多，可以从力学成因、与层面的关系、裂缝的产状、裂缝的充填性角度出发对裂缝进行分类。由于研究的目的不同，裂缝的分类方案也不同。由于本次研究是从裂缝的储油和导油性的角度出发，更注重裂缝的有效空间性，因此把裂缝的产状作为分类的标准。通过对研究区奥陶系 5 口取心井裂缝倾角分布频率进行统计分析发现，在裂缝倾角分布频率图上存在 30°、70°两处拐点，以这两个拐点作为裂缝产状分类的界限，把裂缝分为直立缝（70°～90°）、倾斜缝（30°～70°）和水平缝（0°～30°）3 种（图 4－25）。

此外，前人研究发现以长度 8 cm、13 cm 和 30 cm 为界限把裂缝划分为小裂缝、中裂缝、大裂缝和超大裂缝，也能很好地描述裂缝对储油和导油的贡献（图 4－26）。从研究区奥陶系 5 口取心井的裂缝长度频率分布统计图可知研究区

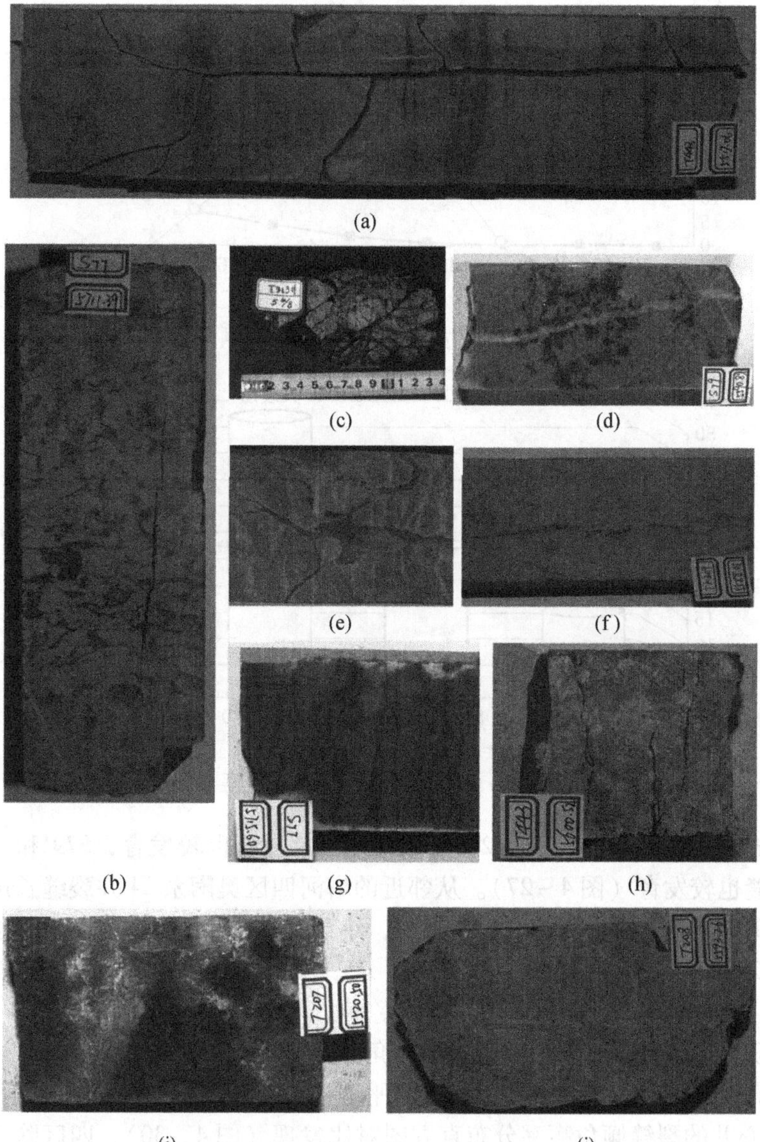

图4-24 研究区奥陶系岩心裂缝照片

注：(a) 为研究区奥陶系直立和近水平的构造缝，T443 井；(b) 为研究区奥陶系直立构造缝，未被充填，S77 井；(c) 为研究区奥陶系风化破裂缝，未被充填，T313 井；(d) 为研究区奥陶系近直立构造缝，方解石充填，S79 井；(e) 为研究区奥陶系构造缝，泥质充填，S79 井；(f) 为研究区奥陶系近直立溶蚀缝，未被充填，Tk209 井；(g) 为研究区奥陶系近水平缝合，沥青充填，S77 井；(h) 为研究区奥陶系成岩收缩缝未被充填，T443 井；(i) 为研究区奥陶系岩心近直立缝，沥青充填，T207 井；(j) 为研究区奥陶系岩心成岩收缩缝，方解石半充填，T208 井。

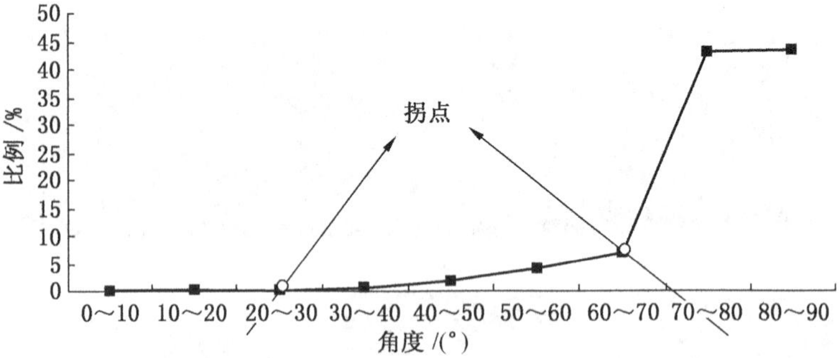

图 4-25　研究区奥陶系岩心裂缝倾角频率折线图

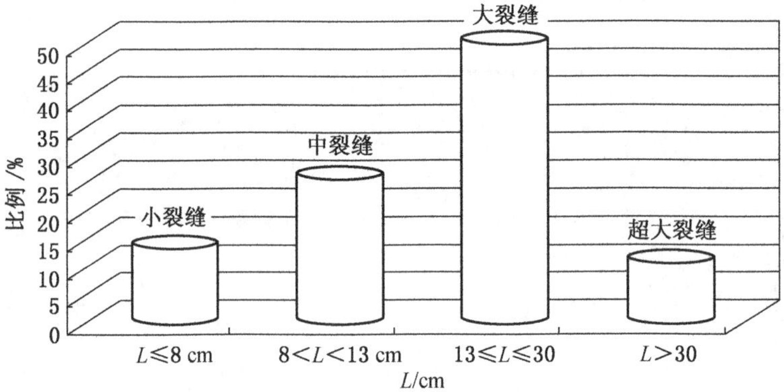

图 4-26　研究区奥陶系裂缝分类等级图

以大裂缝为主，T443、S77、T208、Tk209 井中裂缝也较发育，S79 和 Tk209 井超大裂缝也较发育（图 4-27）。从邻近的塔河四区奥陶系 14 井裂缝长度频率分布统计图同样也反映出以大裂缝为主，小裂缝、中裂缝和超大裂缝也较发育（图 4-28）。

2）裂缝产状

从研究区奥陶系 5 口取心井裂缝倾角频率分布直方图（图 4-29）可知，研究区以高角度的裂缝为主，倾斜缝和水平缝极少。与临近的塔河油田四区奥陶系 16 口取心井的裂缝倾角频率分布直方图对比发现（图 4-30），四区除了直立缝发育外，倾斜缝也较发育，这就可以解释为什么四区直立缝和倾斜裂缝能够彼此交织成网状，形成连通的裂缝系统，而研究区裂缝的彼此连通性相对较差，这也是四区裂缝型储集体比二区发育的缘故。在对巴楚奥陶系露头考察时发现该区发育裂缝也是以高角度裂缝为主，走向以北东向和北西向两组裂缝为主，这和研究区奥陶系成像测井反映的情况相同。

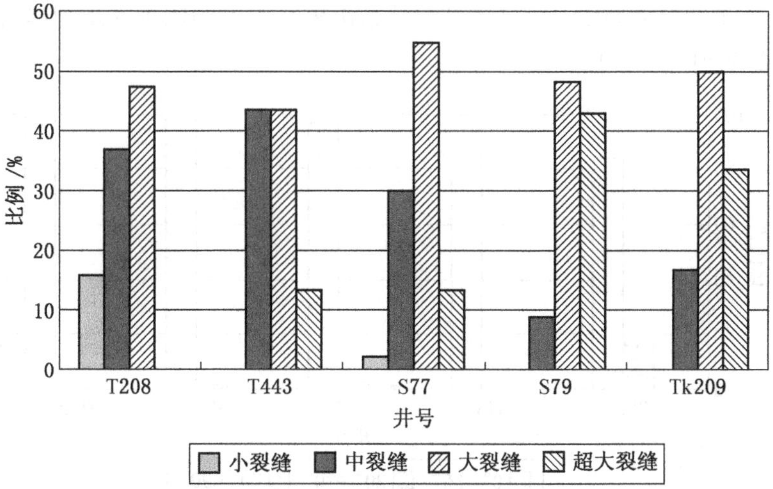

图4-27 研究区奥陶系各类裂缝频率对比直方图

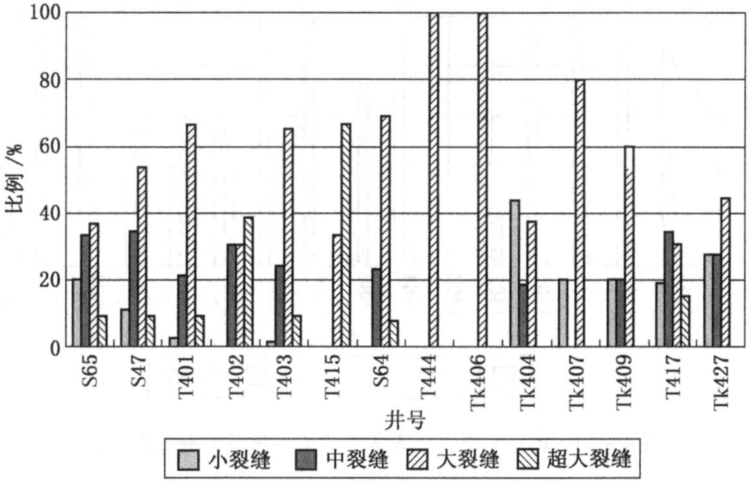

图4-28 塔河油田四区奥陶系各类裂缝长度频率分布统计图

3）裂缝的充填性

（1）充填裂缝。对研究区裂缝的充填进行统计后发现，研究区裂缝分为充填裂缝、半充填裂缝和非充填裂缝。根据对研究区及临区共24口井岩心的实际观察，充填裂缝的出现频率约占大裂缝的30%。根据充填物的性质，又可以将充填裂缝分为两种：一种是由化学物质（多为方解石）充填的化学充填裂缝

（占整个充填裂缝的80%左右）；另一种是由碎屑充填的物理充填裂缝（占整个充填裂缝的20%左右）。

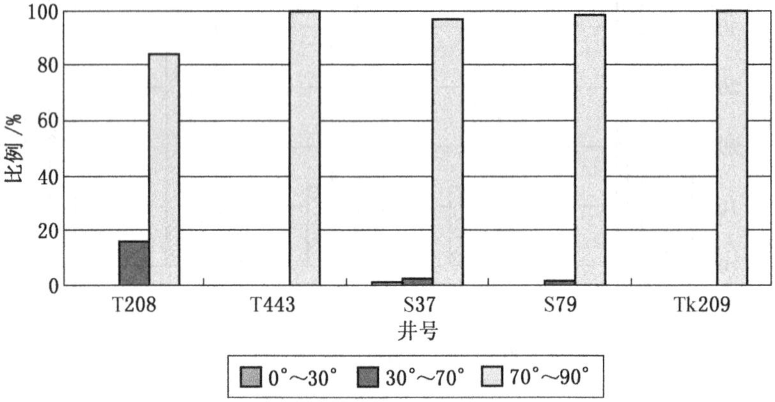

图4-29 研究区奥陶系岩心裂缝倾角频率直方图

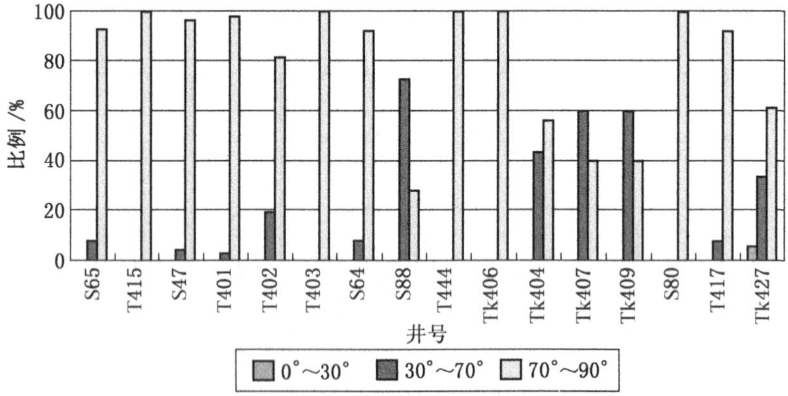

图4-30 塔河油田四区奥陶系岩心裂缝频率分布直方图

化学充填裂缝是一种最常见的充填裂缝，裂缝充填物宽度为1~10 cm；裂缝一般比较平直，偶有分叉。充填物主要为方解石，少量为石英。方解石的粒度从不足1 mm的细晶到2~3 cm的巨晶均有。从裂缝中充填方解石脉的荧光照片发现，裂缝的充填多为发生在近地表的岩溶充填，随着充填时深度的加深，荧光从橙红色逐步过渡到紫红色（图4-31）。但塔北露头区的化学充填裂缝中的方解石经常呈针状或柱状，组合成栉壳状或马牙状。裂缝充填方解石脉中一般不含油，如后期再度受力打开“活化”则有可能含油。但地表露头上的方解石脉则含

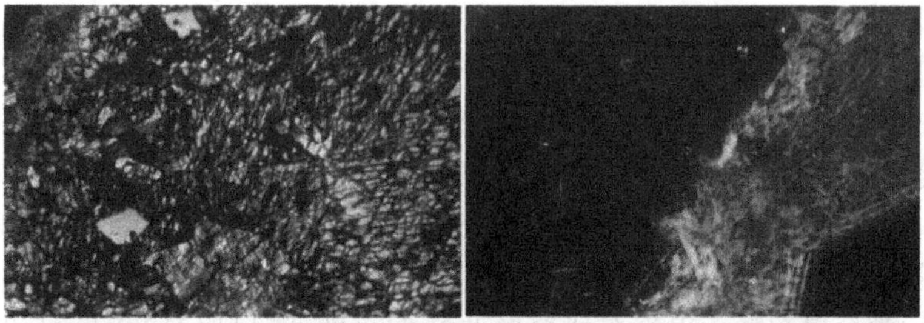

79. S79-5，5536.65 m，3～5 mm宽裂缝充填方解石从裂缝壁向中心分别发暗色→橙红色→橙黄色及亮黄色光，部分方解石晶粒可见环带构造。其中早期发暗色光方解石可能代表古岩溶充填

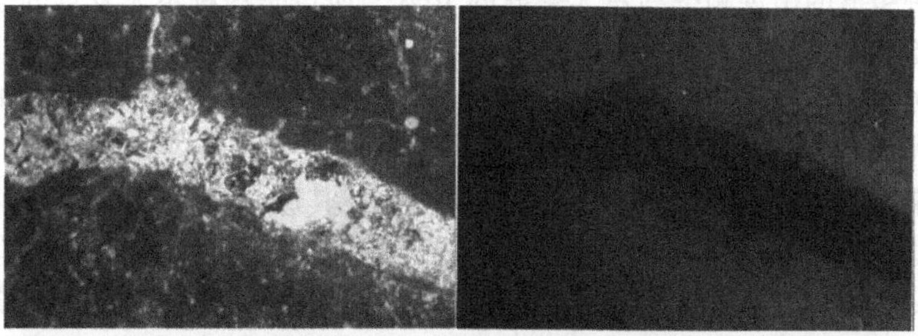

78. S79-4，5530.48 m，岩石普遍发橙红色光，裂缝充填方解石发暗色或不发光，可能代表古岩溶充填

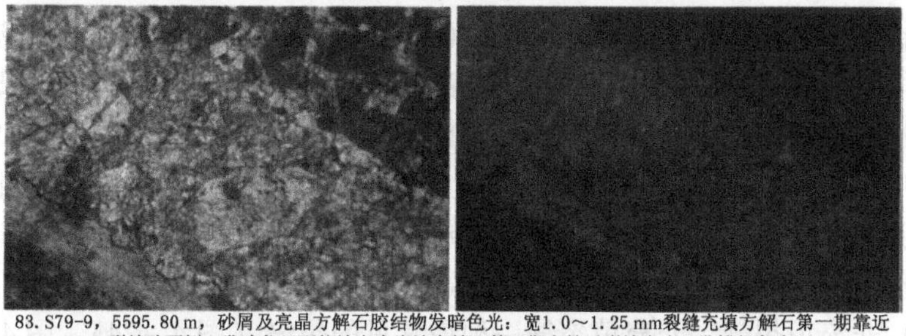

83. S79-9，5595.80 m，砂屑及亮晶方解石胶结物发暗色光；宽1.0～1.25 mm裂缝充填方解石第一期靠近裂缝壁两侧，发暗色，可能地表古岩溶充填；第二期充填于裂缝中央，发橙红色光

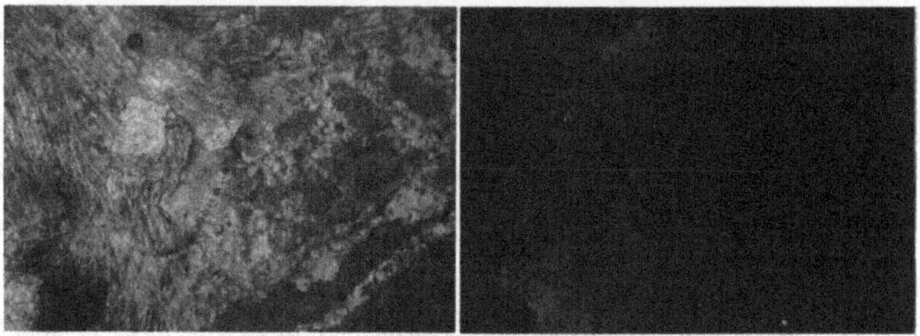

85. S79-2，5695.00 m，岩石普遍发暗色光。裂缝充填方解石从裂缝壁向中心发暗色→紫红色光，可能代表古岩溶充填深度逐步加深

图4-31　研究区奥陶系S79井裂缝充填物荧光照片（据中石化西北局，2006）

油。从方解石脉的切割关系上看，化学充填裂缝形成于两个时期。早期形成的方解石脉常被后期形成的方解石脉体切穿，或限制了后期脉体的发育。

物理充填裂缝主要被灰色钙质、泥质粉砂所充填，有的混有“围岩”碳酸盐岩的碎片。物理充填裂缝的宽度一般较大，为1～10 mm。物理充填缝的特点是同一条缝的宽度大多不稳定，所以裂缝面多凹凸不平。以S79井最为典型，从“围岩”碳酸盐岩未变形及裂缝面的形态看，裂缝是在碳酸盐岩固结较好的条件下受构造作用形成的（图4－24e)。

（2）半充填裂缝。根据对研究区及邻近4区24口取心井的岩心的实际观察，这种裂缝的出现频率约占大裂缝的10%，所以是一种不大发育的裂缝。半充填裂缝也可以分为两种：一种是原生半充填裂缝；另一种是次生半充填裂缝。所以这种裂缝虽然被充填而损失了一定的储集空间，但还是具有一定的储油能力或导油能力。

所谓原生半充填裂缝指的是裂缝的充填物在其形成过程中就未完全“长满”整个裂缝，而是留下了许多空隙。原生半充填裂缝可能是因为地下物理化学环境的突然变化而失去了裂缝充填物形成的条件，而使裂缝充填物的生长“夭折”。

所谓次生半充填裂缝指的是裂缝的充填物原先是充满裂缝的，但后来由于构造运动的影响，充填裂缝再度受力作用而被重新剪裂或张裂打开，地下流体沿新裂缝运移，使得裂缝充填物部分被溶解而形成了次生半充填裂缝。这种裂缝的特点是裂缝充填物上有一系列的断断续续的孔洞，孔洞多呈次圆形或端点圆化的狭缝状，打开裂缝后可以看到方解石有明显的溶蚀现象：呈圆滑的半球形或团族状。由于这种裂缝是在流体的改造下形成的，其连通性较好，往往是石油的良好运移通道和有利储集空间，所以这种裂缝中经常有大量石油（图4－24i)。

（3）非充填裂缝。非充填裂缝一种最常见的裂缝（图4－24a～图4－24c)，估计其占整个大裂缝的60%～70%。非充填裂缝也可以分为两种：紧闭裂缝（图4－24c）和开放裂缝（图4－24a、图4－24b)。很难用一个数字来定量区分这两种裂缝。我们对紧闭裂缝的定义是：用肉眼仔细观察才能发觉，且沿裂缝面难以裂开的裂缝。这种裂缝一般不含油。而开放裂缝是一种非常明显的裂缝，尽管这种裂缝储集空间好，但仍有相当一部分都不含油。从目前对24口取心井的岩心观察结果来看，开放裂缝的含油率不超过其总数的20%，不超过总裂缝的10%。所以我们认为裂缝作为储集空间对塔河油田奥陶系碳酸盐岩油藏的贡献非常有限，其主要功能是作为油气运移的通道。

以上介绍的主要是大裂缝的特征，实际上，如果从数量上来说，某些井或某些井段小裂缝是占绝对优势的。有的井段小裂缝非常发育，密集度非常之大，非大裂缝能所及。微裂缝的开合度很小，多是一种紧闭裂缝，实际观察表明，微裂缝一般不含油。

4）裂缝充填期次

根据研究区裂缝中充填方解石中流体包裹体分析看（图4-32），均一化温度

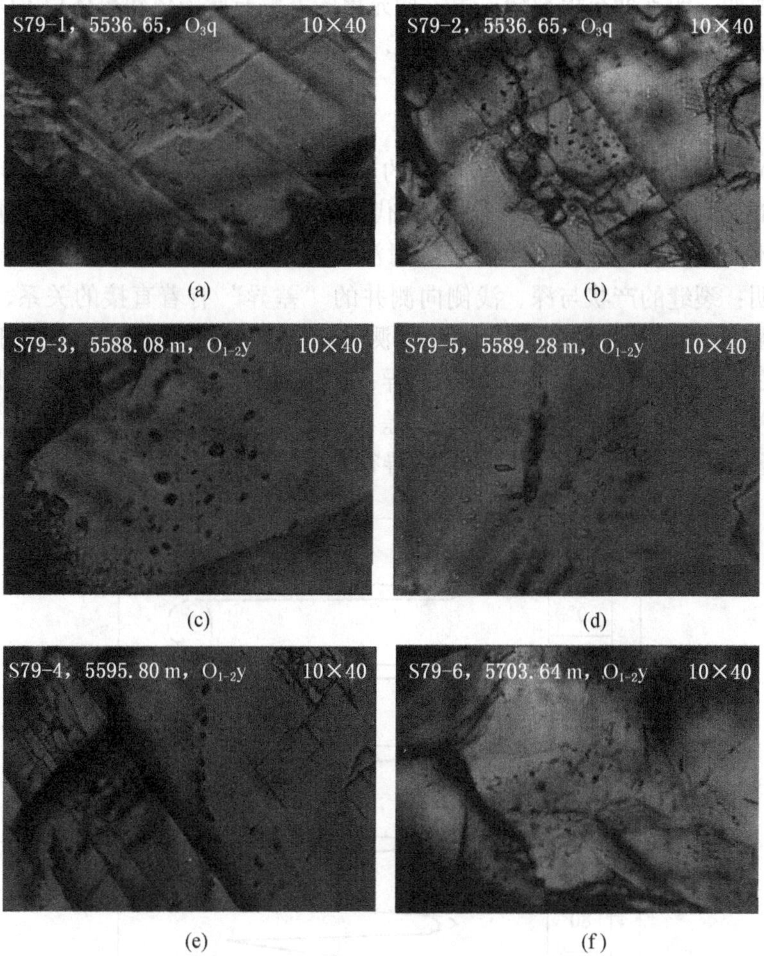

图4-32 研究区奥陶系S79井流体包裹体照片（据陈宏汉，2006）

注：图4-32中，(a) 为裂缝充填方解石中盐水包裹体，均一化温度为76.7 ℃；(b) 为裂缝充填方解石中盐水包裹体，均一化温度为76.7 ℃；(c) 为张性裂缝充填方解石含气盐水和盐水包裹体以及CO_2+盐水包裹体，均一化温度分别为86.7 ℃、103.7 ℃和124.8 ℃；(d) 为裂缝充填方解石中两期岩石包裹体，均一化温度分别为102.8 ℃和120.2 ℃；(e) 为张性裂缝充填方解石含气盐水和盐水包裹体以及CO_2+盐水包裹体，均一化温度分别为86.7 ℃、103.7 ℃和124.8 ℃；(f) 为裂缝充填方解石中两期岩石包裹体，均一化温度分别为102.8 ℃和120.2 ℃。

主要集中在60~80℃、80~120℃及120~200℃3个区间（表4-3），根据均一化温度，研究区裂缝的充填也分为3期。第一期充填方解石脉中流体包裹主要以盐水包裹体为主，均一化温度多在60~80℃，多为海西早期充填裂缝；第二期充填方解石脉中流体包裹体以含烃包裹体为主，均一化温度介于80~120℃，多为海西晚期—印支期充填裂缝；第三期充填的方解石脉流体包裹体以CO_2+盐水包裹体为主，均一化温度为120~200℃，多为喜山期充填裂缝。

2. 测井裂缝响应特征

1）裂缝常规测井响应特征

（1）双侧向测井响应特征。裂缝的产状不同、发育程度不同，电阻率测井（RD，RS）响应也不同。20世纪80年代初，四川测井研究所曾两次用水槽模型做模拟不同角度岩石裂缝（单组裂缝对深、浅双侧向测井）的响应实验。实验结果表明：裂缝的产状与深、浅侧向测井的“差异”有着直接的关系，即高角度（一般在75°以上）的裂缝，双侧向测井呈“正差异”；低角度（一般在60°以下）的裂缝，双侧向测井呈“负差异；60°~75°的裂缝，双侧向测井差异较小和无差异；45°裂缝时，双侧向“负差异”，且差异幅度最大（图4-33），斯伦贝谢公司在1984年用有限元素法推导得出了类似的结论。此外，裂缝越发育，

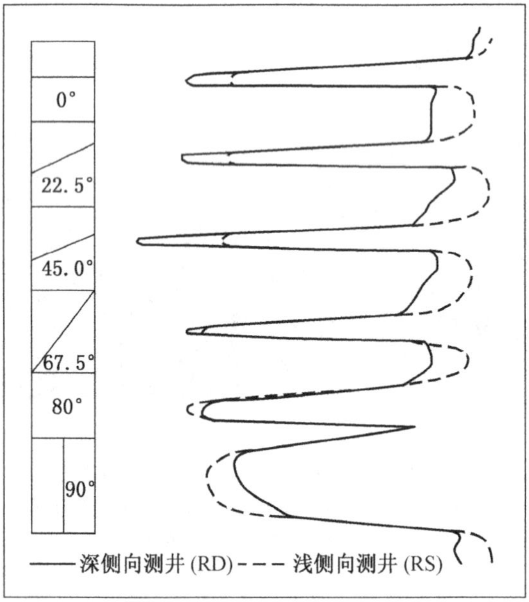

图4-33 不同产状裂缝双侧向测井电阻示意图（据司马立强，2008）

即裂缝张开度、裂缝密度、裂缝孔隙率、裂缝径向延伸越大，双侧向测井电阻率相对基质岩石电阻率下降幅度也更大一些。

（2）微侧向测井或微球形聚焦测井响应特征。井眼规则时，微侧向测井或微球形聚焦测井在裂缝发育段将在双侧向电阻率发生上下起伏变化；而在致密岩层段，微侧向测井或微球形聚焦测井曲线的起伏变化基本与双侧向测井曲线一致。

（3）声波测井响应特征。纵横波速（或时差）对高角度裂缝基本没响应，但对低角度裂缝有响应，其响应特征是声波时差曲线出现局部增高，甚至发生跳波。

纵横波声波能量在高角度裂缝发育段基本不衰减，在低角度裂缝发育点有一定的衰减。斯通利波速度和能量对裂缝的响应与裂缝的状态有关，对大量实际测井资料分析结果表明：高角度裂缝容易引起斯通利波能量的衰减，网状裂缝容易引起斯通利波时差增加，斜裂缝在斯通利波速度和能量上都有响应。

研究区奥陶系裂缝发育特征基本符合上述特征。下面以研究区具有代表性的S77井的测井解释成果来进行详细说明（图4－34）。

S77井测井曲线解释裂缝发育包括3段，各段测井曲线响应特征和综合解释结论详述如下：

a）5437.0～5457.0 m，岩层厚度为20.0 m，地层时代为O_2yj。

测井曲线特征为：自然伽马呈较低值，为7～25API；双侧向电阻率曲线呈正幅度差，深侧向电阻率为80～200 Ω·m，较致密高阻层明显降低；井径略扩径；3条孔隙率曲线反映为：声波时差略有增大，值为52 μs/ft；密度变化较明显，数值减小，为2.65～2.70 g/cm^3；中子孔隙率有增大趋势，为1%。其中在5445.5～5451.0 m处，深侧向电阻率值明显降低，为20～30 Ω·m；声波时差、中子孔隙率急剧增大；密度数值减小变化明显；井径略有扩径；自然伽马呈较高值，为40API；显示泥质含量较高；井下声波电视反应缝洞发育；全波列测井曲线图中纵波和横波波形严重衰减。在5454.0～5456.0 m处，井下声波电视反应为高角度缝发育。测井解释结果孔隙率为1%～4%；泥质含量为5%～25%；裂缝概率为80%。

综合分析，该层在测井曲线上缝洞特征明显，储集类型为缝洞型（发育）。钻井取心后的岩心裂缝、孔洞发育；地质录井油气显示好，为油迹—油斑，对比级别为6～12级，含油岩屑比重最大为30%。该层综合解释结论为油（气）层，裂缝发育。

b）5457.0～5496.0 m，岩层厚度为39.0 m，地层时代为O_2yj。

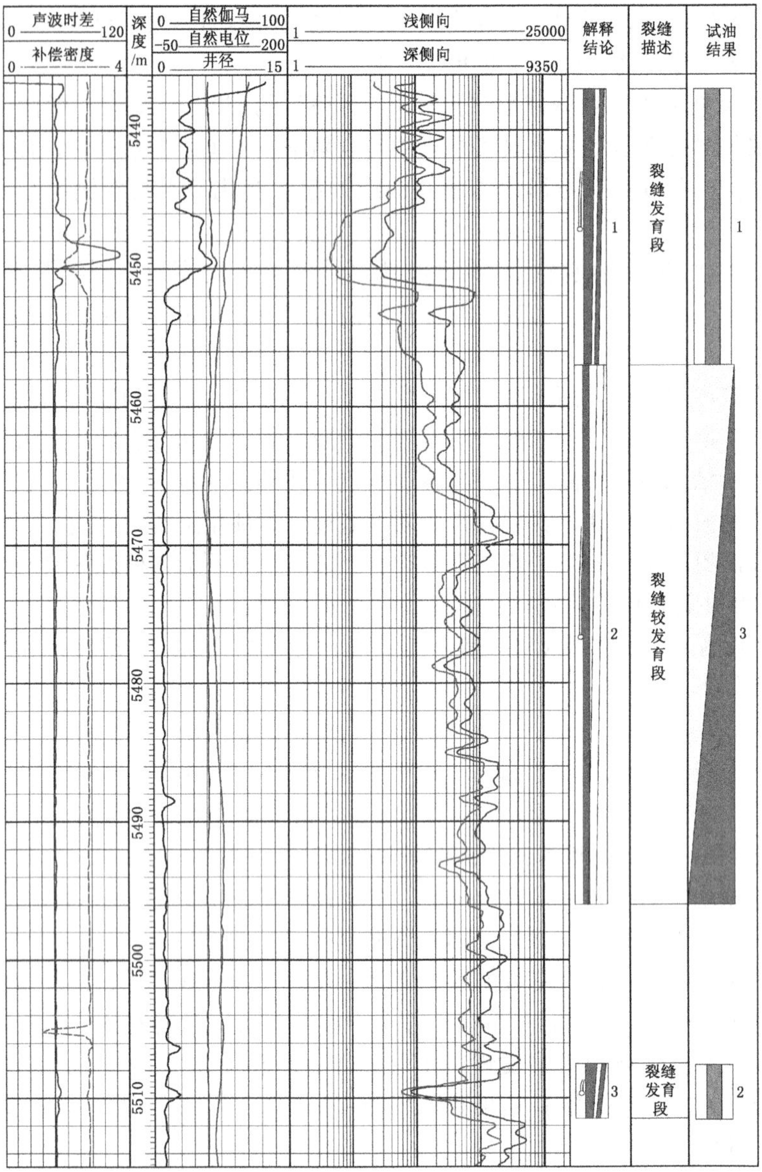

图4-34 研究区S77井奥陶系常规测井解释成果图

测井曲线特征为：自然伽马呈低值，为7API；双侧向电阻率曲线呈正幅度差，深侧向电阻率为200~500 Ω·m；3条孔隙率曲线变化不大，反映为：声波时差值48 ~50 μs/ft；中子孔隙率为0.5%；密度为2.65 ~2.71 g/cm^3。从井下声波电视图上分析该段仅有几条低角度裂缝存在，显示较发育。测井解释结果孔隙率为1%~2%；泥质含量为5%；裂缝概率为80%。

综合分析，该层较上一层段裂缝发育程度差，在测井曲线上裂缝特征明显，储集类型为裂缝型（较发育），钻井取心后的岩心有裂缝存在；地质录井有油气显示，为气测异常，局部油斑、油迹，对比级别为6~7级。该层段测井综合解释结论为油（气）层，裂缝较发育。

c）5507.5 ~5511.5 m，岩层厚度为4.0 m，地层时代为O_2yj。

测井曲线特征为：自然伽马呈较低值，为8~20API；双侧向电阻率曲线呈“V”字形，深侧向电阻率为60~900 Ω·m，较致密高阻层值低；3条孔隙率曲线的孔隙率值增大，声波时差为51~53 μs/ft；中子孔隙率为1%；密度数值有减小趋势，为2.65~2.70 g/cm^3；全波列测井曲线图中纵波和横波波形严重衰减；井下声波电视反映为溶蚀条带；但自然伽马能谱显示钾、钍含量高，即有可能被泥质充填或部分充填。测井解释结果孔隙率为1% ~3%；泥质含量为5%，裂缝概率为90%。

综合分析，该层在测井曲线上缝洞特征明显，储集类型为缝洞型（发育），地质录井显示好，为油迹，对比级别为5~6级。该层段测井综合解释结论为油（气）层，裂缝较发育。

2）裂缝成像测井特征

张开裂缝在微电阻率成像测井图像中均表现为连续或间断的深色条带，其形状取决于裂缝的产状。垂直裂缝显示为竖直的深色条带、水平裂缝显示为水平的深色条带，斜交裂缝显示为深色正弦波条带状。

从研究区Tk214井奥陶系成像测井裂缝分析图上可以发现该井重要的生产层段是5495~5559 m裂缝特征以高角度开口缝为主（图4-35），在微电阻率成像测井（FMI）图像上表现为竖直的深色条带和深色（黑色）的正弦曲线及不规则形态，为钻井泥浆侵入或高导矿物充填裂缝所致。斜交井眼，倾角小于90°的裂缝，在成像测井图上呈正弦形态曲线（图4-36）。

图4-36所示为研究区奥陶系Tk216井5657~5667 m的裂缝特征，该段属于鹰山组地层，是重要的生产层段，从图上可以看出裂缝对比特征突出，表现为正弦曲线样式，并且裂缝呈现溶蚀现象明显。

4.8.2 裂缝型储集体的识别

对于裂缝型储集体的识别，目前主要是根据裂缝在岩心、测井和成像测井的

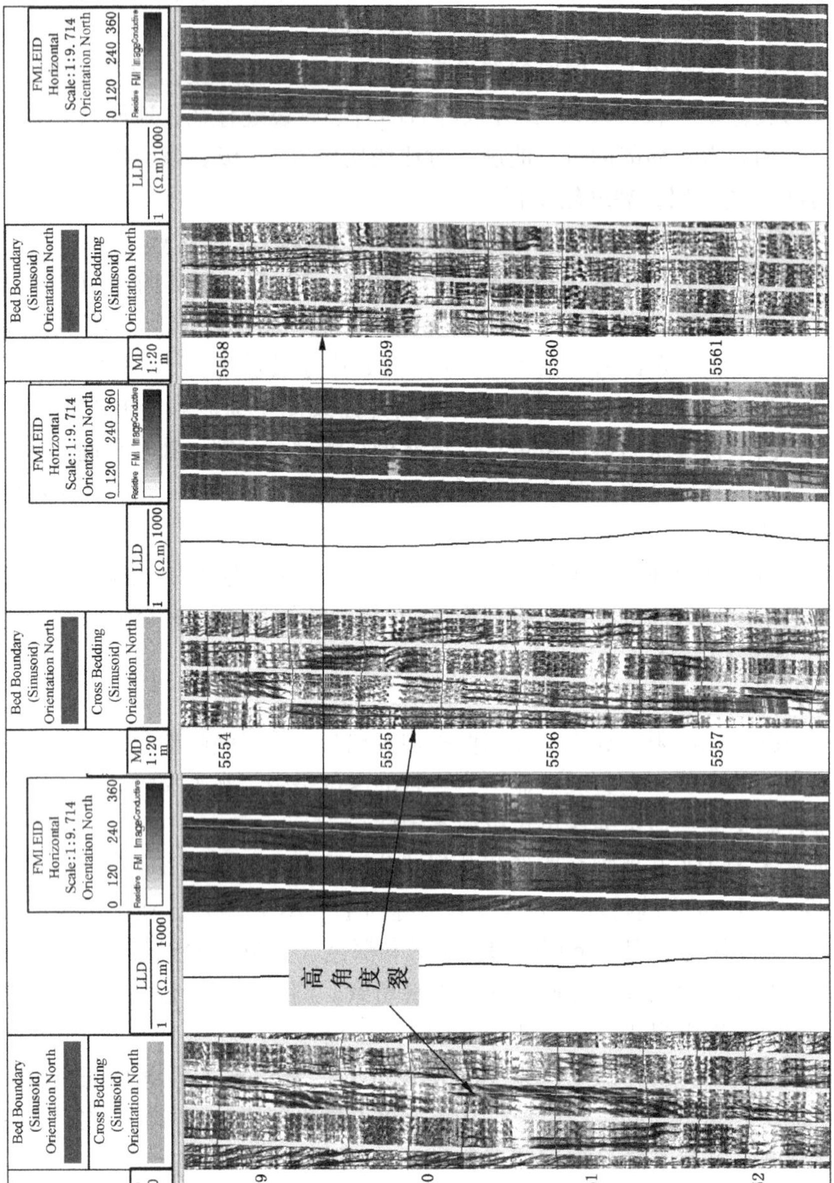

图 4－35 研究区奥陶系 T214 井成像测井裂缝分析图

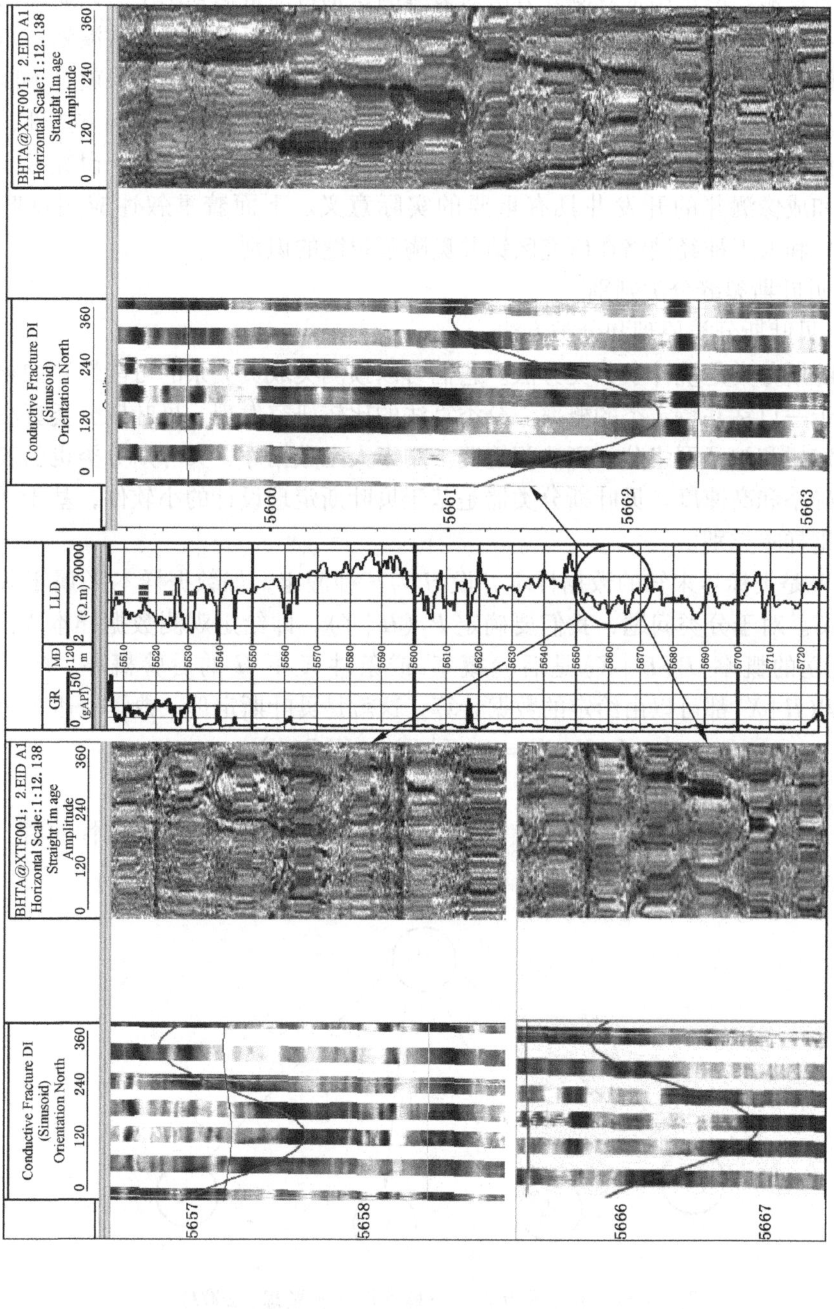

图4-36　研究区奥陶系Tk216井5657～5667 m的裂缝成像特征

响应特征进行识别。因钻井取心非常有限，使应用测井资料寻找缝、洞发育层段应用最为普遍。但是用常规测井方法对裂缝的识别目前常遇到两个难以逾越的困难：①不能精确确定裂缝的产状及其组合特征，带来的后果就是经常漏划高角度裂缝型储集体；②难以对裂缝的有限性做出可靠的判别，带来的后果就是不能区分真、假裂缝、天然缝和诱导缝。但是除了应用上述基本裂缝的识别方法外，我们可以借助数学地质的方法辅助我们进行裂缝的判别和预测，这对于研究区未进行取心和成像测井的开发井具有重要的实际意义。下面着重叙述应用贝叶斯（Bayes）和人工神经网络在研究区钻井奥陶系裂缝的识别。

1. 贝叶斯裂缝分类判别

1）贝叶斯分类原理和分类方法

贝叶斯分类是统计学分类方法。它们可以预测类成员关系的可能性，如给定样本属于一口钻井特定类的概率。分类算法的比较研究发现，贝叶斯分类算法可以与判定树和神经网络分类算法相媲美。用于大型数据库，贝叶斯分类也已表现出高准确率和高速度。贝叶斯分类器是基于贝叶斯定理设计的小软件，基于样品属性判别样本类别。

设 X 是类标号未知的数据样本，设 H 为某种假定，如数据样本 X 属于某特定的类 C。对于分类问题，我们要确定 $P(H|X)$，即给定观测数据样本 X，假定 H 成立的概率，$P(H|X)$ 是后验概率，或条件 X 下 H 的后验概率。$P(X)$、$P(H)$、$P(H|X)$ 都可以由给定的数据计算，这就是贝叶斯定理。数学表达式为

$$P(H|X)=P(X|H)P(H)P(X)$$

2）朴素贝叶斯分类模型

朴素贝叶斯分类假定一个属性值对给定分类的影响独立于其他属性的值。简单的朴素贝叶斯分类模型（NBC）如图 4－37 所示。

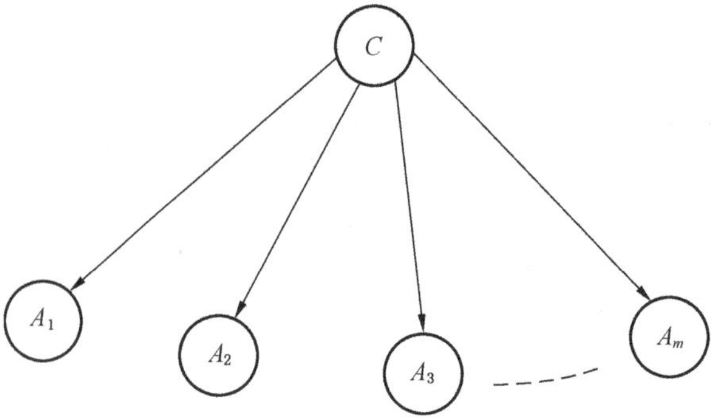

图 4－37　朴素贝叶斯分类模型图（据张琼，2009）

C 表示类别变量，A 表示属性变量，假定有 m 个属性变量，分别为 A_1，A_2，…，A_m。

假定有 n 个类，那么 C 的值域为 $\{C_1, C_2, \cdots, C_n\}$。

其中朴素贝叶斯分类的工作过程如下：

（1）每个数据样本用一个 m 维特征向量 $X = \{X_1, X_2, \cdots, X_m)$ 表示，分别描述对 m 个属性 A_1，A_2，…，A_m 样本的 m 度量。

（2）给定一个未知的数据样本 x，分类法将预测 x 属于具有最高后验概率（条件 X 下）的类。也就是说，朴素贝叶斯分类将未知的样本分配给类 C_i，当且仅当 $P(C_i|x) > P(C_j|x)$，$1 \leqslant j \leqslant m$，$j \neq i$。

根据贝叶斯定理，可得

$$P(c_i | X) = \frac{P(X | c_j) P(c_j)}{P(x)}$$

（3）由于 $P(X)$ 对于所有类为常数，只需要 $P(x|C_j)\ P(C_j)$ 最大即可。

（4）给定具有许多属性的数据集，$P(x|C_j)$ 的计算量可能非常大。给定样本的类标号，假定属性值相互条件独立，即 A_1，A_2，…，A_m 独立，那么

$$P(x | c_i) = \prod_{k=1}^{m} P(x_k | c_i)$$

概率 $P(x_1|C_i)$，$P(x_2|C_i)$，…，$P(x_m|C_i)$ 可以由训练样本估值。

（5）若对未知样本 x 分类，对每个类计算 $P(x|C_i)\ P(C_i)$。

$P(X|C_i)P(C_i) \geqslant P(X|C_j)P(C_j)$，$1 \leqslant j \leqslant m$，$j \neq i$，样本 x 被指派到类 C_i。

3）贝叶斯 TAN 分类器模型

TAN 分类器是朴素贝叶斯分类器的一种改进模型，它放松朴素贝叶斯分类器中的独立性假设条件，即其属性间存在相互依赖关系。例如岩性测井表现为声波时差越大岩石密度却越小，这就属于贝叶斯 TAN 分类器。下面我们就利用贝叶斯 TAN 分类器来对研究区奥陶系裂缝发育的类别进行预测。

4）利用测井数据建立裂缝分类模型

现有研究区的测井资料，包括井名、井别、测井曲线数据（自然电位 SP，地层电阻率 *RS*、*RD*，井径 *CAL*，声波时差 *AC*，岩石密度 *DEN*，伽马中子测井 GR，中子测井 CNL，去铀伽马测井 KTH，总自然伽马测井 GRSL，钍测井 TH 以及铀测井 U）。我们把裂缝发育等级分成 3 类（裂缝发育类 1，裂缝较发育类 2，裂缝欠发育类 3）。由于井名、井别对钻井的裂缝发育类别没有影响，所以不考这两个属性。我们选择测井曲线数据作为变量，类别变量是裂缝发育等级（裂

缝发育类1，裂缝较发育类2，裂缝欠发育类3）。

在选择测井曲线数据作变量时，我们根据测井曲线数据的相互依赖关系进行数据处理，设 X 为与测井曲线相关的9个变量 $X=(k_1, k_2, \cdots, k_9)$，对 k_1，k_2，…，k_9 代表的实际物理意义及其对裂缝的发育影响表述如下：

（1）k_1 为实测井径与钻头直径比值。

$$k_1=\frac{CAL}{BITS}$$

实测井径越大，地层越易破碎，对应储集体的裂缝和孔洞发育的可能性越大。反之，地层岩性较纯，对应地层为致密层或孔隙性储集体的可能性越大。经统计分析，实测井径的大小与储集体的易破碎程度存在正相关关系，但是由于还有溶孔作为重要的碳酸盐岩储集体，从而复杂化了实测井径与裂缝发育程度之间的关系。

（2）k_2 为地层电阻率。

$$k_2'=\log10(RS)$$
$$k_2=\log10(RD)$$

其中：RD 主要反映原状地层的电阻率，RS 反映侵入带电阻率。碳酸盐岩储集体渗透率与地层电阻率呈对数关系变化，鉴于此而选用了地层电阻率的对数来反映储集体的发育程度。

（3）k_3 为自然电位测井响应相对比值。

$$k_3=\frac{2\times(SP_{\max}-SP)}{SP_{\max}-SP_{\min}}$$

其中：SP 为自然电位值，$SP_{\max}$ 为自然电位最大值，$SP_{\min}$ 为自然电位最小值。一般碳酸盐岩地层具有高矿化度的地层水，因而其自然电位常出现负异常。当该地层裂缝与溶洞越发育时，则地层水与钻井液因浓度差异发生扩散所产生的自然电位异常幅度也越大。即其幅度与储集体缝、洞发育程度呈正相关，SP 异常在一定程度上反映了裂缝发育段的孔渗性。

（4）k_4 为声波时差比值。

$$k_4=\frac{AC}{TM}\times\left(1-\frac{GR-GR_{\min}}{GR_{\max}-GR_{\min}}\right)$$

其中：AC 为声波时差，GR 为自然伽马值，$GR_{\max}$ 为自然伽马最大值、$GR_{\min}$ 为自然伽马最小值，TM 为岩石骨架声波测井时差。声波时差测井反映岩石基质孔隙率。当声波首波通过裂缝－孔洞传播时，表现出声波幅度衰减、时差增大的特征。较纯的致密灰岩地层 $k_4=1$，当地层缝洞发育时，k_4 大于1。该参数常用于识别低角度缝或网状缝发育段。

（5）k_5 为密度测井数据比值。

$$k_5 = \frac{DEN}{DG} \times \left(1 - \frac{GR - GR_{min}}{GR_{max} - GR_{min}}\right)$$

其中：*DEN* 为密度测井值、*DG* 为岩石骨架密度。密度测井测量岩石体积密度，反映地层总孔隙率。当储集体裂缝发育时，密度值减小，其相对岩石骨架值减小得越多，k_5 值越小，说明地层裂缝越发育。

（6）k_6 为声波时差比值。

$$k_6 = CNL \times \left(1 - \frac{GR - GR_{min}}{GR_{max} - GR_{min}}\right)$$

其中：CNL 为中子测井值。中子测井反映总孔隙率，能有效识别孔隙率储集体。对于缝洞型储集体，尤其是孔、洞型储集体，同样也能反映其孔隙率。

（7）k_7 为声波时差比值。

$$k_7 = 1 - \frac{KTH}{GRSL}$$

其中：*GRSL* 为自然伽马测井地层的总自然伽马值，*KTH* 为去铀伽马值（或钍铀和）。铀非常容易溶解于水中，地下水通过断层和岩溶缝时，裂缝壁吸附铀元素，使得地层铀相对含量增加。因此，铀相对含量高值可用于寻找岩溶裂缝发育带。

（8）k_8 为声波时差比值。

$$k_8 = \frac{TH}{U}$$

其中：*TH* 为自然伽马测井的钍值，*U* 为自然伽马测井的铀值。它主要反映碳酸盐岩沉积环境，k_8 为 0 ~ 2 时反映地层为强还原环境，k_8 大于 7 时为氧化环境。由 *GR* 和 k_7、k_8 值可以划分地层，识别风化面和岩溶淋滤带。

5）应用模型实现裂缝判别

整理好研究区奥陶系的测井数据样本后，应用上文所述判别模型就可以进行裂缝发育类别识别了，整个实现过程是通过按照贝叶斯 TAN 分类设计的分类器来实现的，分类器软件界面如图 4－38 所示，利用分类器软件对研究区有测井曲线数据的 59 口钻井裂缝发育情况进行了判别。

6）Bayes 裂缝识别结果分析

研究区 Bayes 裂缝识别结果和测井解释结果对比结果见表 4－6。从识别结果可知裂缝发育段和裂缝欠发育段正判率仅为 10% 和 42%，符合度较小，而裂缝欠发育的正判率为92%，符合度较高，分析原因可能由裂缝发育段样本数据数量较少造成的。

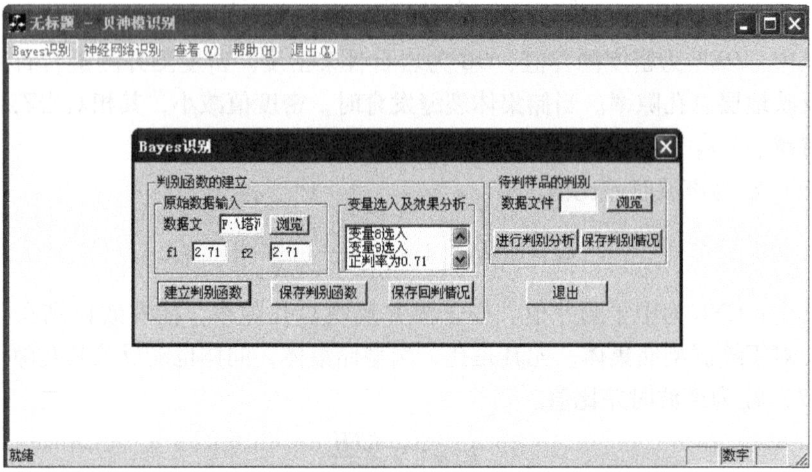

图4-38　贝叶斯裂缝识别分类器软件应用界面

表4-6　研究区奥陶系钻井资料贝叶斯裂缝识别结果统计表

测井解释 \ 贝叶斯判别	裂缝发育段	裂缝较发育段	裂缝欠发育段	各类总体正判率/%
裂缝发育段	48	79	357	10
裂缝较发育段	25	708	951	42
裂缝欠发育段	85	263	3286	92
总正判率/%	71			

2. 神经网络裂缝发育类型判别

1）神经网络裂缝识别原理

人工神经网络（Artificial Neural Networks，ANN）是一种模仿人类神经网络行为特征，进行分布式并行信息处理的算法数学模型。这种网络依靠系统的复杂程度，通过调整内部大量节点之间相互连接的关系，从而达到处理信息的目的。人工神经网络具有自学习和自适应的能力，可以通过预先提供的一批相互对应的输入-输出数据，分析并掌握两者之间潜在的规律，最终根据这些规律，用新的输入数据来推算输出结果，这种学习分析的过程被称为“训练”。

本书应用神经网络 BP 算法有导师训练实现裂缝的识别。BP 算法的基本思想是，学习过程由信号的正向传播与误差的反向传播两个过程组成。正向传播时，输入样本从输入层输入，经各隐层逐层处理后，传向输出层。若输出层的实际输出与期望的输出（已知结果）不符，则转入误差的反向传播阶段。误差反传是将输出误差以某种形式通过隐层向输入层逐层反传，并将误差分摊给各层的所有单元，从而获得各层单元的误差信号，此误差信号即作为修正各单元权值的依据。这种信号正向传播与误差反向传播的各层权值调整过程，是周而复始地进行的。权值不断调整的过程，也就是网络的学习训练过程。此过程一直进行到网络输出的误差减少到可接受的程度，或进行到预先设定的学习次数为止。它的学习训练方式可分为两种：一种是有监督或称有导师的学习，这时利用给定的样本标准进行分类或模仿；另一种是无监督学习或称无导师的学习，这时，只规定学习方式或某些规则，则具体的学习内容随系统所处环境（即输入信号情况）而异，系统可以自动发现环境特征和规律性，具有更近似人脑的功能。

BP 算法软件实现步骤如下：

（1）初始化。

（2）输入训练样本，计算各层输出。

（3）计算网络输出误差。

（4）计算各层误差信号。

（5）调整各层权值。

（6）检查网络总误差是否达到精度要求。

满足，则训练结束；不满足，则返回步骤（2）。

2）输入端和输出端神经元的设置

输入端神经元的设置还是利用和 Bayes 判别一样地处理后 9 条测井曲线数据（k_1，k_2，…，k_9），输出端裂缝发育类别还是分为 3 类：裂缝发育类 1，裂缝较发育类 2，裂缝欠发育类 3。

3）神经网络识别的实现

利用神经网络进行裂缝发育类别判别的实现过程，是通过按 BP 算法设计的神经网络识别分类器来试验的，软件界面如图 4 –39 所示，应用神经网络识别分类器对研究区有测井曲线数据的 59 口钻井的裂缝发育情况进行识别。

4）神经网络识别结果分析

研究区奥陶系钻井资料应用神经网络识别裂缝发育程度的结果见表 4 –7。从识别结果可知裂缝发育段和裂缝较发育段正判率仅为 81.60% 和 85.50%，符合

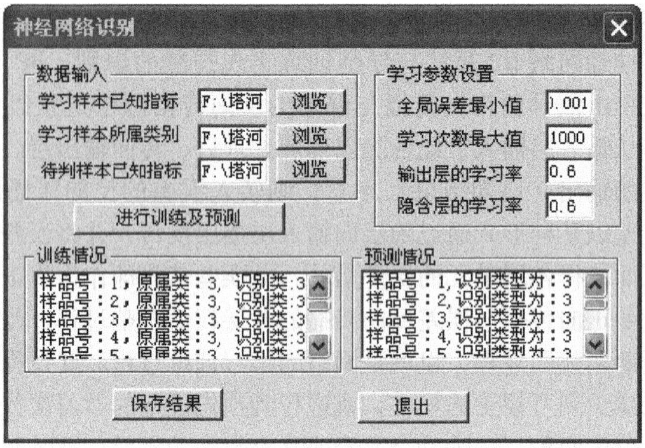

图4-39　神经网络裂缝识别分类器软件界面

表4-7　研究区奥陶系钻井资料应用神经网络识别裂缝发育程度的结果统计表

神经网络识别 / 测井解释	裂缝发育段	裂缝较发育段	裂缝欠发育段	各类总体正判率/%
裂缝发育段	395	80	9	81.60
裂缝较发育段	44	1439	201	85.50
裂缝欠发育段	0	72	3488	98.00
总正判率/%	92.90			

度较高，而裂缝欠发育段的正判率为98%，符合度非常高，已基本满足研究区裂缝发育段识别的要求。

5）两种识别方法比较分析

通过两种方法判别效果的比较分析可知，人工神经网络比Bayes识别结果符合度更高，原因是Bayes聚类从各类测井参数与裂缝发育程度间呈线性关系角度出发，而人工神经网络本身是一种非线性算法，它用类似人脑思维的方法对裂缝发育程度进行判别。从对比分析结果可以说明测井曲线的9个参数与裂缝发育程度不是绝对的线性关系，是一种复杂的非线性反映。

4.8.3　裂缝型储集体空间展布

从岩心、测井和数学地质对研究区奥陶系裂缝的识别结果看，研究区裂缝垂向上主要发育于中—下奥陶统的一间房组和鹰山组。裂缝发育程度钻井信息统计表见表4-8。

表4-8 研究区奥陶系裂缝发育程度钻井信息统计表

裂缝发育程度	井名
裂缝发育井	S77，Tk210，Tk213，Tk211，Tk215，Tk217，Tk223，Tk233x，Tk234，Tk243，Tk250，Tk313，Tk320，Tk445
裂缝较发育井	T207，T208，Tk214，Tk216，TK221，Tk228，Tk229，Tk235，T242，Tk249，Tk254，Tk242，T414，T436
裂缝欠发育井	Tk231，Tk225，Tk251，S79，Tk248，Tk237，Tk232

根据研究区裂缝发育井、裂缝较发育井和裂缝欠发育井统计表作裂缝平面发育图（图4-40），从裂缝发育平面图上可以看出，裂缝发育的井主要集中在研究区北部临近二区的高地上，向南过渡为裂缝较发育井和裂缝欠发育井。

4.8.4 裂缝型发育主控因素分析

1. 构造运动对裂缝型储集体发育的控制

前人根据区域构造演化特征，提出塔河油田区域奥陶系沉积物主要受到五次构造运动的改造。它们是：中、晚奥陶世—志留纪末的加里东中、晚期运动，泥盆纪末的海西早期运动，早二叠世末的海西晚期运动，三叠纪末—白垩纪末的印支—燕山运动，中新世以来的喜马拉雅运动（图4-41）。

多次构造运动在研究区产生了大量的断裂系统（图4-40），而古构造运动所形成的断裂系统控制了相应期次的裂缝系统，同时也为古岩溶的沿断裂—裂缝系统发育奠定了基础。本区加里东中期（第一幕）构造运动使研究区所在的阿克库勒鼻凸抬升（时间大于1 Ma），导致下奥陶统顶部剥蚀（在三维地震剖面上多处见有 T_7^4 地震反射波对下伏波组截切现象）（图4-42）。石炭系巴楚组顶部有一套厚约20 m的灰岩，在测井曲线上表现为双峰特征，故名双峰灰岩，在塔里木盆地全区普遍存在，厚度变化很小，常应用于奥陶系古地貌恢复。以石炭系巴楚组顶面拉平做古地貌恢复和剥蚀量计算可知（图4-43~图4-46）：本区剥蚀量北大南小，西大东小，并产生了一系列的多期次沿裂缝溶蚀而形成的缝、洞储集体，之后沉降接受中上奥陶统、志留—泥盆系沉积，并产生埋藏后的成岩改造作用。然后经海西早期构造运动（泥盆纪末），使阿克库勒鼻凸又一次大面

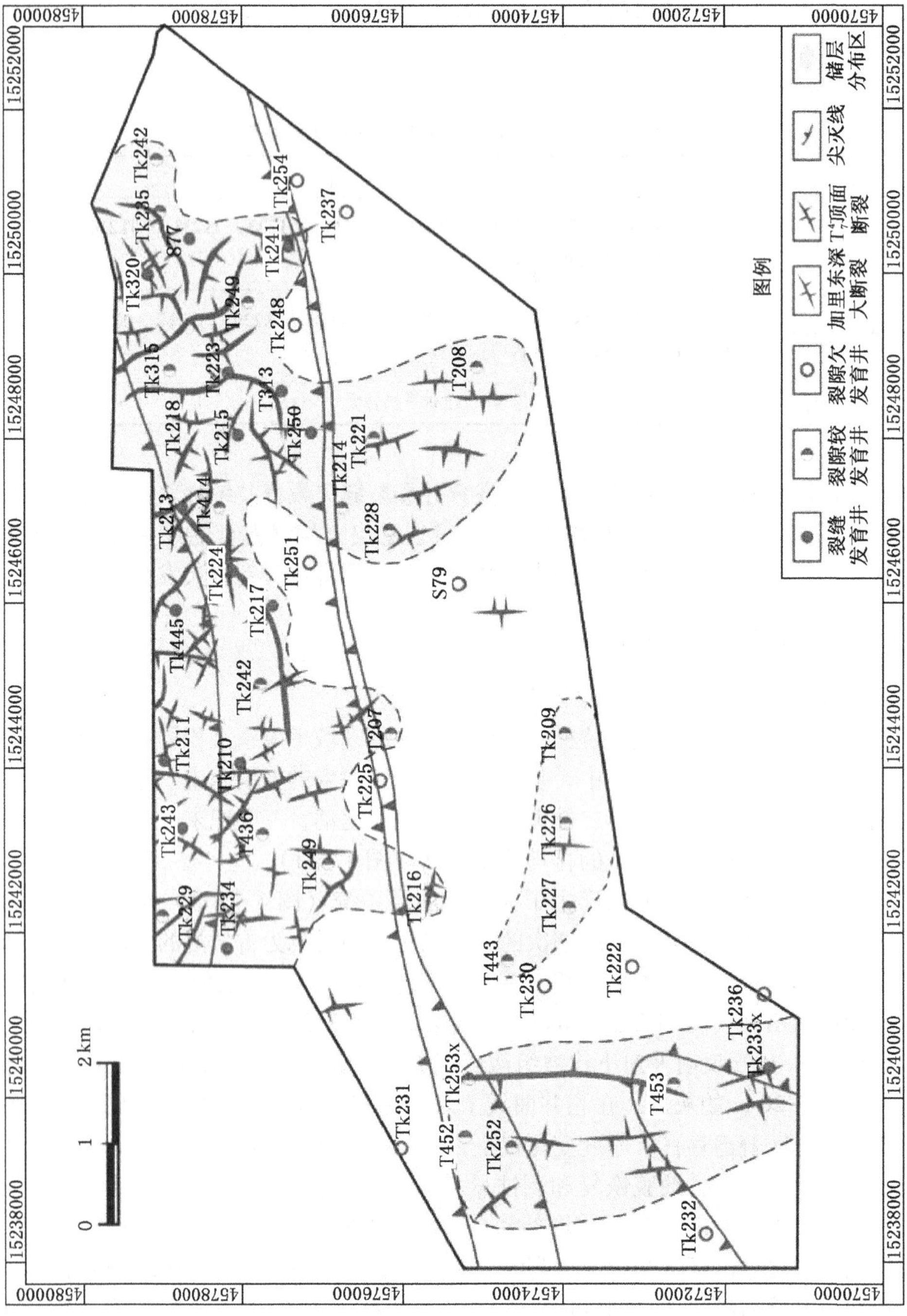

图 4－40　研究区奥陶系裂缝发育区平面预测图

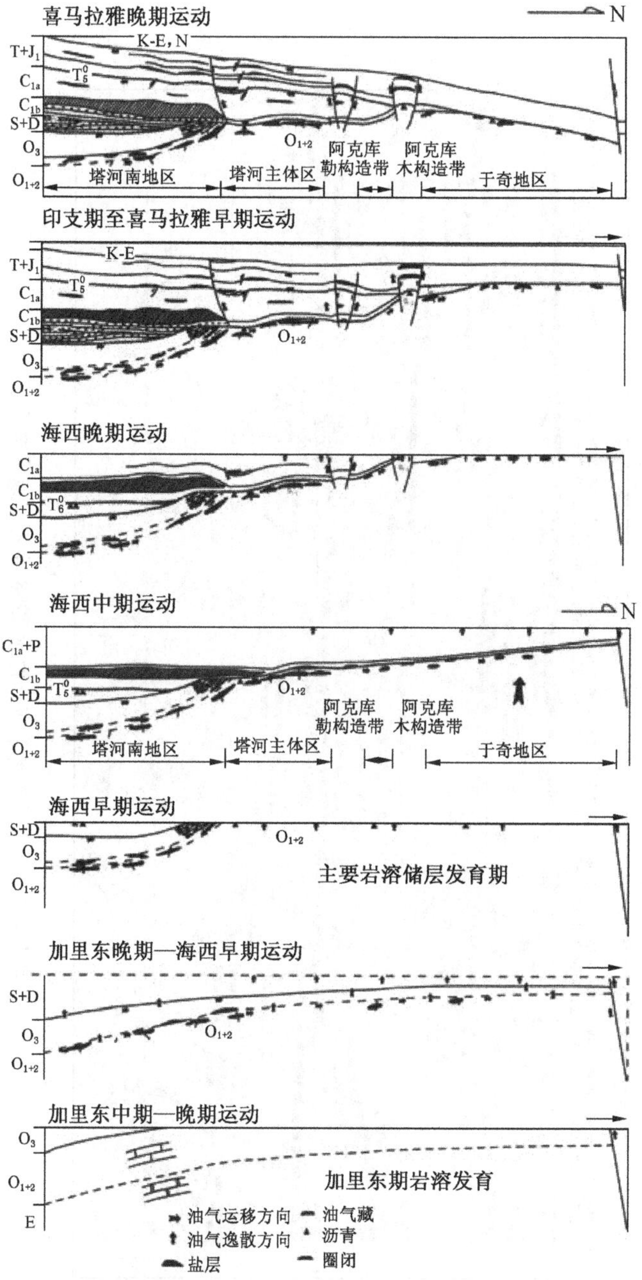

图4-41 塔河油田构造演化特征图（据鲁新便有修改，2003）

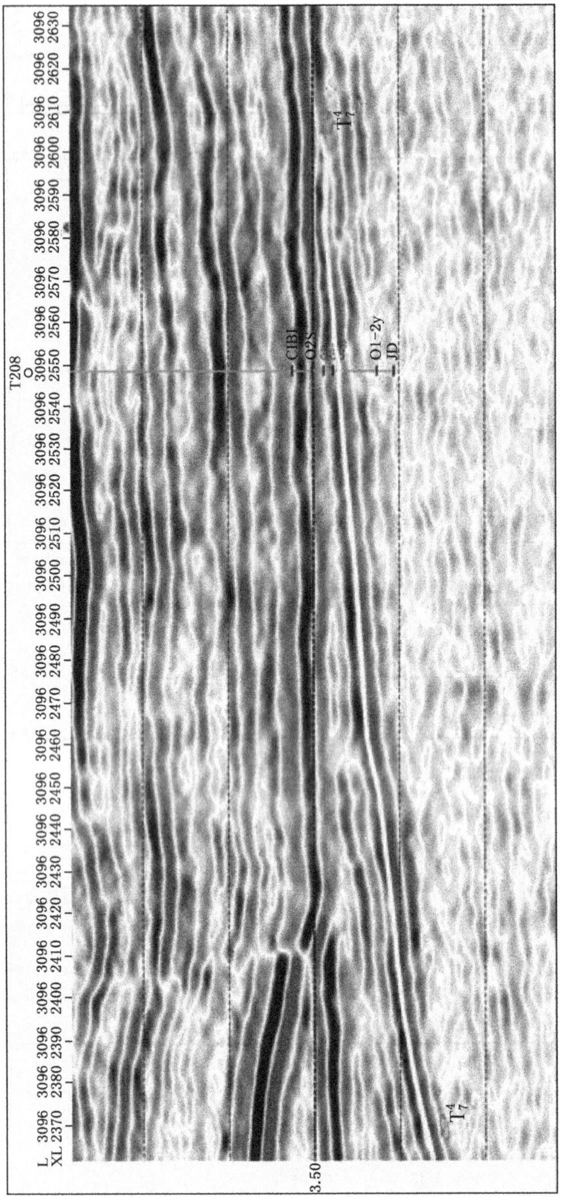

图 4-42 研究区奥陶系南北向过 T208 井三维地震剖面图

积隆升，并遭受了长时间的风化剥蚀（时间大于1 Ma），使研究区北部志留—泥盆纪、中上奥陶统被剥蚀殆尽，并相继产生一系列多期次的沿裂缝的溶蚀作用。剧烈的构造抬升，断褶活动，加之长期暴露风化，产生大量的风化破裂缝，成为研究区重要的储集空间。因此，构造是控制研究区储集体发育最根本的因素。

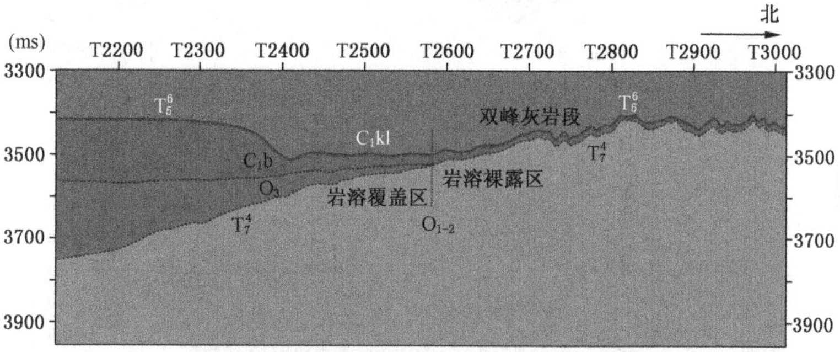

图4-43 研究区奥陶系现今构造图（据中石化西北局，2008）

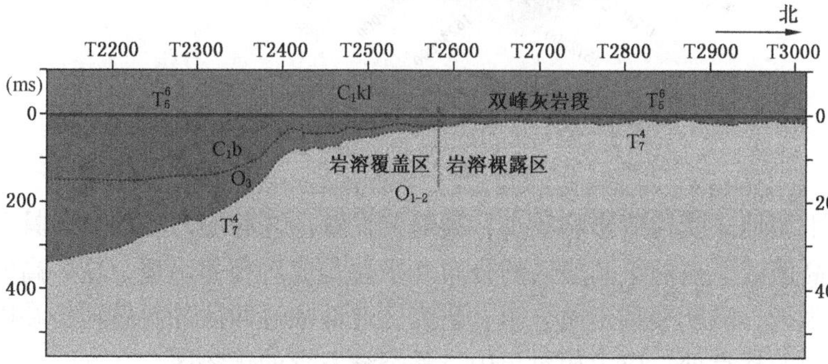

图4-44 研究区奥陶系古构造图（据中石化西北局，2008）

从对研究区构造应力场模拟结果云图（图4-47~图4-49）上可以发现：①研究区内最大主应力出现1个极大值；3个极小值，极大值位于S77井附近，极小值位于中央断裂带两侧。北部地区应力变化大，相对值也较大，使研究区北部断裂非常发育。②最小主应力总体上差别不是很大，最大值与最小值之间的差值较小，中央断层带上，最小主应力显示为正值，断裂带及四区与二区的斜坡地带最小主应力变化较大，南部地形平缓区最小主应力变化较小，基本接近0。从

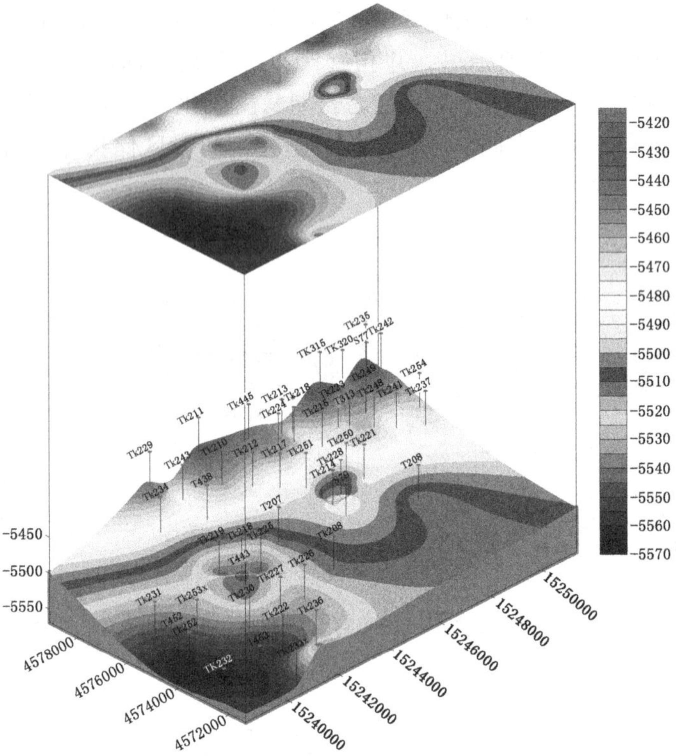

图4-45 研究区奥陶系现今构造三维图

而使南部平缓地区受构造影响较小，裂缝欠发育。③剪应力场的分布具有左旋和右旋两种高值区，这两组高值区的分布几乎总是成对相邻出现。这些高值区分布于断裂带附近，沿断裂带走向分布，研究区北部临近四区的斜坡转折端以及断层附近，断层的拐点处，应力相对集中，是裂缝发育的优势区。

综合剪应力、最小主应力、最大主应力分析有一个共同点，就是受断裂带控制现象很严重。断裂带上、断裂带的附近地区、断裂的拐点处往往出现应力的极值，是裂缝发育的优势地区。研究区的北部地区，是四区与二区连接的斜坡地带，应力相对集中，南部地区地形平缓，应力的变化也较小，这说明本区应力的分布受到了构造地形的控制。

2. 沉积（岩性）对裂缝型储集体发育的控制

沉积对裂缝型储集体发育的控制主要体现在岩性对裂缝系统发育的控制上，从上文古地貌恢复和应力场模拟结果可知，古构造是研究区北部抬升较大，构造

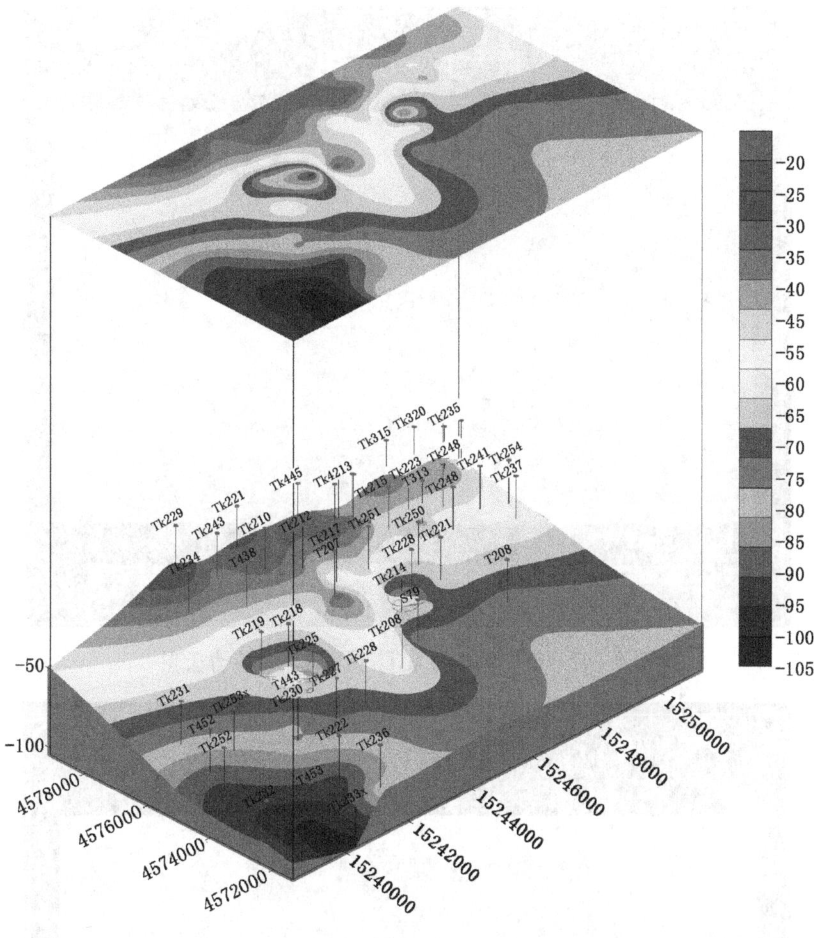

图 4-46 研究区奥陶系古构造三维图

应力也相对较集中。又由于构造抬升使上奥陶统剥蚀殆尽，只剩下中—下奥陶统以微晶灰岩、生屑灰岩为主的地层，泥质含量低，岩性脆，易于破裂，裂缝发育。南部平缓区地势抬升较少，受构造应力影响相对较弱，又加上南部多被上奥陶统覆盖，岩性以泥质含量较高的泥岩、泥灰岩或瘤状灰岩为主，岩石塑性大，不易破裂，上述各种因素叠置造成研究区北部断裂和裂缝都比南部发育。

3. 成岩作用对裂缝型储集体发育的影响

成岩作用对研究区裂缝型储集体发育的控制主要表现在两个方面：风化破裂作用和溶蚀作用。构造运动使研究区奥陶系多次被抬升到地表接受风化剥蚀，形

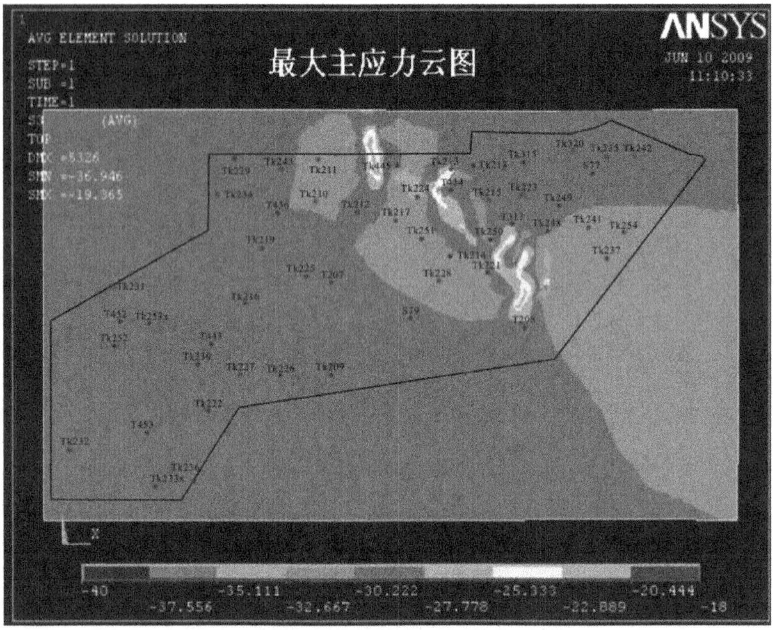

图4-47 研究区奥陶系T_7^4界面最大主应力云图

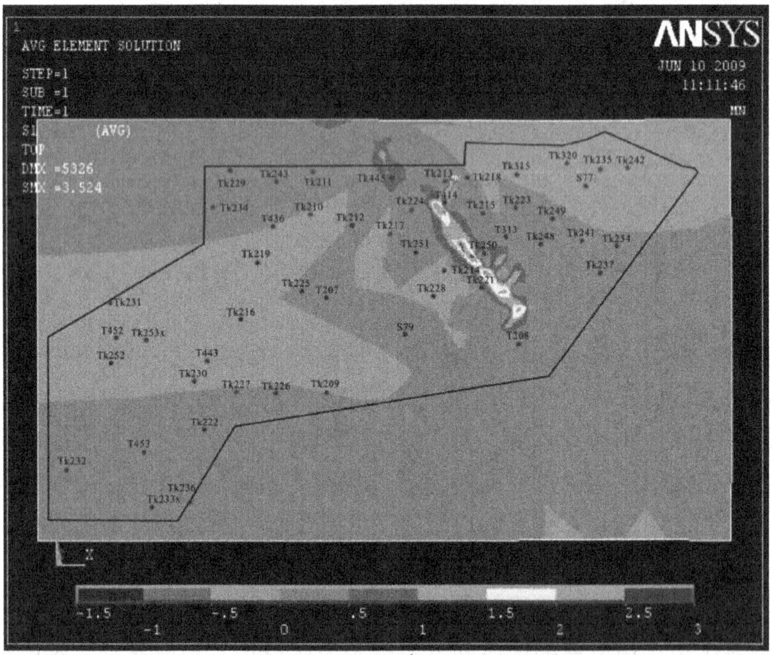

图4-48 研究区奥陶系T_7^4界面最小主应力云图

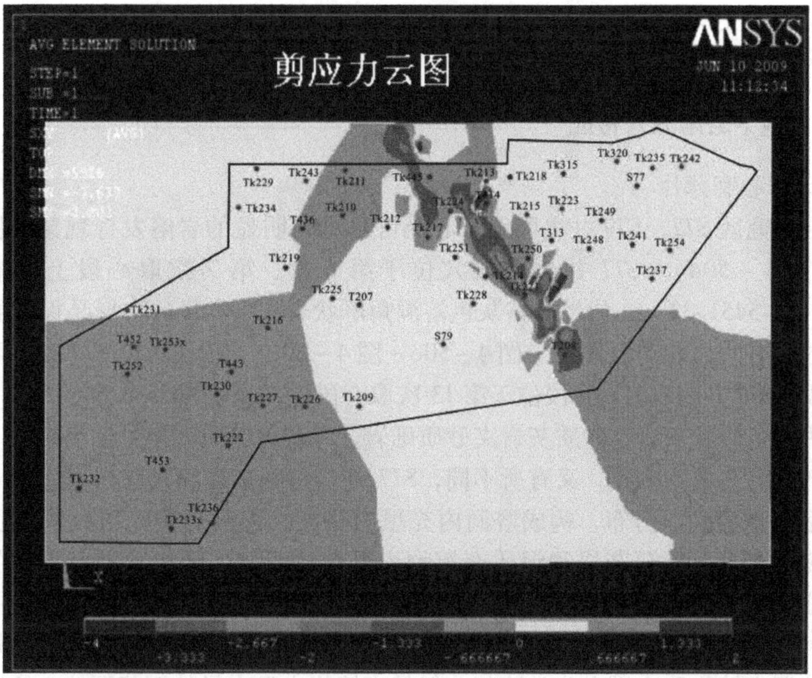

图 4-49 研究区奥陶系 T_7^4 剪应力云图

成大量的风化破裂缝，这些风化破裂缝又随着研究区基准面受构造运动的影响下降被埋藏或被直接保存或被方解石胶结，又在后期溶蚀作用下裂缝被溶蚀扩大和连通，形成有效的储集空间。

4.9 岩溶洞穴型储集体特征及主控因素

岩溶洞穴是碳酸盐岩最为重要的一种储集体类型，近 50 年来，我国在碳酸盐岩风化壳岩溶洞穴型、层序不整合界面溶蚀孔洞型储集体的油气勘探方面取得了重大突破。在研究区所处的塔河油田发现了大量的以风化壳岩溶为储集体的碳酸盐岩缝洞型油气藏。目前研究区风化壳岩溶洞穴的研究主要集中在以下 3 个方面：①在致密碳酸盐岩地层中寻找风化壳岩溶洞穴型储集体油气藏，在具有一定原生孔隙的碳酸盐岩地层中（如上文所述的台地边缘滩相带）寻找与层序不整合面相关的优质溶蚀孔洞型储集体油气藏。②通过多个实体的大量研究，对岩溶洞穴系统和岩溶透镜体的概念、影响和控制因素、发育分布规律有较为明确的认识，建立了相应的成因地质模式；③利用宏观、微观相结合，地球化学和地球物理相结合与交叉学科渗透的综合研究方法，划分研究区岩溶洞穴的分布区域、充填状况及其与油气产量的关系。

4.9.1 地下岩溶洞穴特征

1. 岩心和薄片

在研究区 S77、S79 井奥陶系岩心上可以见到明显的岩溶发育现象（图 4 - 50a ~ 图 4 - 50d）。S77 井岩溶洞穴位于第 6 次、第 7 次取心段上，深度为 5443.14 ~ 5451.32 m。岩性为黄灰色溶洞角砾状岩，见大量的自形晶很好的黄铁矿颗粒，有明显的油浸现象（图 4 - 50e ~ 图 4 - 50g），该段也是 S77 井重要的生产层段。S79 井的岩溶发育段位于第 13 次取心段上，深度为 5530.64 ~ 5536.68 m，岩性为杂色砾状灰岩、砂质灰岩夹砂质砾岩、绿灰色钙质泥岩、棕色泥岩。从两口井的溶洞充填物来看，又有所不同，S77 井以角砾灰岩和泥质充填为主，砾状灰岩呈“葡萄状”分布，构成溶洞内充填的格架，中被泥质充填；从岩心薄片上发现“葡萄状”砾灰岩和泥质充填物边界非常明显，砾状灰岩内部被白云石化形成大量的白云岩颗粒，有大量的粒间孔隙，被胶和沥青充填（图 4 - 50h ~ 图 4 - 50j）。而 S79 井的溶洞充填物为杂色角砾灰岩和钙质泥岩，从岩石薄片上发现溶洞充填物和边界也非常清楚，但是充填物中见大量的石英颗粒，粒间孔也非常发育，也常被沥青充填（图 4 - 50k ~ 图 4 - 50m）。

(a)

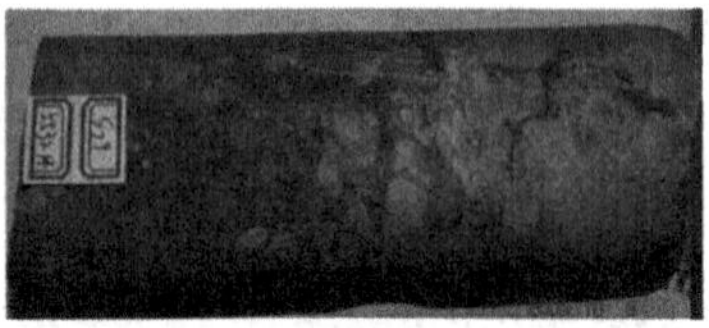
(b)

(c)

(d)

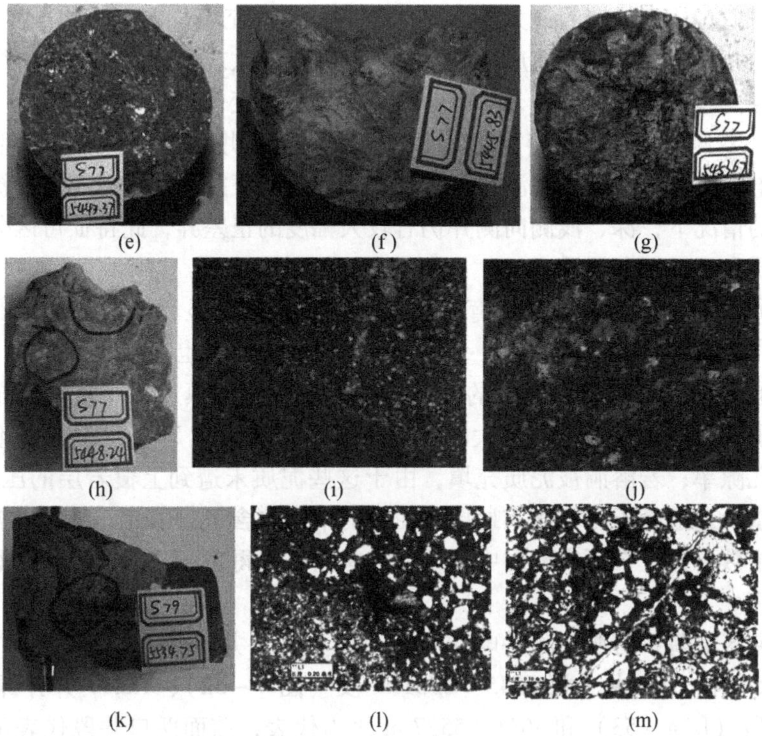

图4－50　研究区S77井和S79井奥陶系溶洞发育段岩心和薄片照片

注：图4－50中，（a）为研究区奥陶系溶洞发育段岩心（未剖分），S77井；（b）为研究区奥陶系溶洞发育段岩心（未剖分），S79井；（c）为研究区奥陶系溶洞发育段岩心（剖分后），S77井；（d）为研究区奥陶系溶洞发育段岩心（剖分后），S79井；（e）为研究区奥陶系溶洞发育段顶端的自形晶极好的黄铁矿颗粒（未剖分），S77井；（f）为研究区奥陶系溶洞发育段内自形晶极好的黄铁矿颗粒（未剖分），S77井；（g）为研究区奥陶系溶洞发育段内油浸现象，S77井；（h）为S77井溶洞发育段磨片前照片，黑色线内为磨片区域；（i）为图3－50h的镜下照片，泥质充填和砾屑灰岩充填界限分明，S77井；（j）为S77井砾屑充填物内部的白云岩颗粒，粒间孔发育；（k）为S79井溶洞发育段磨片前照片，黑色线内为磨片区域；（l）为图4－50k的镜下照片，钙质泥充填和砾屑灰岩充填界限分明，S79井；（m）为S79井钙泥质充填物内部石英颗粒，粒间孔发育。

2. 岩溶洞穴测井响应特征

1）常规测井响应特征

（1）自然伽马测井。溶洞内如有泥质充填、自然伽马测井响应往往为高值，高于纯灰岩地层的自然伽马值；如溶洞未充填，自然伽马测井响应为低值。

（2）井径测井。若溶洞未充填，井径测井值异常增大，遇到特大溶洞时，井径测井值将达到仪器的最大探测范围；溶洞若被充填，单充填物压实程度差，则易被钻井液侵蚀垮塌，造成井径测井曲线幅度增大或呈锯齿状变化；溶洞若被充填，且充填物压实程度高，井径曲线可能无明显变化。

（3）双侧向测井。在溶洞的发育段，双侧向测井电阻率明显低于正常沉积地层的电阻率，深、浅侧向测井通常具有大幅度的正差异，即使在溶洞被泥质完全充填的情况下，深、浅侧向测井仍有较大幅度的正差异，此特征可区分溶洞充填物泥质和正常沉积泥质。

（4）声波测井。在溶洞发育层段，声波时差将明显增大，有时会出现跳波异常，声波幅度也将严重衰减，多数情况下，纵波能量也会衰减。

（5）中子测井。井壁周围的溶洞，若未被矿物充填，测井时其内充满钻井液，中子孔隙率将异常增大，大的溶洞中子孔隙率可达30%以上，但不反映地层真实孔隙率；若溶洞被泥质充填，由于这些泥质未遭到上覆岩层的压实作用，其束缚水含量远高于正常压实地层中泥质的束缚水含量，因此，溶洞中泥质的中子含氢指数要比正常压实地层中泥质的含氢指数高得多，其中子孔隙率测井值也明显增高。

研究区奥陶系溶洞的测井响应特征可以S77井井深5443.14～5451.32 m段（图4－51）、T207井井深5545～5551 m段（图4－52）、Tk217井井深5498～5504 m段（图4－53）和5521～5527 m段为代表，前面两口井段代表了砂砾泥充填的洞穴型储集体，岩心上可见洞穴为砾状灰岩、颗粒灰岩、微晶灰岩、燧石结核等角砾岩及砂泥质填积，储渗空间为角砾间孔洞和孔隙，发育分布严格受洞穴展布控制。后面一口井两个井段代表了未充填或部分充填的洞穴型储集体，储渗空间就是大的洞穴，以钻井过程中出现放空并伴有井漏为特征。

从图4－51可以看出S77井的测井特征为自然伽马呈较低值，为7～25API；双侧向电阻率曲线呈正幅度差，深侧向电阻率为80～200 Ω·m，较致密高阻层明显降低；井径略扩大；声波时差略有增大，值为52 μs/ft；密度变化较明显，数值减小，为2.65～2.70 g/cm^3。其中在5445.5～5451.0 m处，深侧向电阻率值明显降低，为20～30 Ω·m；声波时差急剧增大；密度数值减小变化明显；井径略有扩径；自然伽马呈较高值，为40API。综合分析，该层在测井曲线上缝洞特征明显，储集类型为岩溶洞穴型。钻井取心后的岩心裂缝、孔洞发育；地质录井油气显示好，为油迹－油斑，对比级别为6～12级，含油岩屑比重最大为30%。

图4－52反映的是T207井井深5551～5548 m段（8/51－24/51）的测井特征，从测井曲线上可以发现其测井特征表现为自然伽马、声波时差、中子孔隙率

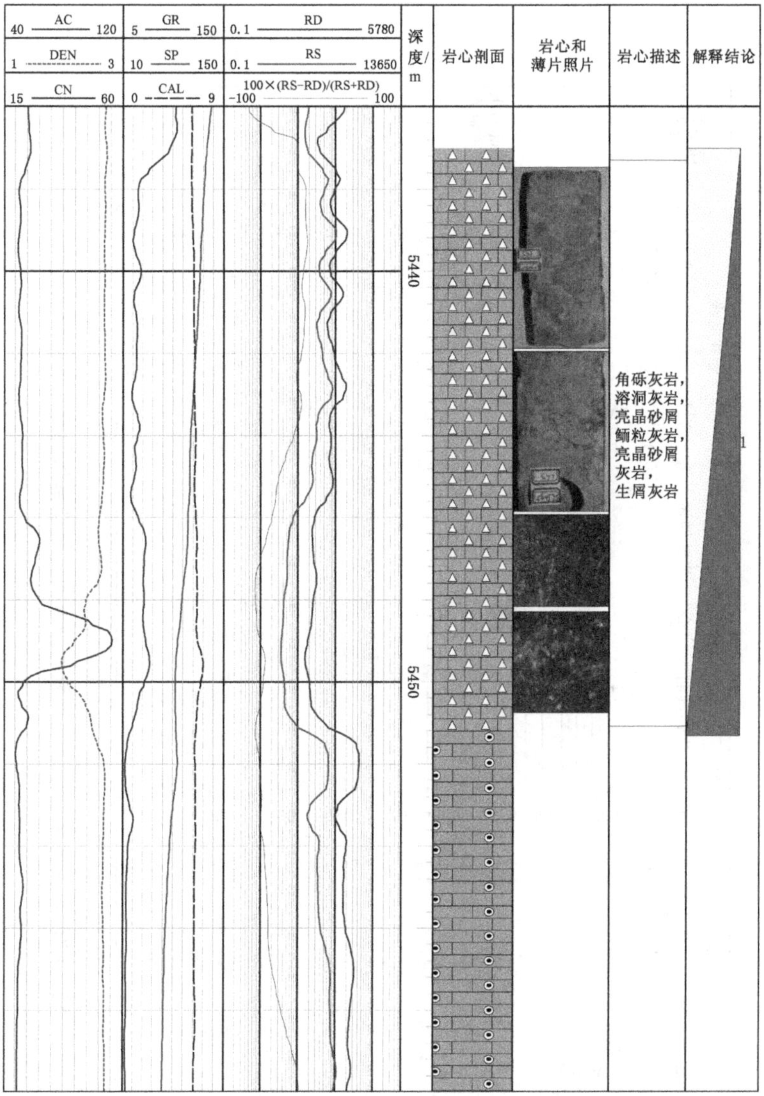

图4-51 研究区S77井一间房组砾状灰岩充填的岩溶洞穴型储集体的测井响应特征

等明显增大，而密度、电阻率明显降低。钻井取心段为3.0 m厚的灰绿色角砾灰岩代表了岩溶洞穴内的角砾填积，该段储集类型为砂砾石填积的岩溶洞穴型储集体。

图4-53 反映的是Tk217井井深5498~5504 m段和5521~5527 m段部分充

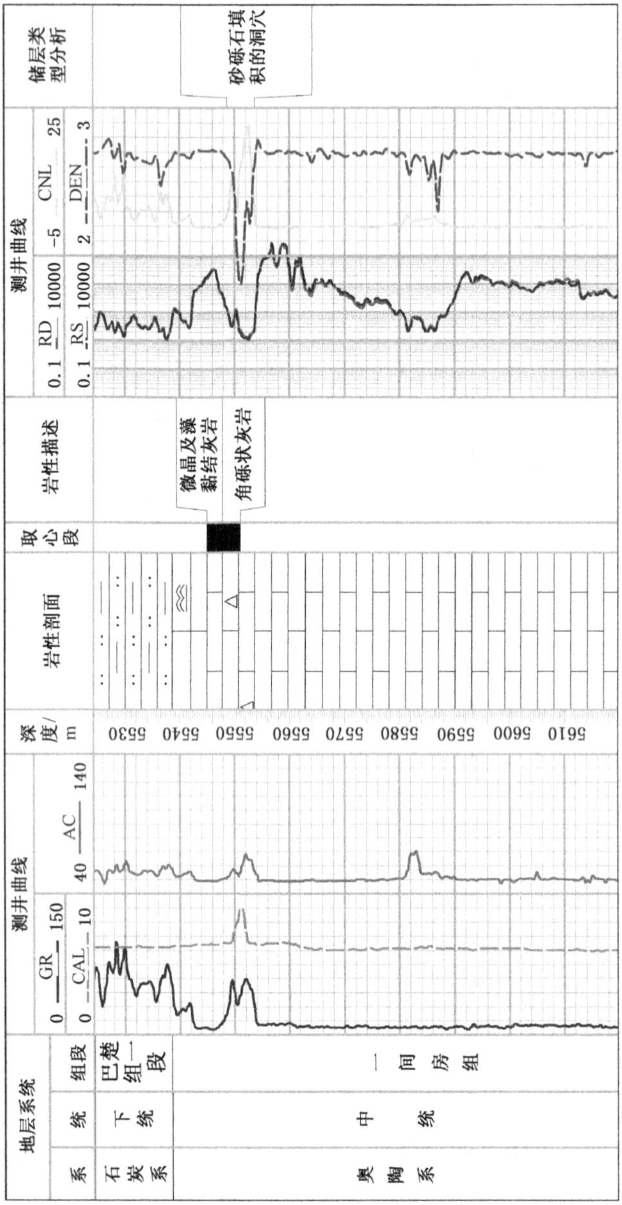

图4－52 T207井一间房组砂砾石填积的岩溶洞穴型储集体的测井响应特征

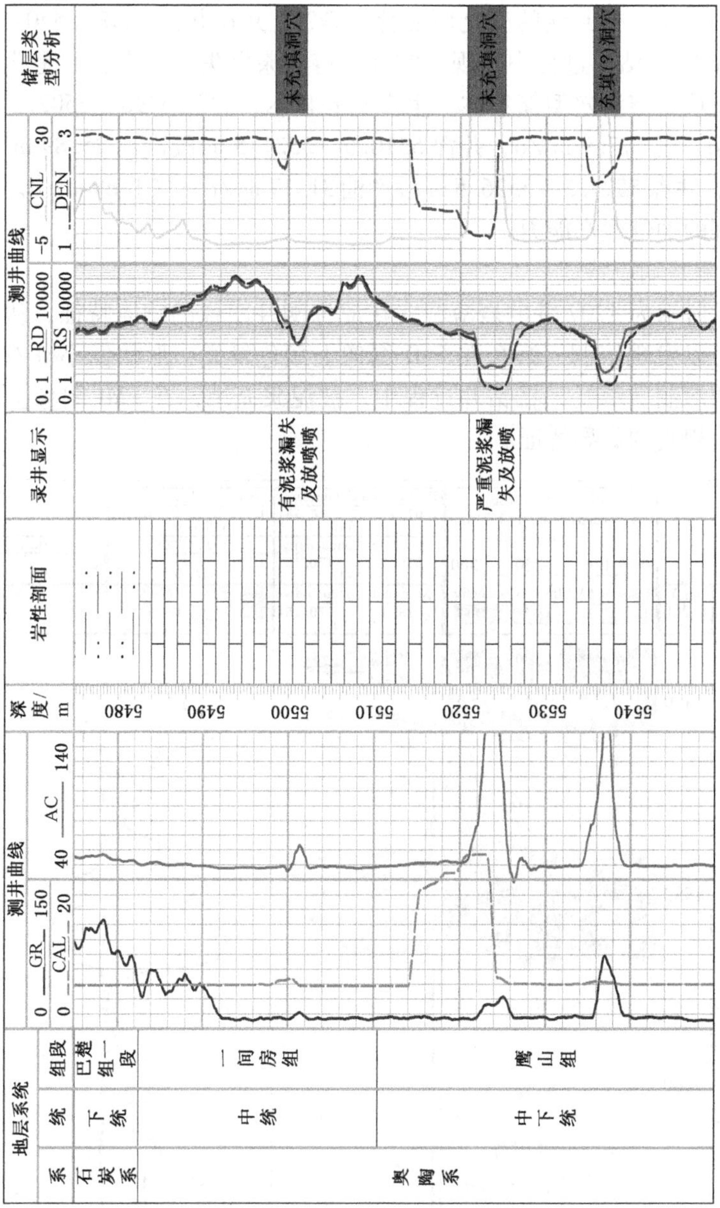

图4－53 TK217井奥陶系部分充填或未充填的洞穴型储集体的测井响应特征

填或未充填岩溶洞穴型储集体，测井曲线上表现自然伽马值无变化或明显增大，声波时差值出现异常增大，电阻率值异常降低，中子孔隙率异常增大，而密度值出现降低，具体随井径曲线的变化而变化，Tk217 井在井深 5498 ~ 5504 m 段和 5521 ~ 5527 m 段在钻井过程中出现放空并伴有泥浆漏失，证实它们是典型的部分充填或未充填岩溶洞穴型储集体。生产测井显示，井深 5498 ~ 5502.5 m 段产油 12.97 m^3/d、气 777.9 m^3/d，井深 5510.5 ~ 5521.5 m 段产油 25.89 m^3/d、气 1552.4 m^3/d，井深 5521.5 ~ 5526.5 m 段产油 31.17 m^3/d、气 1869 m^3/d。这表明该井具有良好的油气生产能力。

2）成像测井响应特征

图 4 - 54 所示为 T207 井的岩溶洞穴在成像测井图像的响应特征，从其成像测井图像上可以发现溶洞、溶孔在 FMI 图像上颜色发黑，形状像小砾石。未被方解石充填的溶洞、溶孔，在钻井过程中，被泥浆充填，在 FMI 图像上呈暗黑色、形状呈不规则的高导特征。

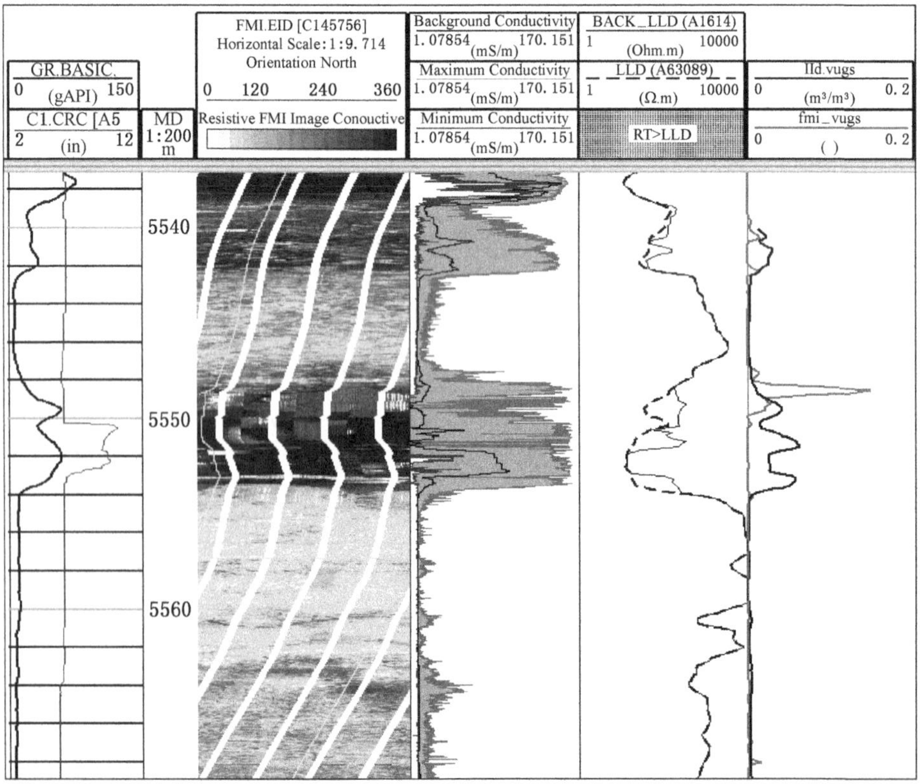

图 4 - 54　T207 井奥陶系岩溶洞穴型储集体在成像测井上的响应特征

3. 岩溶洞穴地震响应特征

1）地震反射特征的分类研究

在对研究区前期地震反射特征类型总结分类的基础上，剔除干扰因素，最终选取48口直井、12口侧钻井的地质资料统计分析，统计结果表明，地震反射特征包括串珠状反射、表层弱反射、表层强反射等三大类反射类型，还可以细分7个亚类。研究区地震响应类型和油气产量关系统计见表4-9。根据各种类型岩溶洞穴在地震剖面上反射的几何形态综合分析，推测研究区奥陶系溶洞类型可归纳为两类：

表4-9 研究区奥陶系地震响应类型和油气产量统计表

大类	串珠状反射			弱反射		强反射	
亚类	表层弱+内幕串珠状反射	表层强+内幕串珠状反射	整体串珠状反射	表层弱+内幕杂乱弱反射	表层强+内幕杂乱弱反射	表层弱+内幕杂乱强反射	表层强+内幕杂乱强反射
井数/口	18	4	7	7	4	5	15
合计/口	29			31			
单井平均日产/(t·d^{-1})	80	45	47	43	21.2	61	50.3
累产/万t	164.88	39.46	30.59	36.22	10.5	30.89	50.22
合计/万t	234.93			127.83			
单井均累产/万t	9.16	9.87	4.37	5.175	2.62	5.15	4.34

（1）成层性分布的溶洞：在地震剖面上呈不规则斑块状、条带状分布，大致具有成层性。该类溶洞的发育与岩石的物理化学性质密切相关，主要发育于一间房组与鹰山组的亮晶砂屑灰岩中，代表井如S79、Tk241等。

（2）串珠状”分布的溶洞：一般沿裂缝、微裂缝多期溶蚀扩大而后，被分期充填而成，并且每期的充填物物性不同，呈“串珠状”分布，岩溶在空间的产状主要受控于裂缝、微裂缝产状。代表井如Tk216、Tk217、Tk221、Tk243等。

2）地震反射特征的分类研究

通过钻井漏空和地震剖面对比发现，溶洞穴型储集体具有“表层弱+内幕串珠状”反射特征，溶洞段对应的储集体多发育在顶部能量较弱处，如Tk211

井溶洞型储集体主要发育在 T_7^4 以下 4 ~ 24 m 处，具有比背景明显减弱的弱能量特征，该井已累产油 14.18 × 10^4 m^3；具有表层强 + 内幕串珠状反射或整体串珠状反射特征，溶洞段对应的储集体多发育在强能量相位，如 T452 井储集体发育在 T_7^4 以下 13 ~ 36 m 处，具明显强能量串珠状特征，该井已累产油 11.66 × 10^4 m^3（图 4 - 55）。

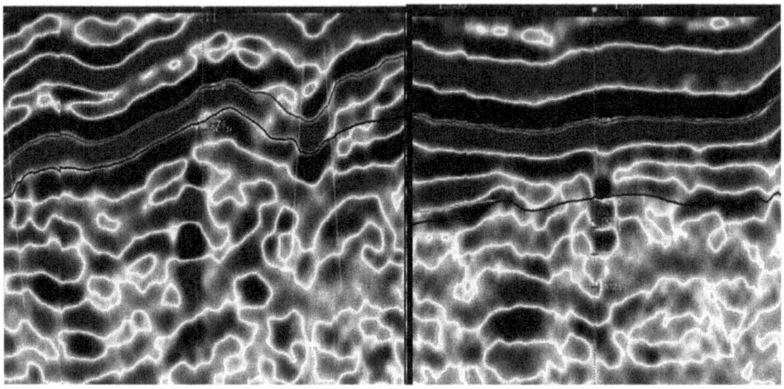

图 4 - 55　Tk211 井及 T452 井地震剖面（据中石化西北局，2009）

4.9.2　塔北露头岩溶洞穴特征

由于塔河油田二区奥陶系溶洞发育段取心非常有限，不能满足溶洞深入研究的需要。此外仅利用岩心研究溶洞，好比瞎子摸象、管中窥豹，很难对研究区溶洞发育的真实规律有客观真实的评价。为此，笔者一行 8 人于 2009 年 5—6 月、7—8 月两次对塔北巴楚与柯坪地区奥陶系岩溶进行了实地考察和详细的研究。

通过对塔北奥陶系研究发育调查发现从溶洞的空间形态看，溶洞有 5 种类型：①近球形溶洞（图 4 - 56a）：②椭圆形溶洞（图 4 - 56b ~ 图 4 - 56h）；③锥形溶洞（图 4 - 56c ~ 图 4 - 56d）；④巷道型溶洞（图 4 - 56e）；⑤不规则多棱体溶洞（图 4 - 56g）。从溶洞被充填的状态看有 3 种状态存在：①完全未被充填状态（图 4 - 56a ~ 图 4 - 56c）；②部分被充填的溶洞（图 4 - 56d）；③完全被充填的溶洞（图 4 - 56d ~ 图 4 - 56h）。从溶洞充填物的类型看，有 3 种类型：①完全的物理充填，主要为角砾灰岩夹泥质充填，图 4 - 56e 为典型的物理充填型溶洞，从底部充填物有定向排列和砾石有一定磨圆的特征分析，该类溶洞为地下暗河充填形成的，因砾石被泥质胶结，孔渗性和储集性能相对都较差。②部分被充填的溶洞，充填类型包括砾石钙华胶结物（图4－57c～图4－57e），以前者最为常见。以砾石的钙华胶结物最为普遍，胶结物以砾石为核，周围被钙质胶结物形成薄壳。砾石间往往留有孔隙，未被钙质胶结物完全胶结。这类溶洞有较好的孔隙性和储集性能。③完全被化学胶结物充填，充填物主要为钙质胶结物。这类钙质充填物又可以分为两种类型，一种是层状的钙质胶结物（图4－57f），另一种是巨晶方解石。层状钙质胶结物见裂隙发育，彼此又互相连通，是非常有效的储集空间（图4－57a、图4－57g、图4－57h）。而以巨晶方解石为充填物的溶洞，被外界溶蚀较少，储集性能较前一种相对较差。另外，从塔北溶洞的充填物及与层面的关系，分析溶洞的成因包括3种类型：①顺裂缝形成的溶洞，这类溶洞在塔北巴楚地区硫磺沟最为发育，溶洞的形态受裂缝控制，充填物以层状的钙质胶结物为主。②顺层面形成的溶洞，主要为在地表淡水作用下，沿层面溶蚀，形成近椭圆形的溶蚀洞，各溶蚀洞之间常被溶蚀贯通，这种溶洞一般裸露地表，完全没有被充填。在塔北主要发育一间房到唐王城地区的一间房组的滩相砂屑灰岩和生屑灰岩中（图4－56a、图4－56b）。③地下暗河被充填形成巷道型溶洞，这类溶洞的充填物无论是砾石和泥质胶结或者纯巨晶的方解石充填，储集性能均不是很好。

(a)

(b)

(c)

(d)

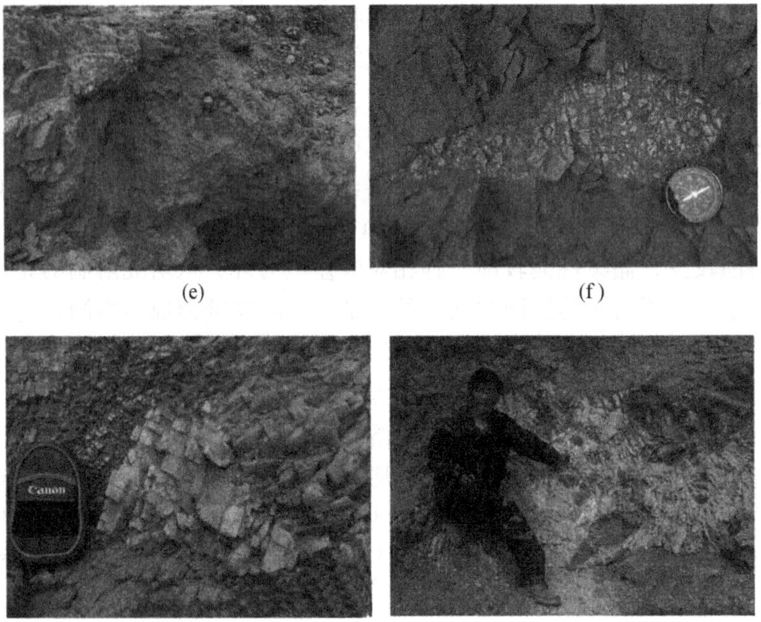

(e) (f)

(g) (h)

图4-56 巴楚奥陶系相似露头区溶洞照片

注：图4-56中，(a) 为巴楚一间房地区一间房组砾屑灰岩中的现代溶蚀洞；(b) 为巴楚一间房地区一间房组顺层发育溶蚀洞；(c) 为巴楚五道班奥陶系沿裂缝发育的溶洞；(d) 为巴楚五道班奥陶系锥形溶洞；(e) 为巴楚五道班奥陶系物理充填的巷道型溶洞；(f) 为巴楚五道班奥陶系椭圆形溶洞，方解石充填；(g) 为巴楚一间房地区一间房组方解石充填溶；(h) 为巴楚一间房地区巨晶方解石充填的溶洞，长轴290 cm，短轴255 cm。

(a) (b)

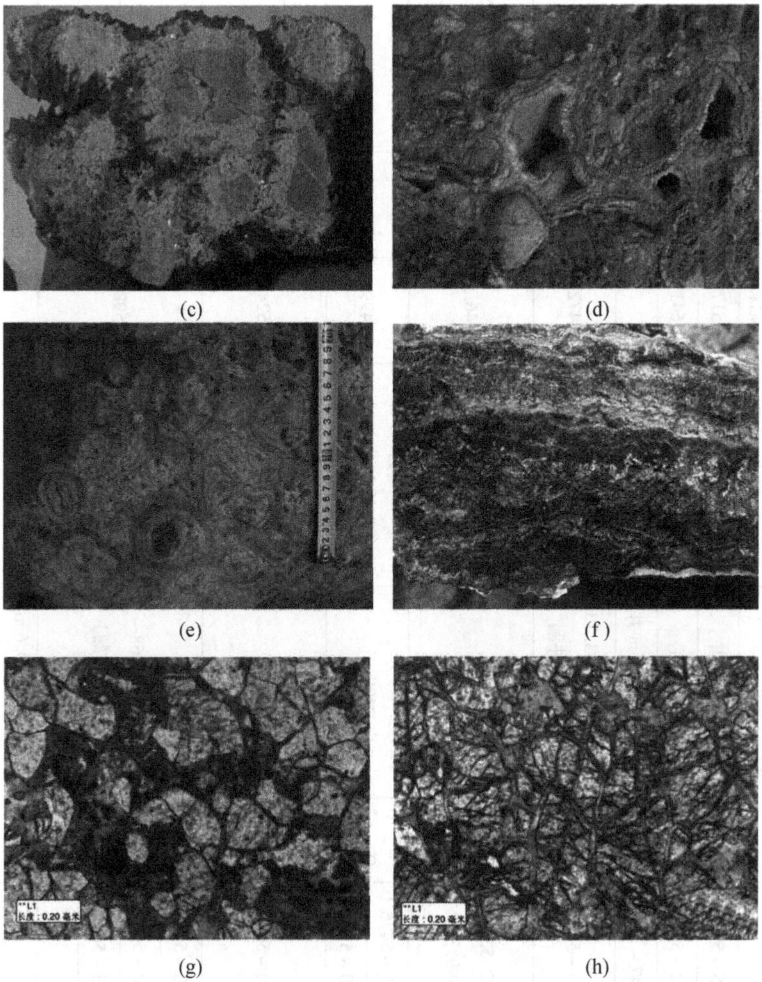

图4－57 巴楚奥陶系相似露头区溶洞充填物切片与显微照片

注：图4－57中，(a) 为巴楚五道班奥陶系层状钙质胶结充填物；(b) 为巴楚五道班奥陶系钟乳石；(c) 为巴楚五道班奥陶系砾石钙华胶结物横截面；(d) 为巴楚五道班奥陶系砾石钙华胶结物，内见孔隙发育；(e) 为巴楚硫磺沟奥陶系砾石钙华胶结物，砾石表面见圈层状钙华包壳；(f) 为巴楚硫磺沟奥陶系溶洞中充填层状钙质胶结物，见明显沥青充填现状；(g) (h) 为巴楚硫磺沟奥陶系溶洞充填层状钙质胶结物薄片，内部裂缝发育且相互连通。

4.9.3 岩溶洞穴的充填类型及期次划分

1. 岩溶洞穴的充填

通过对研究区奥陶系钻井揭示的洞穴发育状况统计（表4－10）发现全区共

表4-10 塔河油田二区奥陶系钻井揭示洞穴层发育状况统计表

m

井号	洞穴层井段	洞穴层厚度（或高度）	生产层段	层位	识别标志	充填物类型及充填状况	鹰山组顶深	一间房组顶深	距鹰山组[一间房组] 深度
S77	5443～5457	14	5437.5～5745.0	O_2yj	岩心、测井	洞穴角砾岩及暗河沉积	5517	5437.5	[5.5]
S79	5543～5550	7	5590.0～5602.0	O_2yj	测井、岩心	砂泥质充填	5641	5532	[11]
T207	5549～5554	5	5606.47～5630m	O_2yj	5580.0～5630.0 m 井漏	砂泥质充填		5511	[38]
Tk210	5536－5538	2	5458.0～5680.0	$O_{1-2}y$	测井、录井 5643.73～5664.22 m 井漏	砂泥质充填	5472	5458	64
	5637－5662	25				砂泥质充填，间断放空			165
Tk211	5453～5454*	1	5422.53～5499.36	$O_{1-2}y$	测井	部分充填	5446.5	缺失	6.5
									15
	5535.5～5536.5	1							89
Tk213	5510～5515*	5	5458.5～5476.0	$O_{1-2}y$	测井	砂泥质部分充填	5499	5458.5	11
			5493.0～5525.0						
Tk215	5500～5516	16	5574.0～5660.2	O_2yj	2	砂泥质充填	5524	5481.5	[18.5]
	5524～5531	7		$O_{1-2}y$					0
	5538～5544	6							14
Tk216	5527～5532	5	5587.0～5628.0	O_2yj	测井（5632.68～5737.0 m 井漏）	砂泥质充填	5598	5526	[1]
	5539～5540	1	5650.0～5665.0			砂泥质充填			[13]
	5544～5545	1	5683.5～5694.0			砂泥质充填			[18]
	5560～5565	5				砂泥质半充填			[34]
Tk217	5498－5502	4	5482.5～5549.2	O2yj	（5500.3～5500.6 m，5500.7～5501.2 m，5521.8～5525.0 m 放空，井漏）	未充填	5510.5	5482.5	[15.5]

表 4-10（续）

m

井号	洞穴层井段	洞穴层厚度（或高度）	生产层段	层位	识别标志	充填物类型及充填状况	鹰山组顶深	一间房组顶深	距鹰山组[一间房组]深度
Tk217	5522～5526	4	5482.5～5549.2	$O_{1-2}y$	测井、录井(放空、漏失)	半充填	5510.5	5482.5	39.5
	5536～5539	3			测井	砂泥质充填			53.5
Tk220	5538～5544	6	5537.0～5669.0	O_2yj	测井	砂泥质充填	5628	5537	[1]
Tk221	5575～5577	2	5550.0～5605.0	O_2yj	测井	方解石充填	5623.5	5550	[25]
Tk223	5515～5530 5521～5528	15	5486.7～5491.4 5510.0～5513.8	$O_{1-2}y$	测井	砂泥质充填	5514	5472	1
	5603～5606	3	5514.0～5530.0			砂泥质充填			89
Tk224	5555.31～5561.49	6.18	5552～5561.49	$O_{1-2}y$	测井、录井(5555.31～5556.34 放空、漏失，强钻至 5561.49 m 井涌)	未充填	5517.5	5452	37.81
Tk227	5721～5727	6	5583.0～5720.0（水层）	$O_{1-2}y$	测井（5720.0～5780.0 m 井漏）	砂泥质充填	5703	5583	18
Tk231	5567～5571	4	5640.82～5676.57	O_2yj	测井（5657.8～5663.0 m 间断放空）	砂泥质充填	5634.5	5550	[17]
	5640～5665	25		$O_{1-2}y$	录井（5640.82～5676.57 m 井漏）	未充填			5.5
Tk234	5532～5535*	3	5531.7～5535.4 5547.3～5552.2.	$O_{1-2}y$	测井、录井(5533.5～5535.68 m 放空，井漏)	未充填	5488.5		43.5
Tk235	5512～5513	1	5446.0～5545.0	$O_{1-2}y$	测井	砂泥质充填	5512	5446	0
	5526～5527	1		$O_{1-2}y$		砂泥质部分充填			14
	5531.5～5532.5	1		$O_{1-2}y$					19.5
	5535～5536	1		$O_{1-2}y$					23

表 4－10（续）

m

井号	洞穴层井段	洞穴层厚度（或高度）	生产层段	层位	识别标志	充填物类型及充填状况	鹰山组顶深	一间房组顶深	距鹰山组[一间房组]深度
T313	5474～5477*	3	5470－5589.7	O_2yj	测井、录井（取心钻进至 5473 m 发现井漏，钻至 5476.96 m，漏失 1305.5 m^3），漏速 16 m^3/h	未充填	5552	5470	[4]
Tk315	5431～5437*	6	5423.5～5497.22	O_2yj	测井	砂泥质半充填	5457.5	5423.5	[7.5]
Tk320	5495～5512	17	5452.5～5534.0	$O_{1-2}y$	测井	砂泥质半充填	5495	5452.5	0
T452	5597.95～602.85*（取心钻时：30～40）	4.9	5570.0～5575.0 5580.0～5587.0 5587.5～5602.85	O_2yj	录井（5597.95～5602.85 m 严重漏失，岩屑失返）	未充填		5561	[36.95]
Tk237	5480～5482	2		O_2yj	测井	充填	5571	5475	[5]
	5497～5500	3				充填			[22]
	5517～5520	3				部分充填			[42]
	5571.19～590.02*	18.83		$O_{1-2}y$	漏失（5578.13～5581.44m 放空）	未充填			0.19
Tk241	5490.5－5527.5	37		O_2yj	测井	充填	5580	5485.5	[5]
Tk242	5460～5465	5		O_2yj	测井	充填	5515	5450	[10]
	5518～5519.5	1.5		O_2yj	测井	充填			3
Tk243	5692～5698	6		$O_{1-2}y$	测井	未充填	5483	缺失	209
Tk252	5640～5655	6.14		O_2yj	钻井放空	未充填	5576	5665.5	[64]
Tk253	5602.5～5613	10.5		$O_{1-2}y$	钻井放空	未充填	5553.5	5452.5	49

有 27 口钻井 46 井段揭示溶洞，有 7 口井溶洞未被充填，占总数的 26%，其余 20 口井中有 6 口岩溶洞穴为半充填，占总数的 22%，14 口被完全充填，占总数的 52%。充填物的类型有 3 种：①垮塌角砾充填；②砂泥质充填；③方解石充填。各个井岩溶洞穴充填物的类型及充填状况平面图如图 4－58 所示。根据溶洞内充填物的类型分析，研究区和塔北溶洞有基本相似的结论：泥质充填和巨晶方解石充填溶洞储集体物性相对较差（如 Tk215、Tk221），而对于角砾充填的 S77 井来说，从前面的溶洞的岩心特征分析可以看出溶洞充填物为“葡萄状”的砾岩，类似于淀积岩，内部被白云石化，粒间孔发育，从而该井的岩溶发育段储集物性较好。此外，根据从对四川九寨沟黄龙和广西桂林地区现代岩溶调查结果发现岩溶洞穴充填物的类型和地貌有很好的对应关系，岩溶高地和斜坡一般为砾石和方解石充填，岩溶洼地多为砂泥质充填。从表 4－3S79 井溶洞充填方解石胶结物的流体包裹分析来看，流体为盐水包裹体，均一化温度为 80～120 ℃，对照研究区的成岩演化和包裹体的关系（图 4－9）可知该井溶洞充填发生于晚海西期。

2. 岩溶洞穴期次划分

前人对塔河油田的构造演化和岩溶发育期次研究认为研究区内古岩溶发育期次主要包括两期：加里东中期岩溶和海西早期岩溶。对于这一点争议不大，但是对于岩溶现象的发育时期，特别是恰尔巴克组尖灭线以南上奥陶统覆盖区岩溶是海西早期的岩溶作用产物，还是加里东中期的岩溶作用产物一直存在争论。

从奥陶系岩心及其薄片中广泛发育的岩溶现象发现具有破坏岩石原有组构特征及其在浅埋藏白云石或白云石斑块、平行及斜交垂直层面缝合线、切割平行层面缝合线及浅埋藏白云石斑块的构造裂缝基础上发育，表明岩溶作用应是在浅埋藏之后的抬升过程中形成，从成岩序列上限定了它们应属于海西早期岩溶现象。这些缝洞内除了碳酸盐岩及硅化硅质岩角砾、砂外，还含有陆源石英粉砂，也与海西早期的岩溶地质背景相吻合。

此外研究区奥陶系岩溶洞穴中的碳氧稳定同位素、锶同位素、中子活化稀土元素分析结果同样说明研究区岩溶现象主要发育于海西早期。

从研究区奥陶系海西早期岩溶缝洞方解石的碳氧稳定同位素分析结果（图 4－59），可见它们 $\delta^{13}C$、$\delta^{18}O$ 值变化范围较大，主要为负值；恰尔巴克组尖灭线北部和南部的岩溶缝洞方解石的碳氧稳定同位素组成具有相似性；并与阿克库勒凸起中下奥陶统出露区的海西早期岩溶缝洞方解石的碳氧稳定同位素组成具有相似性；从碳氧稳定同位素组成上证实了不论南北，这些广泛发育的岩溶产物是海西早期岩溶作用的产物。

图 4－60 所示为研究区奥陶系有关岩溶缝洞方解石的锶同位素分析结果，根

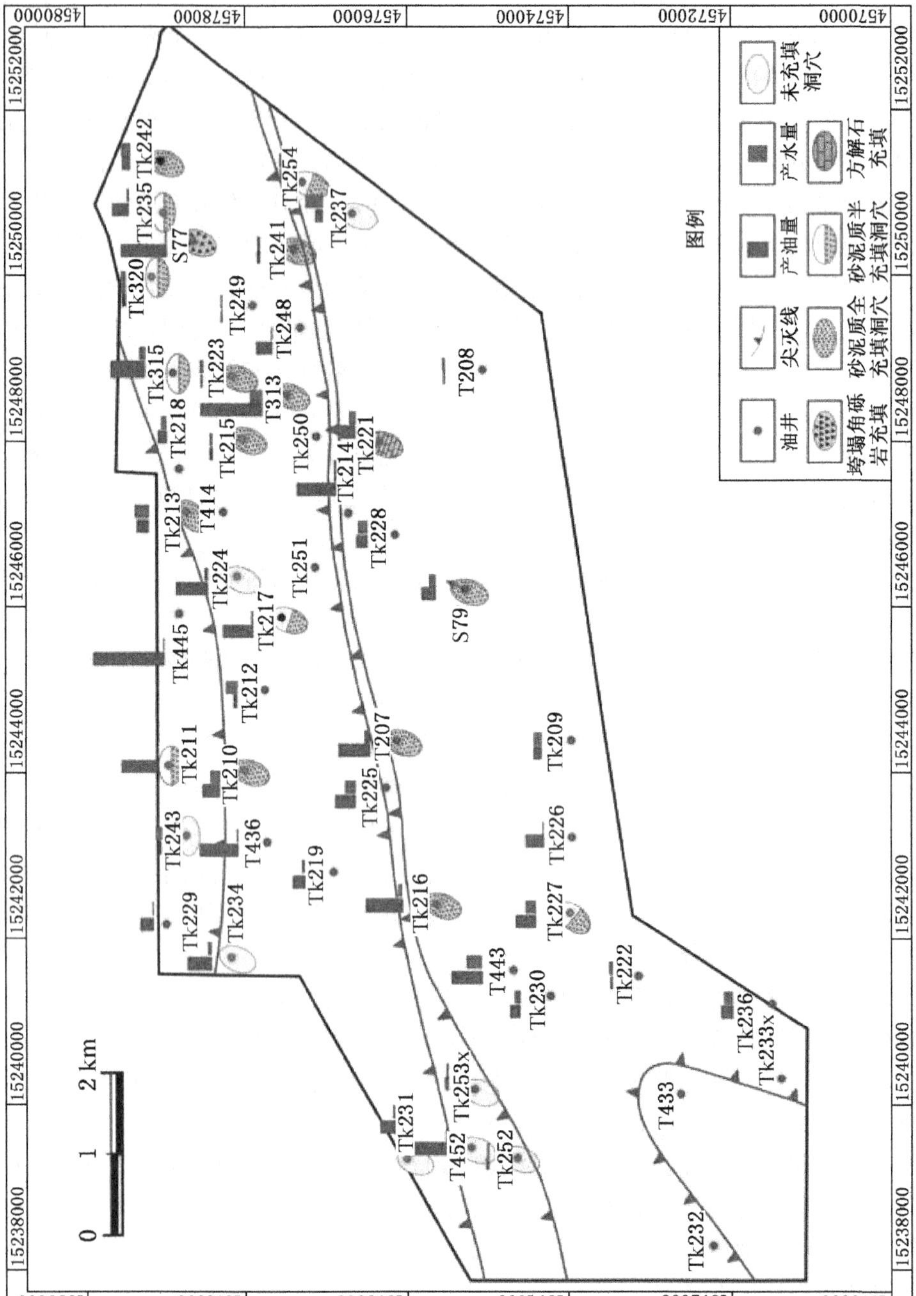

图4－58 研究区奥陶系岩溶洞穴充填物的类型及充填状况平面图

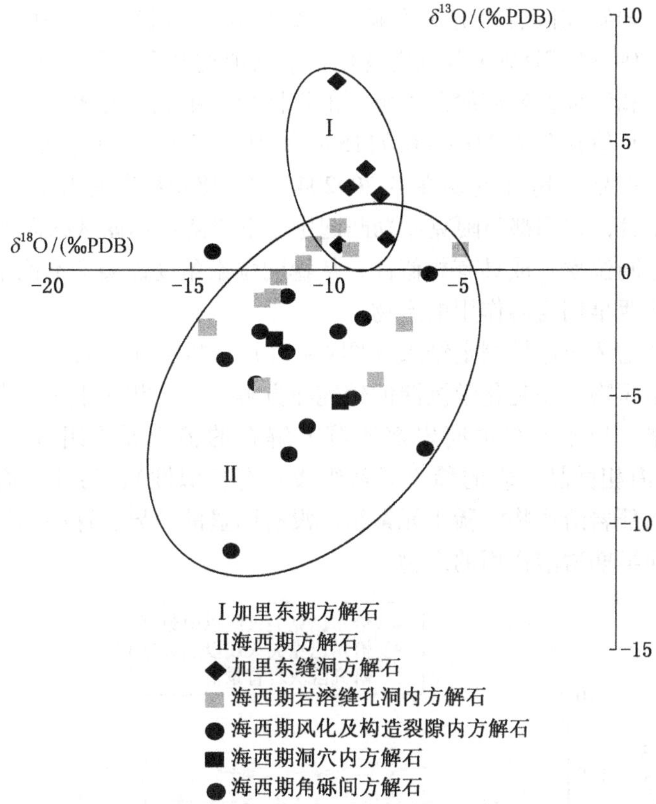

图4-59 奥陶系海西早期岩溶缝洞方解石的碳氧稳定同位素分析结果（据中石化西北局，2009）

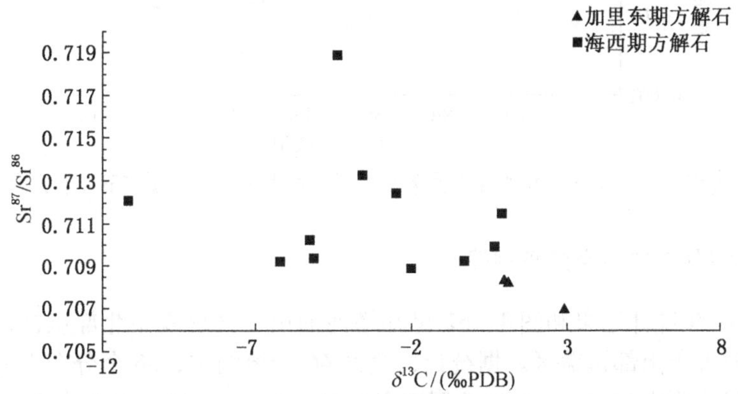

图4-60 研究区奥陶系岩溶缝洞方解石锶同位素分析图（中石化据西北局，2009）

据该图分析可知研究区岩溶缝洞方解石的锶同位素值较高，有关 15 个样品中，主要在 0.709204 ~ 0.718904 范围内变化，平均值达 0.711125；另外，恰尔巴克组尖灭线北部和南部，岩溶缝洞方解石的锶同位素组成具有相似性，如北部区域的 4 个样品，其值在 0.709219 ~ 0.711538 范围内变化，平均值为 0.710229，南部区域 11 个样品，其值主要在 0.709204 ~ 0.718904 范围内变化，平均值达 0.711450；显然，它们都与阿克库勒凸起中—下奥陶统出露区的海西早期岩溶缝洞方解石的锶同位素组成具有相似性，从锶同位素角度证实了不论南北，这些岩溶作用都是海西早期岩溶作用的产物。

从岩溶产物稀土原始测定结果（图 4 - 61）分析可知，无论是岩溶缝洞内角砾和砂泥质填积物，还是化学沉淀的较纯净方解石，均相对于正常海相微晶灰岩富集稀土元素，与加里东中期岩溶缝洞方解石的稀土元素组成特征明显区别（后者与正常海相微晶灰岩的稀土元素组成具有相似性）；另外，恰尔巴克组尖灭线北部和南部岩溶产物的稀土元素组成没有明显的差异，这些均证实了这些岩溶作用是海西早期岩溶作用的产物。

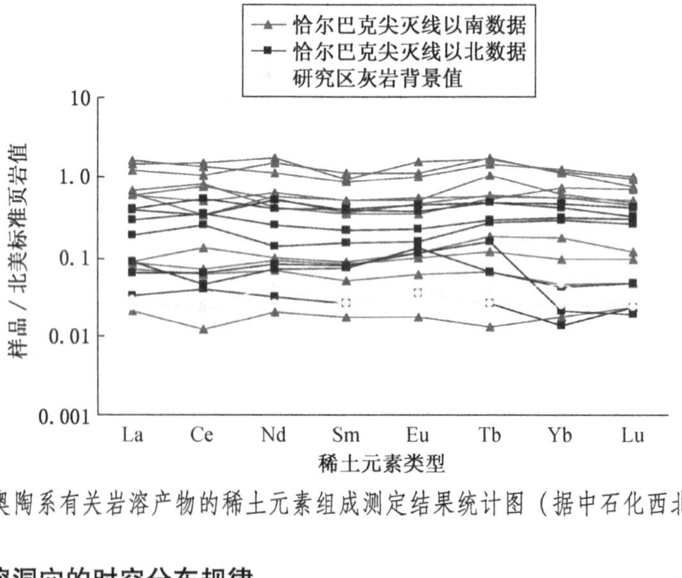

图 4 - 61　奥陶系有关岩溶产物的稀土元素组成测定结果统计图（据中石化西北局，2009）

4.9.4　岩溶洞穴的时空分布规律

从表 4 - 9 统计结果和图 4 - 62 可知塔河油田二区奥陶系北部剥蚀区溶洞钻遇概率明显大于南部覆盖区。据统计，全区 46 个溶洞中，36 个分布在北部剥蚀区，占溶洞总数的 78.3%，钻遇溶洞概率为 45.57%，而 10 个分布在南部覆盖区，仅占溶洞总数的 21.7%，南部覆盖区钻遇溶洞概率为 35%。

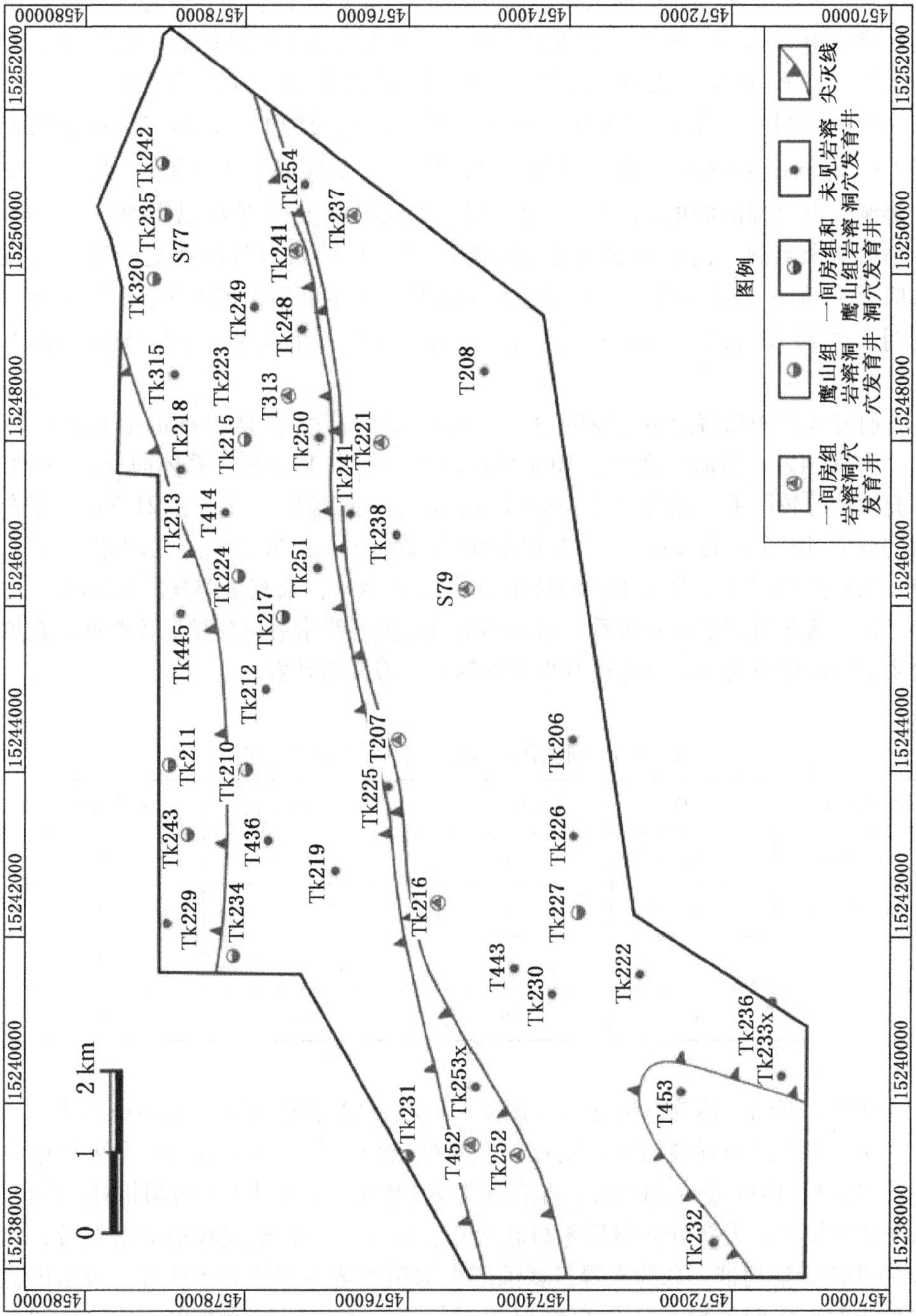

图4-62 研究区奥陶系各组岩溶平面分布图

从图4－62可知研究区岩溶洞穴平面上主要发育于中—下奥陶统的一间房组和鹰山组。其中一间房组岩溶洞穴发育于上奥陶统尖灭线附近，鹰山组岩溶洞穴发育于研究区北部一间房组尖灭线附近及北部。从溶洞纵向发育看，95.6%的溶洞发育在T_7^4以下0～100 m，随着深度的增加，钻遇溶洞逐渐减少（图4－63～图4－65）。第一层洞穴大致对应T_7^4顶面以下0～60 m，共钻遇33个溶洞，占全部溶洞的71.7%；第二层洞大致对应于T_7^4顶面以下60～120 m，共钻遇9个溶洞，占全部溶洞的19.6%；第三层洞发育程度相对较差，大致对应于T_7^4顶面120 m以下，共钻遇6个溶洞，占全部溶洞的8.7%。以上分析表明，在T_7^4顶面以下0～60 m溶洞发育较为密集，平面上顶部溶洞发育概率大。

研究区奥陶系溶洞累计厚度为310.5 m，其中高度小于10 m的溶洞共有37个，占80.4%；溶洞高度大于10 m的溶洞9个，占19.6%。总体而言，2区溶洞充填情况较严重，据统计（表4－11），未充填的洞有10个，占21.7%；半充填的洞有10个，占21.7%；充填的洞有26个，占56.5%。充填溶洞段长171.5 m，占55.3%，半充填溶洞长51 m，占16.4%，未充填溶洞段长88 m，占28.3%。从充填洞平面分布看，东北部及O_3q尖灭线附近充填相对较严重。充填物主要以砂泥质为主，另外还有少量方解石、垮塌角砾岩。

表4－11 研究区奥陶系溶洞充填情况统计表

T_7^4顶面以下	总数	未充填洞个数	半充填洞个数	充填洞个数
0～60 m	33	6	6	21
60～120 m	9	3	3	3
>120	4	1	1	2
合计	46	10	10	26

从溶洞型储集体叠合图分析（图4－66），北部剥蚀区溶洞型储集体普遍发育，南部覆盖区溶洞型储集体发育程度明显减少。剥蚀区的溶洞带主要集中在S77、T313、T414及Tk210四个岩溶洞穴发育单元内，单井单元溶洞相对欠发育，从分布规模看，大部分溶洞呈零星状分布，仅东部发育规模较小的溶洞带，如S77—Tk242溶洞带，总的来看，剥蚀区东部钻遇溶洞概率大于西部。恰尔巴克尖灭线附近溶洞型储集体发育情况相对较好，多发育在单井单元内，Tk231、

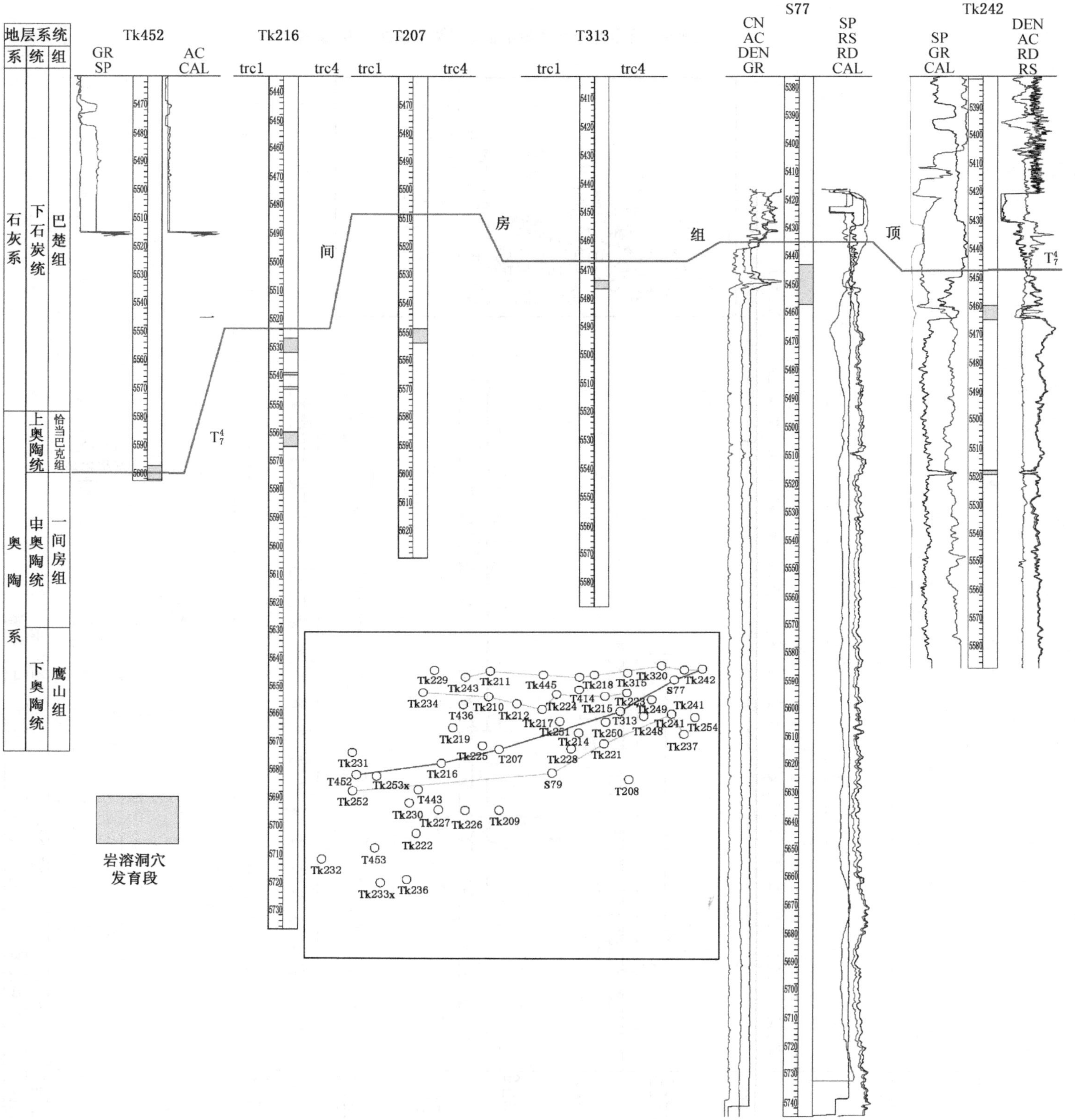

图 4-63 研究区奥陶系一间房组岩溶垂向发育分布图

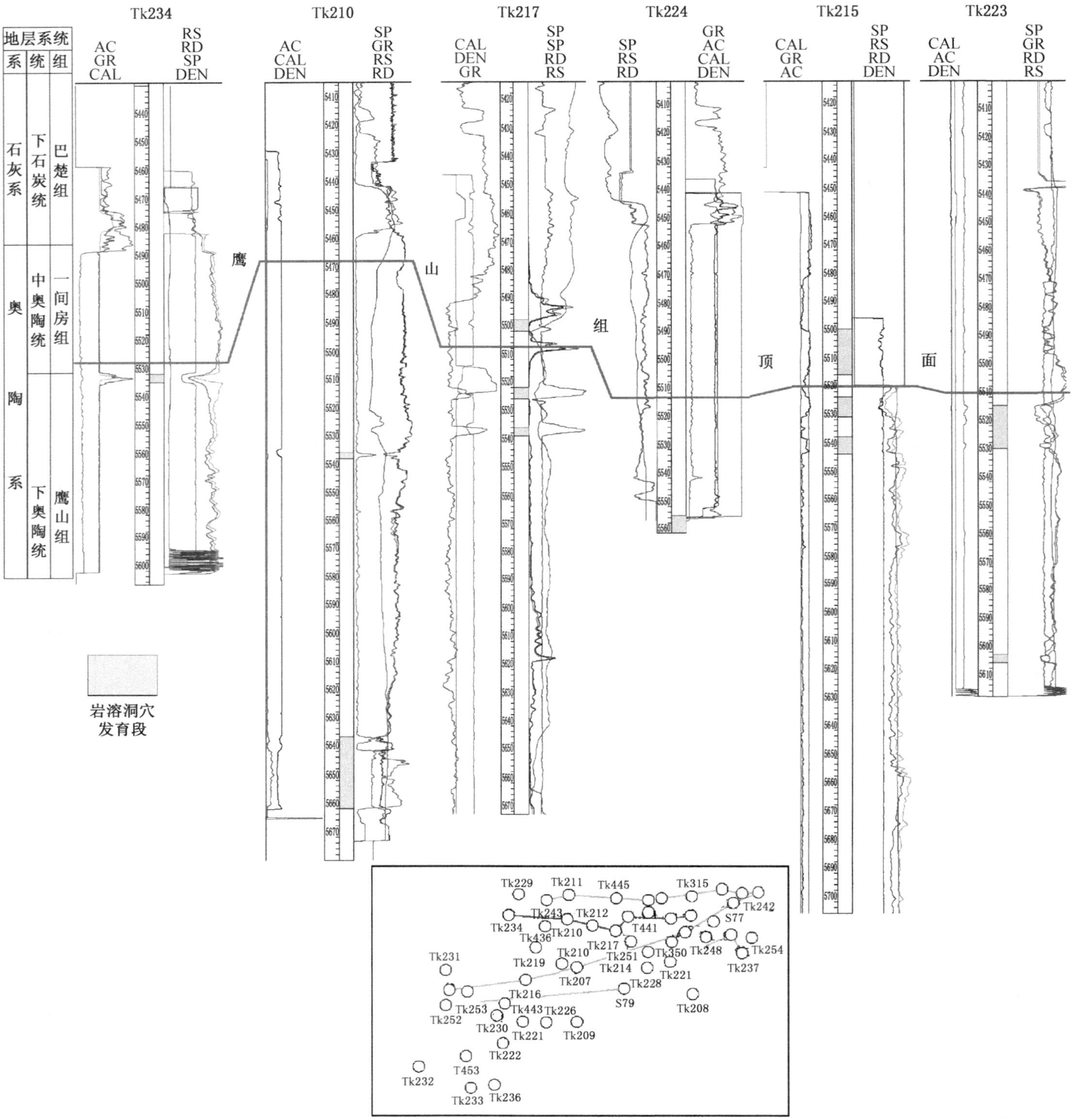

图4-64 研究区奥陶系鹰山组岩溶垂向发育分布图

Tk216、T207、Tk241 等多个单井单元钻遇了溶洞。在上奥陶统覆盖区多为零星的溶洞，主要分布在 T443 单元内，没有明显的带状特征。

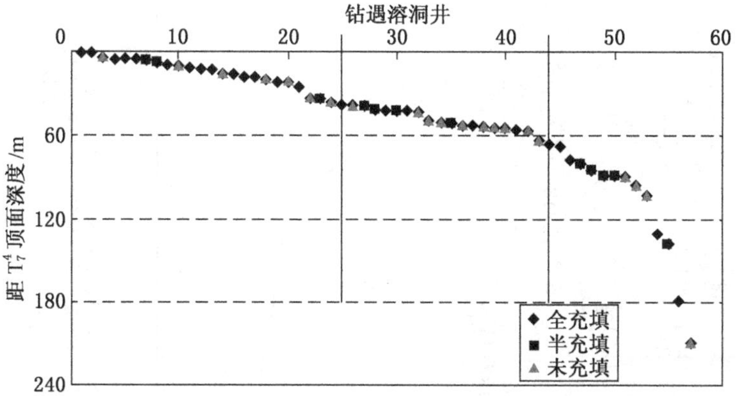

图 4 - 65 研究区奥陶系溶洞纵向发育状况图（据中石化西北局，2009）

4.9.5 缝洞组合划分

通过研究区奥陶系 60 口钻井常规测井解释和 9 口成像测井资料综合分析，得出研究区具有以下 4 种缝洞组合：

（1）孤立溶洞：以 T207 井 5548 ~ 5552 m 为代表，从成像测井解释图（图 4 - 67）上可以看出在 5548 m 以上和 5552 m 以下均为致密层，5548 ~ 5552 m 为孤立的溶洞，从成像测井照片上看，上部有坍塌现象。

（2）上缝下洞组合：以 T207 井 5580 ~ 5590 m 为代表，从成像测井解释图（图 4 - 68）上可以看出，上部高角度近垂直裂缝发育，且具有明显的溶蚀现象；下部溶孔、溶洞发育，且未见充填，可作为缝洞组合的代表。

（3）上洞下缝组合：以 Tk216 井 5600 ~ 5640 m 为代表，成像测井解释图（图 4 - 69）上显示，上段 5600 ~ 5610 m 为溶洞特征，下部 5610 ~ 5640 m 为裂缝发育特征，且裂缝具有明显的溶蚀现象。

（4）缝 - 洞 - 缝组合：该组合以 T204 井 5556 ~ 5560 m 和 T214 井 5530 ~ 5550 m 为代表，从两井的成像测井解释图（图 4 - 70、图 4 - 71）上可以明显发现溶洞的上下均为近垂直的高角度裂缝，且在 T204 井 5559. 6 ~ 5559. 8 m 溶洞上下裂缝均有明显的溶蚀现象。

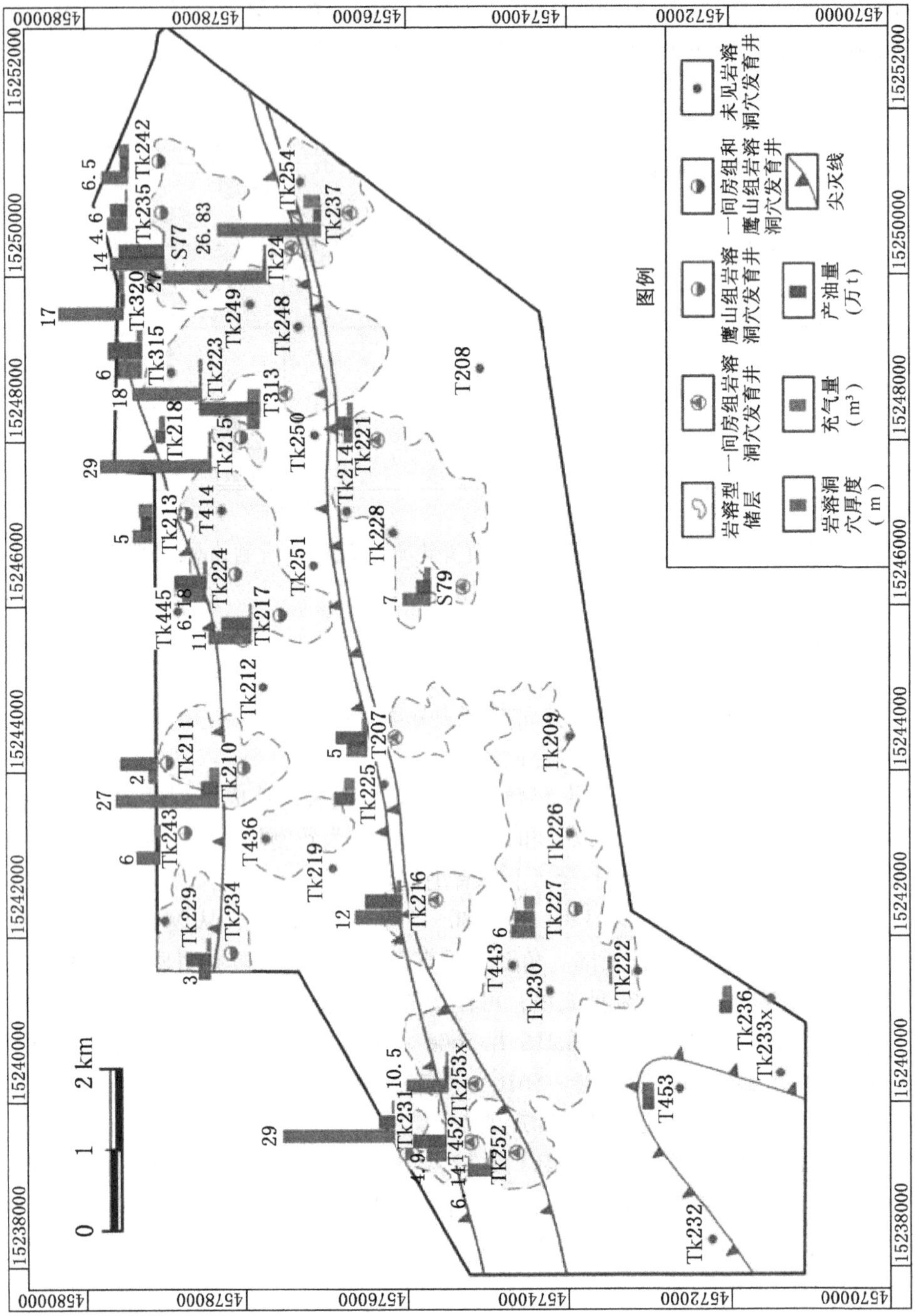

图4-66 研究区奥陶系岩溶洞穴平面分布及垂向厚度叠合图

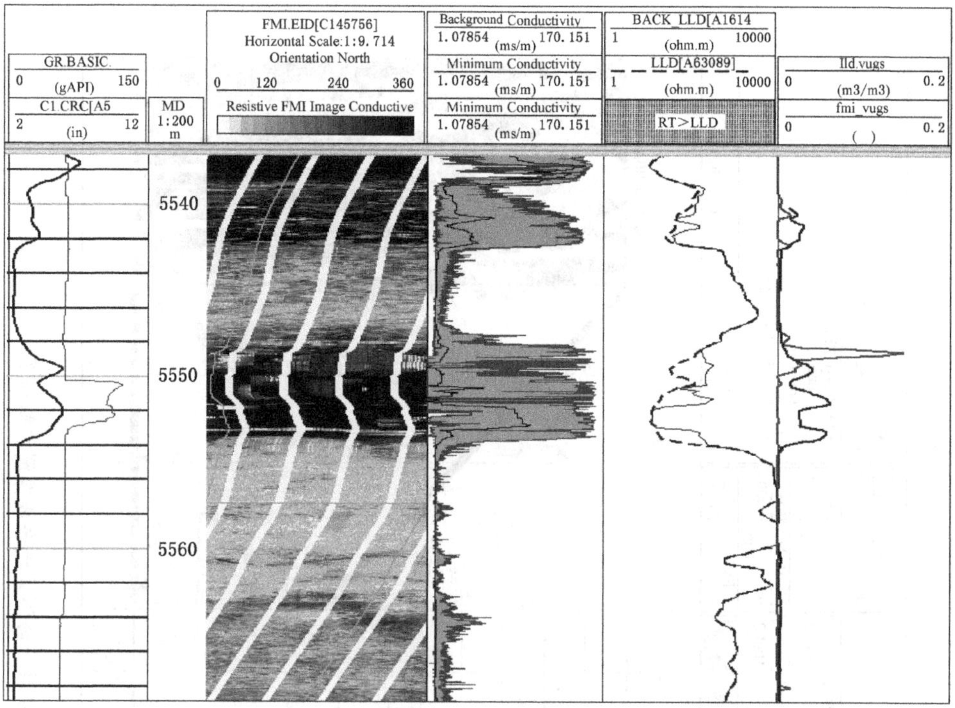

图4-67 T207井奥陶系孤立溶洞成像测井解释图

4.9.6 岩溶洞穴发育主控因素分析

1. 构造运动是控制研究区奥陶系岩溶发育最根本的因素

从前文的构造演化特征可知，古构造作用使研究区古基准面发生多次升降，致使研究区发生多期次抬升沉降，进而产生多期次的剥蚀溶蚀作用，特别是每一期古构造运动所形成的断裂系统为古岩溶的沿断裂—裂缝系统溶蚀发育奠定了基础。此外，断裂面为岩溶流体流动的有利通道，必然会对岩溶作用产生一定的控制作用。研究区断裂对奥陶系古岩溶发育的控制作用主要表现在如下几个方面：

（1）通过断裂通道作用导致沿断裂展布的洞穴系统形成，T452—Tk252—Tk233X—Tk1111一带断裂是S106井区断裂的北部，中石化西北局研究院在石炭系盐下储集体研究中已经表明这条断裂带通过断裂通道作用控制了洞穴型储集体的发育和展布，而在该断裂带处于塔河油田二区的部分，沿断裂带的T452、

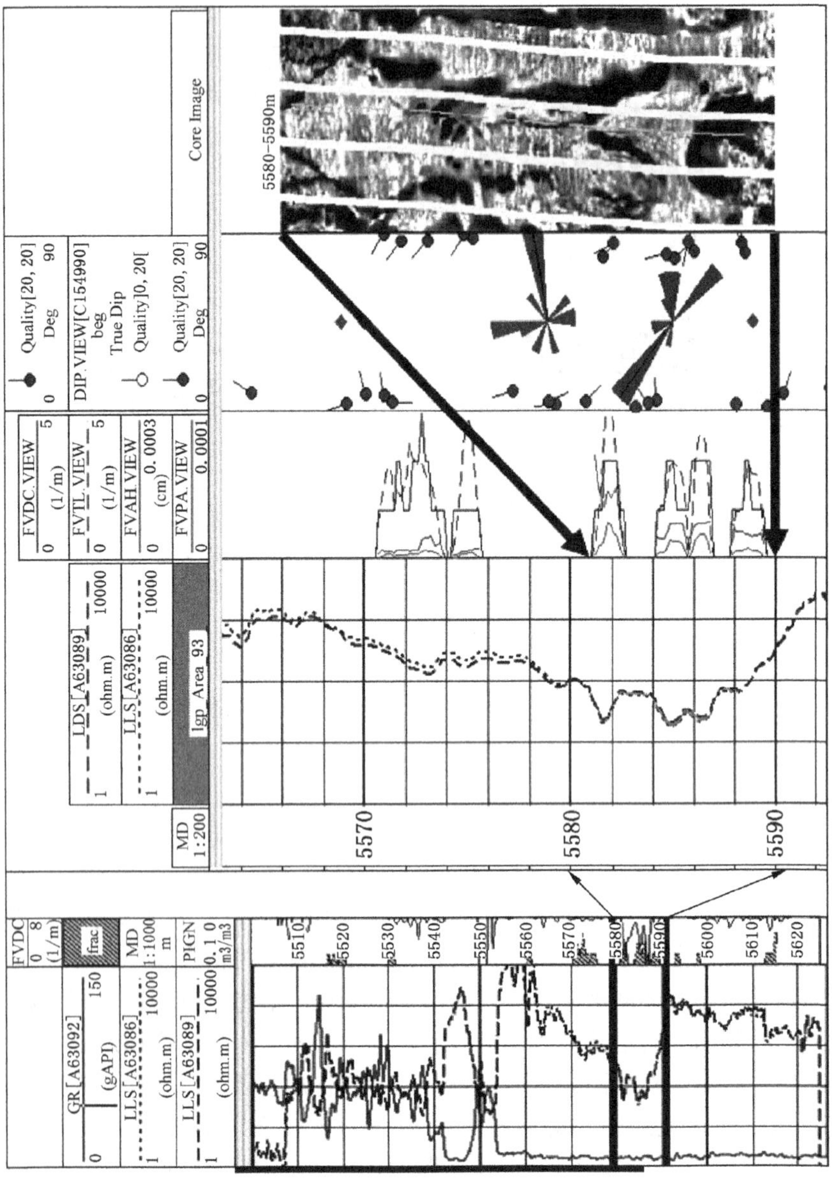

图4-68 T207井奥陶系上缝下洞组合成像测井解释图

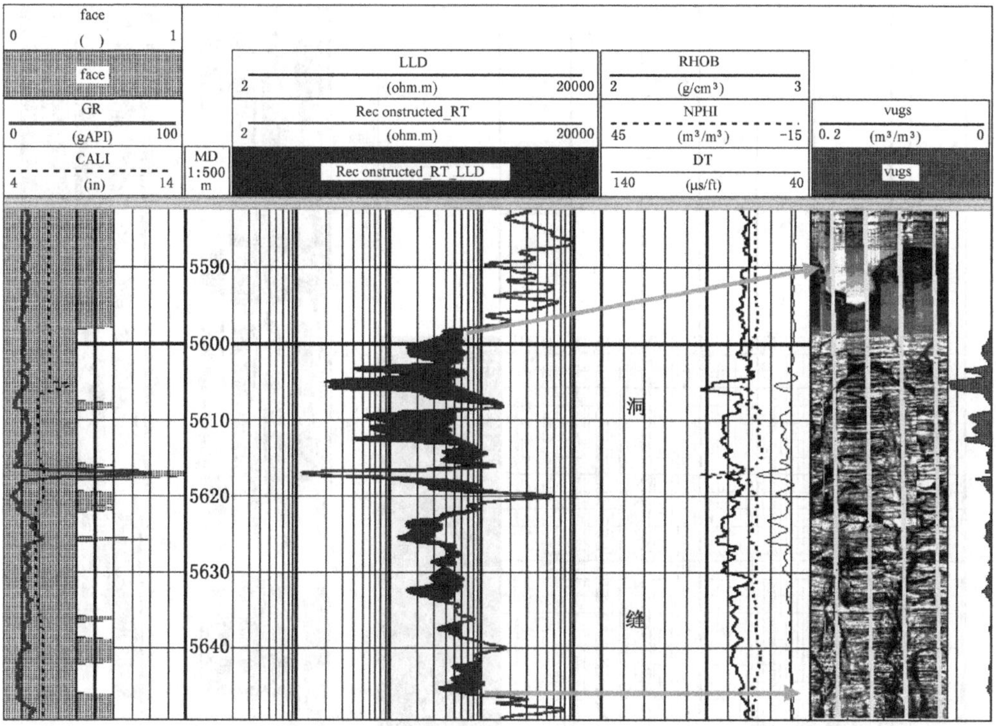

图4-69 Tk216奥陶系上洞下缝组合成像测井解释图

Tk252、Tk1111井均钻遇洞穴层，生产资料揭示T452井与Tk252井之间存在井间干扰，它们是一个连通的洞穴系统，这表明断裂面通道对研究区T452—Tk252的岩溶洞穴系统的形成具有控制作用。

T315-Tk223—T313断裂带同样呈近南北向展布，延伸相对较远，目前该断裂带已有T315、Tk223、T313井钻遇洞穴层，揭示了这可能也是一个通过断裂通道控制的一个连通的洞穴系统。

（2）从图4-72可知，研究区北部奥陶系钻遇洞穴的钻井均位于断裂带的附近，如Tk210、Tk243、Tk234、Tk237、Tk241等，由此可见断裂系统对研究区岩溶洞穴层的发育具有控制作用。

（3）通过断裂裂缝系统控制裂缝-孔洞型储集体的发育，统计结果表明断层附近裂缝-孔洞型储集体多层发育，厚度相对较大（图4-73），而远离断裂，

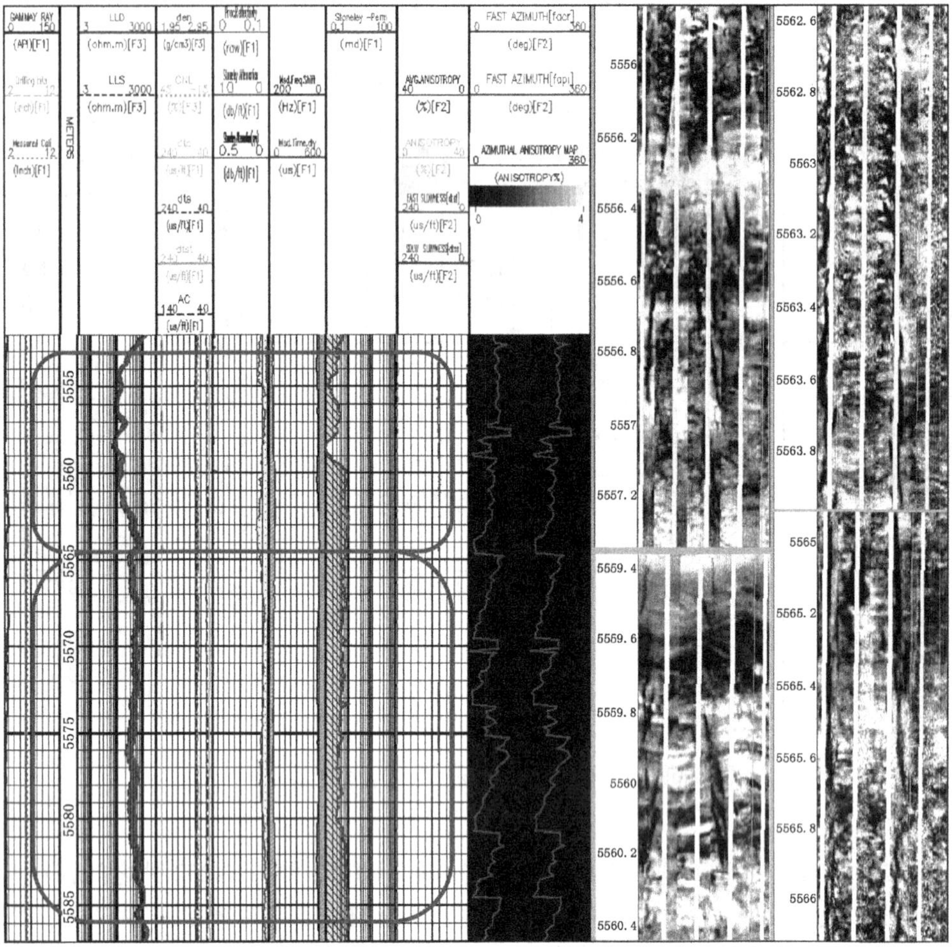

图 4－70　Tk204 奥陶系缝－洞－缝组合成像测井解释图

储集体或不发育，或厚度较小，反映了断裂裂缝系统控制裂缝－孔洞型储集体的发育。

2. 岩性对研究区古岩溶发育的控制作用

通常出露区的地层岩性通过影响岩溶作用发生的原始通道条件和地层的溶蚀潜能来对岩溶作用产生制约作用，研究区恰尔巴克组尖灭线北部和南部，海西早期不整合面下出露的地层存在差异，其北部区域出露的为中下奥陶统纯净碳酸盐

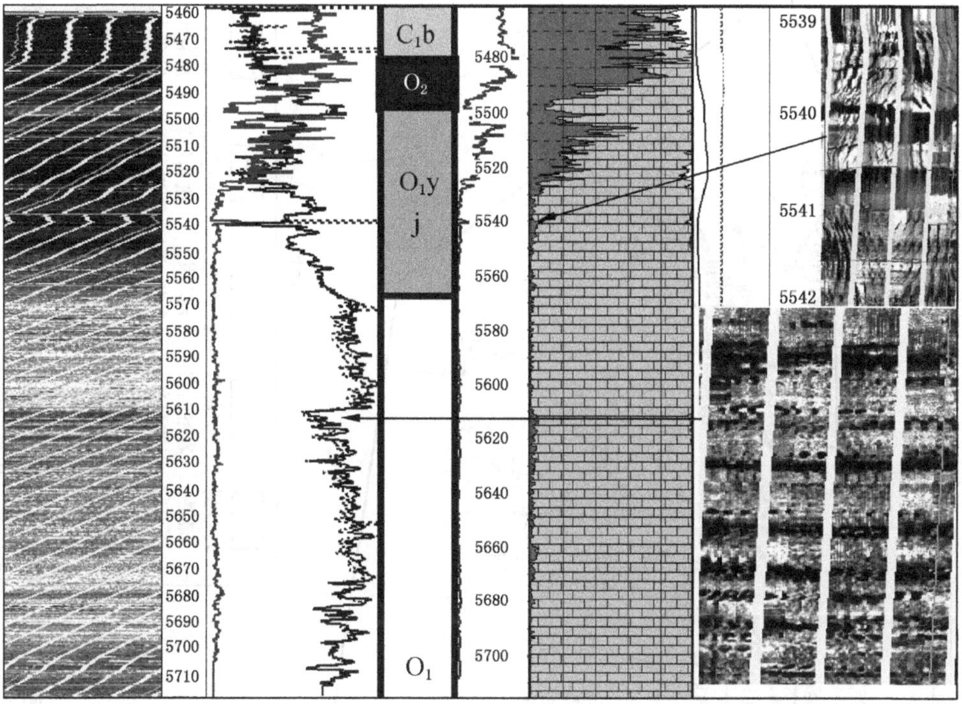

图 4-71 T214 井奥陶系缝—洞—缝成像测井解释图

岩地层，其南部区域直接出露的为上奥陶统含泥碳酸盐岩地层，下部为中下奥陶统纯净碳酸盐岩地层；因此，区内南北存在着因地层岩性差异导致岩溶作用差异的可能性。

由前文所述和岩心及其薄片观察揭示：塔河油田二区海西早期岩溶作用发育具有普遍性，恰尔巴克组尖灭线北部和南部区域均发育有海西早期岩溶现象，中下奥陶统鹰山组和一间房组纯净碳酸盐岩、上奥陶统恰尔巴克组和良里塔格组含泥碳酸盐岩中均具有海西早期岩溶作用；说明上奥陶统的含泥碳酸盐岩并没有或没有完全对海西早期的岩溶作用起到限制作用。

然而研究区恰尔巴克组尖灭线以南的有关 28 口井中，仅有 S79 井、T203 井上奥陶统恰尔巴克组含泥碳酸盐岩地层中有岩溶洞穴发育，T453 井良里塔格组含泥碳酸盐岩中裂缝-孔洞层发育，其他 25 口井上奥陶统含泥碳酸盐岩地层既无大的岩溶洞穴层的显示，也无较发育的裂缝-孔洞层的显示，反映了含泥碳酸

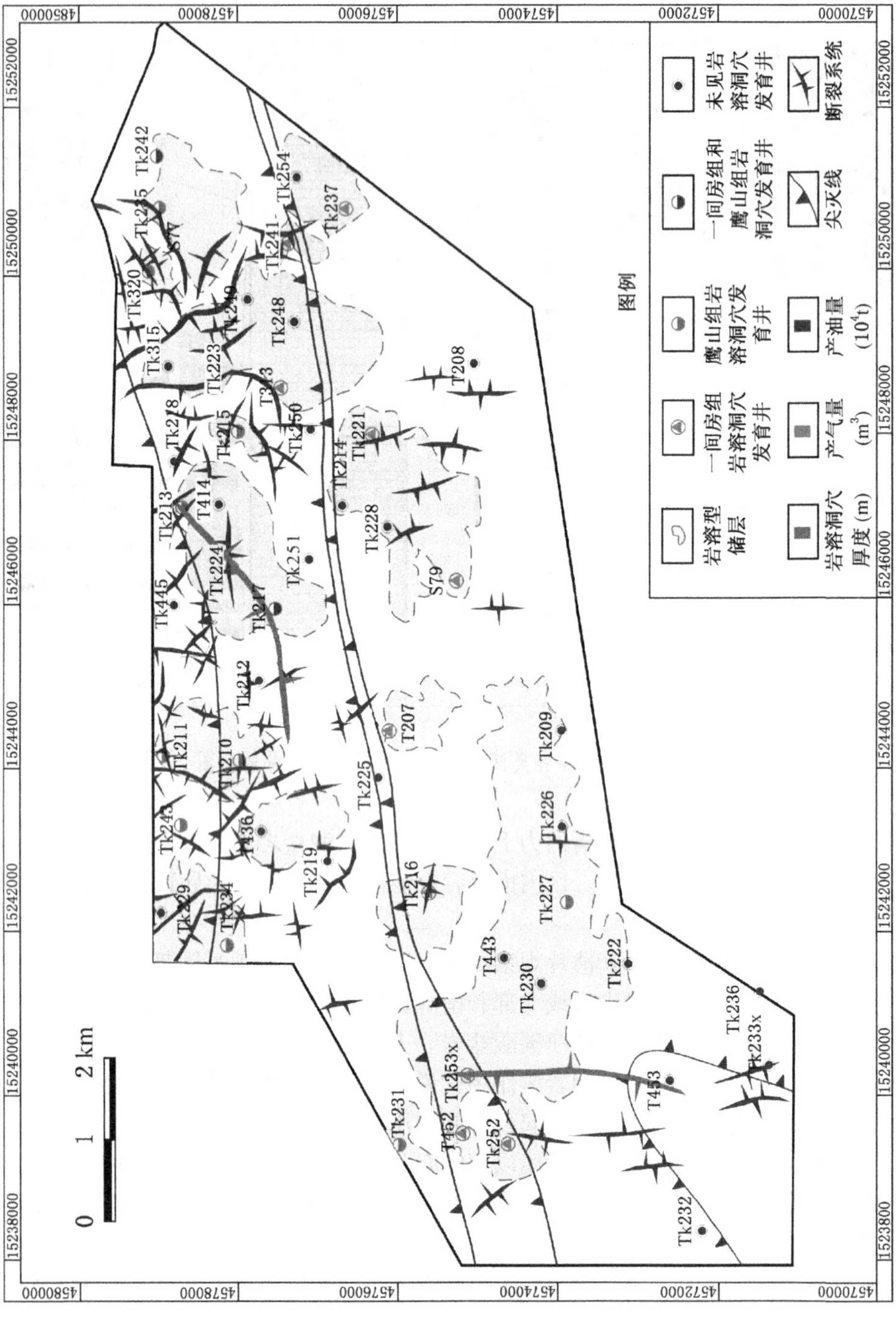

图4－72 研究区奥陶系断裂和岩溶发育区叠合图

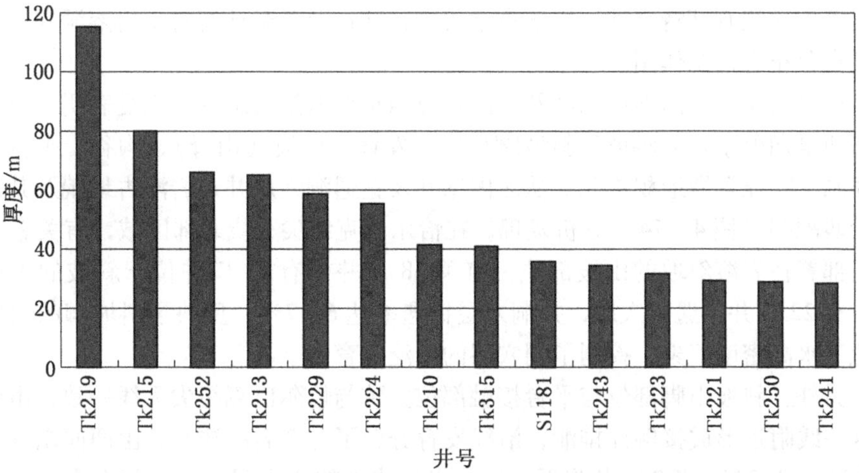

图4-73 断裂附近井裂缝-孔洞型储集体厚度分布（据中石化西北局，2009）

盐岩地层的溶蚀潜能可能低，对该地层的广泛强烈溶蚀及其大型洞穴的广泛发育起到了阻碍作用。

另外，恰尔巴克组尖灭线以南的中—下奥陶统纯净碳酸盐岩地层岩溶作用强度也显著减弱，有关28口井中，仅有Tk221、Tk237、Tk252等口井中下奥陶统纯净碳酸盐岩中有大型洞穴及其缝孔洞层的发育，T443井有缝孔洞层的发育，其他井既无大的岩溶洞穴层的显示，也无较发育的岩溶缝孔洞层的显示。而且，这些发育较强岩溶作用的钻井中，有T443、Tk237、Tk252等3口井位于尖灭线以南附近，裂缝-孔洞型储集体往往伴随大型洞穴层上下发育；这与恰尔巴克组尖灭线以北区域下奥陶统纯净碳酸盐岩中大型洞穴层高频率发育（井洞穴层钻遇率达75.0%）形成鲜明对比，这反映了上奥陶统含泥碳酸盐岩地层裂缝欠发育，岩溶作用发生的原始通道条件差，泄水条件不自由，也对下伏纯净碳酸盐岩地层岩溶作用的广泛发育起到阻碍作用。

3. 古地貌和古水系对研究区岩溶洞穴发育的控制作用

岩溶古地貌是岩溶作用发生的关键控制因素，它通过控制岩溶地下水的补给、流动汇聚和排泄，控制岩溶作用和岩溶洞穴层的发育分布，岩溶高地是岩溶地下水的供水区域，以分散、垂直水流为特点的渗流岩溶带发育为特征，岩溶改造弱，洞穴欠发育；岩溶斜坡带，以水流汇聚、水平或近水平方向运动为特征，水流稳定、水动力强，岩溶改造强烈，是岩溶洞穴层发育的有利相带；岩溶盆地是岩溶地下水的泄水区，是岩溶地下水的沉淀作用发生区域。实际上，每一个地区岩溶古地貌有其特殊性，岩溶古地貌的特殊性及其微地貌对于岩溶洞穴层的具体发育分布有控制作用。

通过前文对塔河油田二区及其附近海西早期岩溶古地貌的恢复表明，研究区在海西早期处于岩溶斜坡和斜坡脚位置，发育了山坡（山脊）、沟谷、平台、岩溶洼凼、残丘等微地貌单元。从区内钻井及钻遇洞穴层井与岩溶古地貌及其微地貌的匹配图（图4－74）分析发现，在恰尔巴克组尖灭线北部区域，有关钻井基本上部署在岩溶斜坡的山坡部位，有关38口井中有33口井位于斜坡的山坡部位，有22口井钻遇洞穴层，井洞穴层钻遇率达66.7%，反映了斜坡脚的山坡部位地下水高密度汇聚，控制了洞穴层的广泛发育。

另外，斜坡山脚部位与平台接触部位大致与恰尔巴克组尖灭线一致，由此可在这一线附近形成接触性排泄，沿线发育分布了3个岩溶洼凼，由西向东分别位于T443、Tk225、Tk221井附近，这些岩溶洼凼的北边洞穴层非常发育，并有洼凼处终止发育的特点，则表明这些洼凼可能是岩溶泄水洼凼，对岩溶作用及其岩溶洞穴层的发育有重要控制作用，恰尔巴克组尖灭线以南岩溶作用强度较弱，岩溶洞穴层欠发育，很大程度上与由北而来的岩溶地下水通过恰尔巴克组尖灭线附近的岩溶洼凼排泄出地表有关；而岩溶洼凼南侧的微地貌的差异，则进一步制约了南侧奥陶系的岩溶行为，如Tk225井附近的岩溶洼凼其东南侧向南有开口，再次开口处岩溶洼凼水通过地表排泄较容易，因此，这些岩溶洼凼东南侧向南区域或西南侧向南区域地下岩溶及其洞穴层欠发育；Tk221井附近、T443井附近的岩溶洼凼南侧还有残丘发育，岩溶洼凼水的地表排泄受到一定限制，部分水体还可通过地下水形式向南排泄，则可能导致上述岩溶洼凼南侧残丘部位仍有洞穴层的发育。

此外，岩溶古地貌还对洞穴的充填状况起着控制作用，从海西早期岩溶古地貌与洞穴充填状况的匹配分析图（图4－75）可见，严重充填洞穴层井在部分区域集中分布，与经过了较陡山坡后的地貌平缓区和地貌低部位相联系，如Tk213、T414、Tk215、Tk223、Tk315、Tk320、Tk235、Tk242、Tk241、Tk254等所在的洞穴层严重充填区域，则是较陡山坡后的地貌平缓区域，Tk216、Tk220、T207、S79井等所在的洞穴层严重充填区域，则是岩溶古地貌的低部位；分析认为，这些部位地形趋缓和趋低，地下洞穴或暗河系统中水动力能量存在着突然降低，地下水流携带的沉积物由此沉积下来阻塞洞穴。

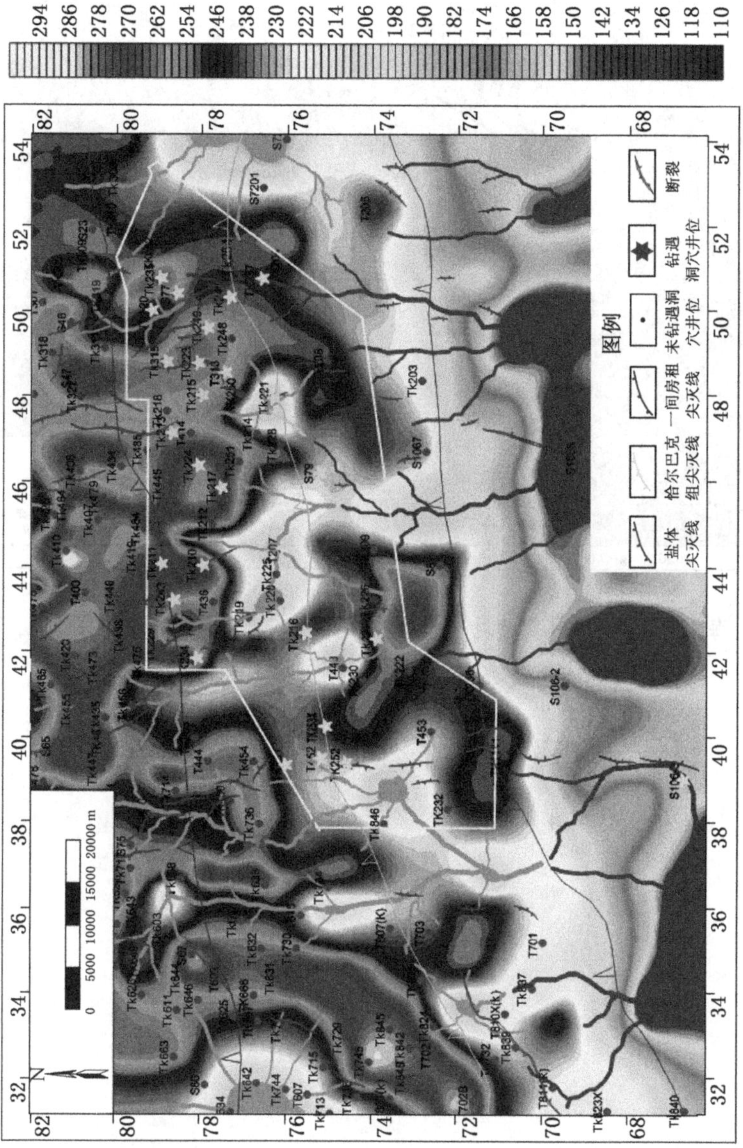

图4-74 钻遇洞穴层井与岩溶古地貌及其微地貌的匹配图（据中石化西北局，2009）

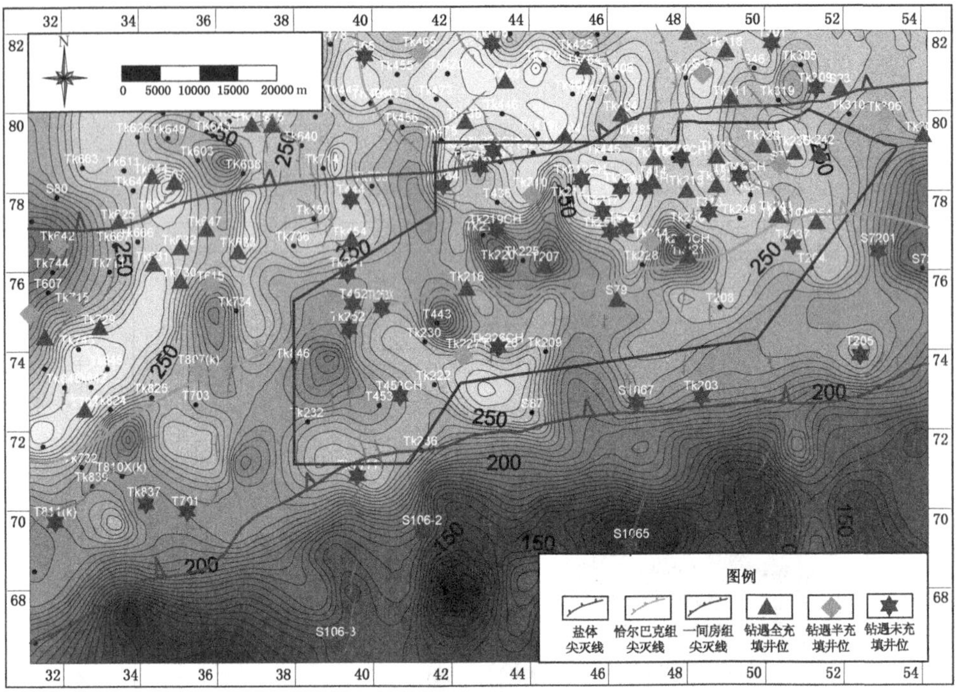

图4-75 海西早期岩溶古地貌与洞穴充填状况的匹配分析图（据中石化西北局，2009）

5　储集体连通性与缝洞单元划分

5.1　储集体连通性研究

储集体连通性是油藏开发过程中表征储集体连通效果的一个参数。其初始定义为油层砂体中可注水体积与油层的最大孔隙体积之比；后来经过不断地发展和完善储集体连通性定义变为任意生产单元中，任意两口钻井之间的水力连通性为其实际的产油量（油井）或实际的注水量（注水井）与理想（最大）的产油量（油井）或最大的注水量（注水井）的比值。储集体连通性的应用也从碎屑岩油藏扩大到碳酸盐岩油藏等。储集体连通性和产能关系密切，因为它同储集体的有效储集空间，有效渗透率有着直接的联系。某种程度上它数字化表征了储集体的间断和钻井之间的连通效果，而储集体的连通程度是影响储集体注水效果的主要因素之一，它直接影响生产层位是否受效，进而影响油井生产，同时也就反映出注水是否达到效果，同时也可以间接反映出剩余油的分布状况。本节利用地层压力、类干扰分析和示踪剂定性研究塔河油田二区奥陶系油藏钻井之间的连通性，为下一节划分研究区缝洞单元提供参考依据。

5.1.1　井间类干扰试井法连通性分析

井间干扰试井法连通性分析是通过激动井改变制度，在另一口油井或数口观察井中通过高精度压力计接受干扰压力反应，进而研究激动井和观察油井之间的地层参数。与脉冲试井相比，井间干扰试井是多井试井中比较简单的一种，现场应用也较多。和砂岩油藏一样，缝洞型碳酸盐岩油藏可以双重介质为基础，进行干扰试井分析。

类干扰试井法连通性分析和干扰试井法连通性分析原理相似。目前，最常用的方法是利用现有的大量油井动态数据资料（包括油压、油嘴变化、产量、含水率、原油密度等），以相邻的两口井为基本的分析单元，利用开发过程中的井间干扰信息，捕捉油井间的连通信号，进行油井间连通性分析。它是根据两口油井间其中一口井出现的生产异常情况（包括井漏、新井投产、油井见水、关停井、缩放油嘴等），追踪另外一口油井是否有干扰信息。该方法要求对井况和井史非常熟悉，从中把握有用的干扰信息，才能对油井间地层的连通性做出准确的判断。其中单井分析是井组分析的基础，要搞清每口井在生产过程中都发生了什么重大事件，然后再去找这些事件对邻近油井是否有干扰信号。

有时这种干扰信号很微弱，不好发现，发现了也难以确定，因而具有多解性。这就要从多方面的材料进行相互佐证，才能去伪存真，得出正确的结论。如果有多条干扰信息，则证明油井间是连通的；如果是干扰信息少则可假设可能连通，等以后生产动态资料进一步丰富后，再进行确定。因此井组分析这项工作，也是油田开发上的一项长期的需要连续开展的常规研究工作。随着反映地下油藏信息的动态资料的增多，肯定会出现更多的干扰信息，因此开发单元划分工作也将越来越准确，越来越细致深入。

如前文所述，类干扰分析是一个烦琐而细致的工作，涉及油气井生产过程中纷繁复杂的信息。一般情况下，如果两油井连通，其中的一口油井生产过程中出现井漏事件，另外一口油井会有一个产量下降的趋势；如果其中的一口油井生产过程中出现酸化，另外一口油井会有一个产量波动；如果其中的一口油井投产，另外一口油井会有一个产量下降的趋势；如果其中的一口油井油嘴变大，另外一口油井会有一个产量下降的趋势，反之则会有一个产量上升的趋势；如果其中的一口油井关（停）井，另外一口油井则会有一个产量上升的趋势。

在熟悉研究区井况和井史的基础上，从研究区完钻79口井中优选出39对油井进行类干扰分析。下面选择典型的几对油井在生产工作制度变更的条件下进行类干扰连通性分析研究。

1. Tk219－Tk210类干扰连通性分析

1）激动井Tk219井酸压对观察井Tk210井的影响

在对Tk219－Tk210井组类干扰连通性分析时，我们以Tk219井作为激动井，该井在2003年9月7日和11月22日分别对奥陶系下统鹰山组5610～5660 m井段和5554～5587 m井段进行了酸压改造。从Tk210井2003年9月7日—10月7日和11月15日—12月15日的生产曲线上可以看出（图5－1、图5－2），在2003年9月7日和11月22日以后有一个明显的波动，说明激动井Tk219井的酸压事件对观察井Tk210井的产油量和产液量有影响。

2）激动井Tk219井更换油嘴对观察井Tk210井的影响

激动井Tk219井在2004年6月27日油嘴由5 mm更换为4 mm，从观察井Tk210井2004年6月20日—7月30日的生产曲线可以看出，在2004年6月27日之后两天内Tk210井产量有一个明显的提升。在2004年7月20日这一天激动井Tk219井油嘴由4 mm更换为5 mm，观察井Tk210井产量有一个明显的下降

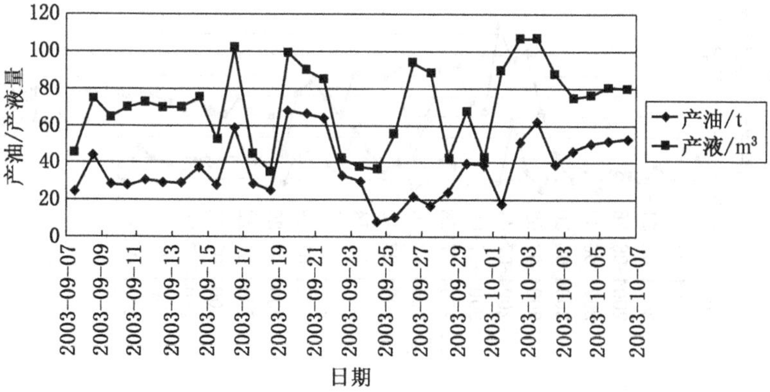

图 5-1 Tk210 井 2003 年 9 月 7 日—10 月 7 日生产曲线图

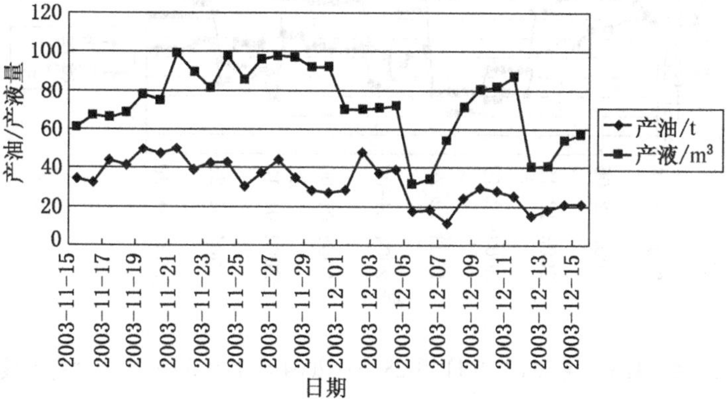

图 5-2 Tk210 井 2003 年 11 月 15 日—12 月 15 日生产曲线图

(图 5-3)，说明激动井更换油嘴事件对观察井 Tk210 的生产有影响。综合上述井组间酸压和更换油嘴响应特征认为井组 Tk219-Tk210 间是连通的。

2. Tk223-Tk315 类干扰连通性分析

1）激动井 Tk223 投产对观察井 Tk315 井的影响

在对 Tk223-Tk315 井组类干扰连通性分析时，以 Tk223 井作为激动井，以 Tk315 井作为观察井。激动井 Tk223 井在 2003 年 11 月 28 日酸压后投产，从观察井 Tk315 井 2003 年 11 月 28 日—2004 年 1 月 30 日生产动态曲线上可以看到(图 5-4)，该井在 11 月 28 日后两天产油量和产液量有一个明显的下降趋势。激动井 Tk223 井在 2003 年 12 月 22 日油嘴由投产时的 6 mm 更换为 4 mm，从观

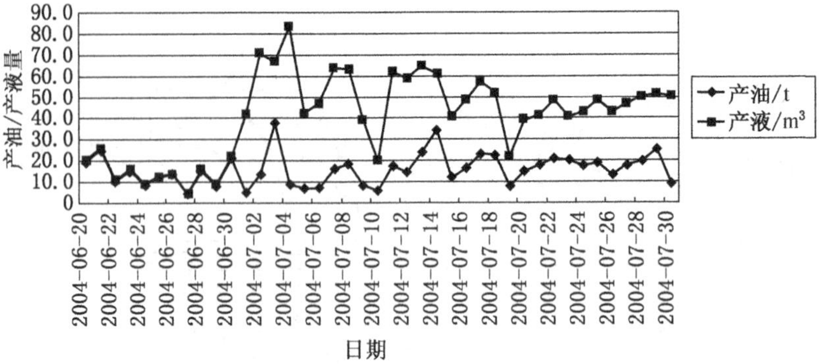

图5-3　Tk210井2004年6月20日—7月30日生产曲线图

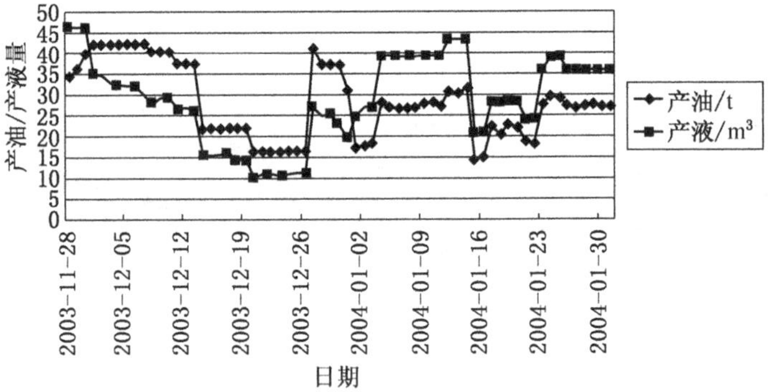

图5-4　Tk315井2003年11月28日—2004年1月30日生产动态曲线图

察井Tk315井2003年11月28日—2004年1月30日生产动态曲线上可以发现，该井在2003年12月22日产油量和产液量有一个明显的上升，说明激动井Tk223井的更换油嘴事件对Tk315井的生产是有影响的。

2）激动井Tk223关（停）井对观察井Tk315的影响

激动井Tk223井在2004年1月16日和2004年3月1日关（停）井，从观察井Tk315井2004年1月10日—3月30日的生产动态曲线可以看出在2004年1月16日和3月1日前后产油量和产液量都有明显增加（图5-5），说明激动井Tk223井的关（停）井事件对观察井Tk315具有影响。综合上述观察井Tk315对激动井Tk223投产和关（停）井事件响应特征分析，认为该井组间连通。

综合研究区奥陶系油藏井间类干扰试井连通性分析结果可得研究区井间连通性分析结果见表5-1。

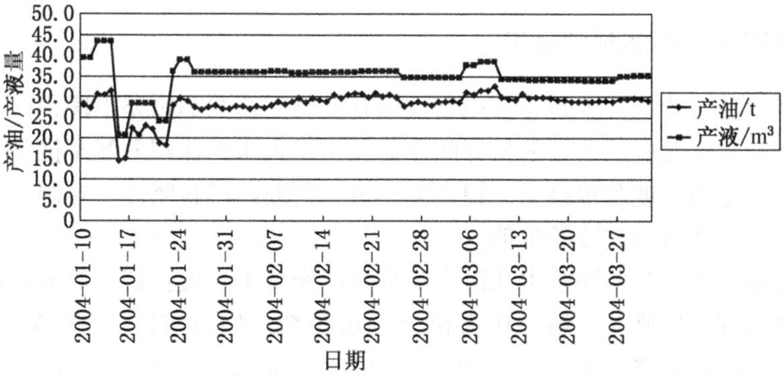

图5-5 Tk315井2004年1月10日—2004年3月30日生产动态曲线图

表5-1 研究区类干扰分析连通情况统计表

井组名称	连通情况	井组名称	连通情况
T452 ~ T453	不连通	Tk212 ~ Tk445	可能连通
Tk210 ~ T207	不连通	Tk216 ~ T452	可能连通
Tk210 ~ Tk211	不连通	Tk217 ~ T207	可能连通
Tk213 ~ Tk445	不连通	Tk218 ~ Tk213	可能连通
Tk214 ~ T313	不连通	Tk222 ~ T453	可能连通
Tk218 ~ Tk315	不连通	Tk228 ~ Tk221	可能连通
Tk219 ~ Tk216	不连通	Tk228 ~ T207	可能连通
Tk219 ~ Tk225	不连通	Tk219 ~ Tk234	可能连通
Tk221 ~ T313	不连通	Tk215 ~ Tk218	可能连通
Tk223 ~ T313	不连通	Tk216 ~ T443	可能连通
Tk224 ~ Tk217	不连通	Tk320 ~ Tk315	不连通
Tk224 ~ Tk214	不连通	Tk216 ~ T207	可能连通
Tk224 ~ Tk215	不连通	Tk210 ~ Tk212	可能连通
Tk225 ~ T207	不连通	Tk228 ~ Tk214	连通
Tk227 ~ T443	不连通	Tk217 ~ Tk212	连通
Tk227 ~ Tk222	不连通	Tk219 ~ Tk210	连通
Tk227 ~ Tk216	不连通	Tk223 ~ Tk315	连通
Tk228 ~ Tk217	不连通	Tk224 ~ Tk213	连通
Tk315 ~ S77	不连通		

5.1.2 示踪剂测试连通性分析

井间示踪剂监测技术是一种用于油田开发动态监测的重要手段，该项技术不但能确定油水井对应关系、分析井间连通性、注入水的体积分配及推进速度，还能确定水淹层的厚度和渗透率，识别大孔道、判断断层封闭性，对制定开发方案及实施调整措施具有重要的价值。

油田示踪剂及其监测技术从诞生到现今已经历了5代：第一代为染料类示踪剂，如胭脂红、柠檬兰；第二代为化学类示踪剂，如硝酸铵（NH_4NO_3）、硫氰酸铵（NH_4SCN）；第三代为非稳定放射性同位素示踪剂，如^{57}Co，但其检测必须用中子源照射将其激活，一般条件下难以做到；第四代为稳定放射同位素示踪剂如氚水（HTO）、^{14}C、氚化醇类、氚化烃类。第五代为微量物质类示踪剂，如BY-1（$C_{28}H_{20}N_3O_5$）高分子显光类、螯合微量物质（Mg、Ti、Al等）。从发展趋势看，常规化学示踪剂的应用困难增大，放射性示踪剂除了半衰期长（平均10.2 a），还对生产环境有影响，且其采购、运输、储存均受国家管理条例和环境允许量的严格限制，要由专门部门投放和监测，十分不方便，而第五代微量物质失踪剂中的隐现光示踪剂技术因其特有的优势而得到发展和应用。

第五代微量物质示踪剂具以下的优点：

（1）具有离子浓度与可视光识别分析的双重特性。

（2）是一种惰性隐现光物质，不受矿化度与其他化学物质的干扰。

（3）检测极限极低，能达到常规化学示踪剂检测极限的千分之一，可更准确地反映储集体特征。

（4）用量少（井组用量不超过10 kg），检测方法直接准确，施工简便、安全环保。

井间示踪剂监测技术的基本原理是参照监测井组的有关动静态资料，设计监测方案，选择合适的示踪剂，在监测井组的注水井中投加示踪剂，按照制定的取样制度，在周围生产油井中取样，在特定实验室进行分析样品，获取样品中的示踪剂含量，同时绘制出生产井的示踪剂采出曲线，通过综合分析监测井组的示踪剂采出曲线和动静态等相关资料，最终得到注入流体的运动方向、推进速度、波及情况等信息，根据这些信息分析井间的连通性，为下一期注水开发服务。

示踪剂在注入注水井后，首先随着注入水沿高渗透地层或大孔道突入产油井，然后沿低渗透地层或小孔道渗透到产油井。由于示踪剂从注水井到生产井的方式和经历的时间不同，示踪剂的产出曲线常会出现峰值，同时由于储集体参数的展布和注采动态的不同，曲线的形状也会有所不同。

典型的示踪剂产出曲线如图5-6、图5-7所示。

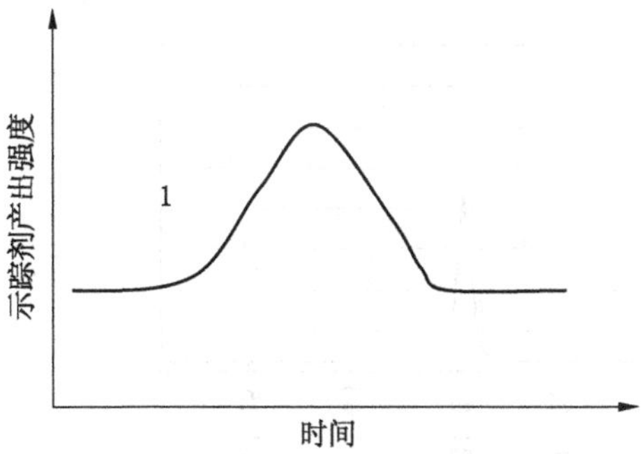

图5-6 单油层示踪剂产出曲线图

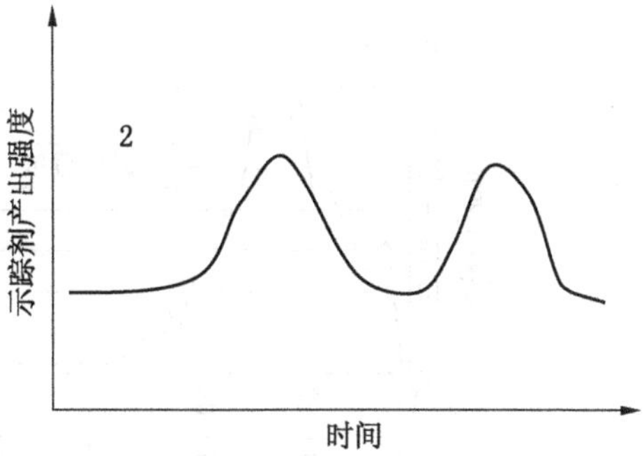

图5-7 多油层示踪剂产出曲线图

通过对研究区Tk221、Tk222、Tk223和Tk315井组示踪剂跟踪检测信息的统计，得出研究区示踪剂检测结果见表5-2。

表5-2 研究区示踪剂检测结果统计表

示踪剂投放井	示踪剂类型	观测井	检测到时间
Tk221	BY-3	Tk214	第28天，第69天
		Tk250ch	第30天
		Tk251ch	第33天
		Tk258	第61天
Tk222	BY-2	Tk230	第16天
		Tk252	第16天
		Tk253x	第16天
Tk223	BY-1	Tk213	第62天
		Tk215	第1天
		Tk241ch	第56天
		Tk248	第59天
		Tk313	第1天，第56天
		Tk315	第1天
Tk252	BY-1	Tk452	第33天

从研究区目前示踪剂检测结果看，只有Tk214井的示踪剂强度表现为如图5-8所示的双峰值，其余各油井仅表现为如图5-9所示的单峰值。根据前文

所述示踪剂强度曲线特征分析，Tk221－214井组存在两油层或多油层连通，其余各井组为单油层连通。

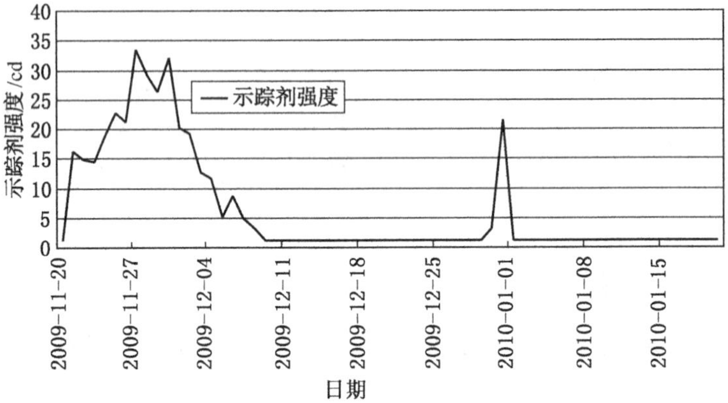

图5－8　Tk214井示踪剂检测强度曲线图

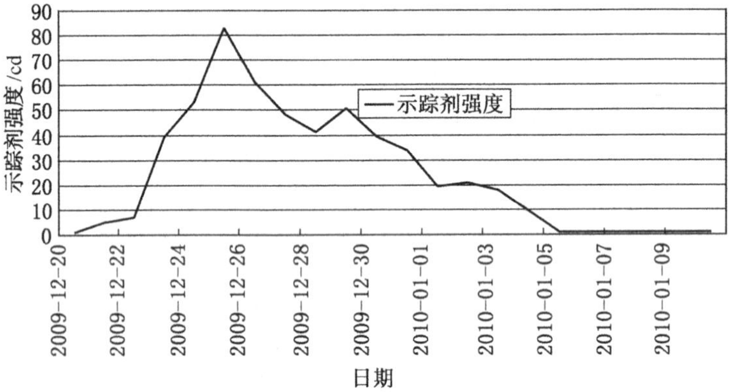

图5－9　Tk258井示踪剂检测强度曲线图

综上研究区奥陶系油藏类干扰试井连通性分析和示踪测试连通性分析结果，参考塔河采油一厂压力连通测试结果（Tk235－T2k42，Tk222－Tk230连通）得出研究区井间连通性平面分布如图5－10所示，从连通性平面分布图可知上奥陶统尖灭线附近及以北剥蚀区缝洞单元内部连通性较好，油井产量相对较高；研究区南部缝洞单元内部连通性较差，研究区西南部由于受南北向深大断裂的控制，Tk222－Tk230、Tk222－Tk252、Tk222－Tk253x、Tk252－Tk452各井组间连通型较好。

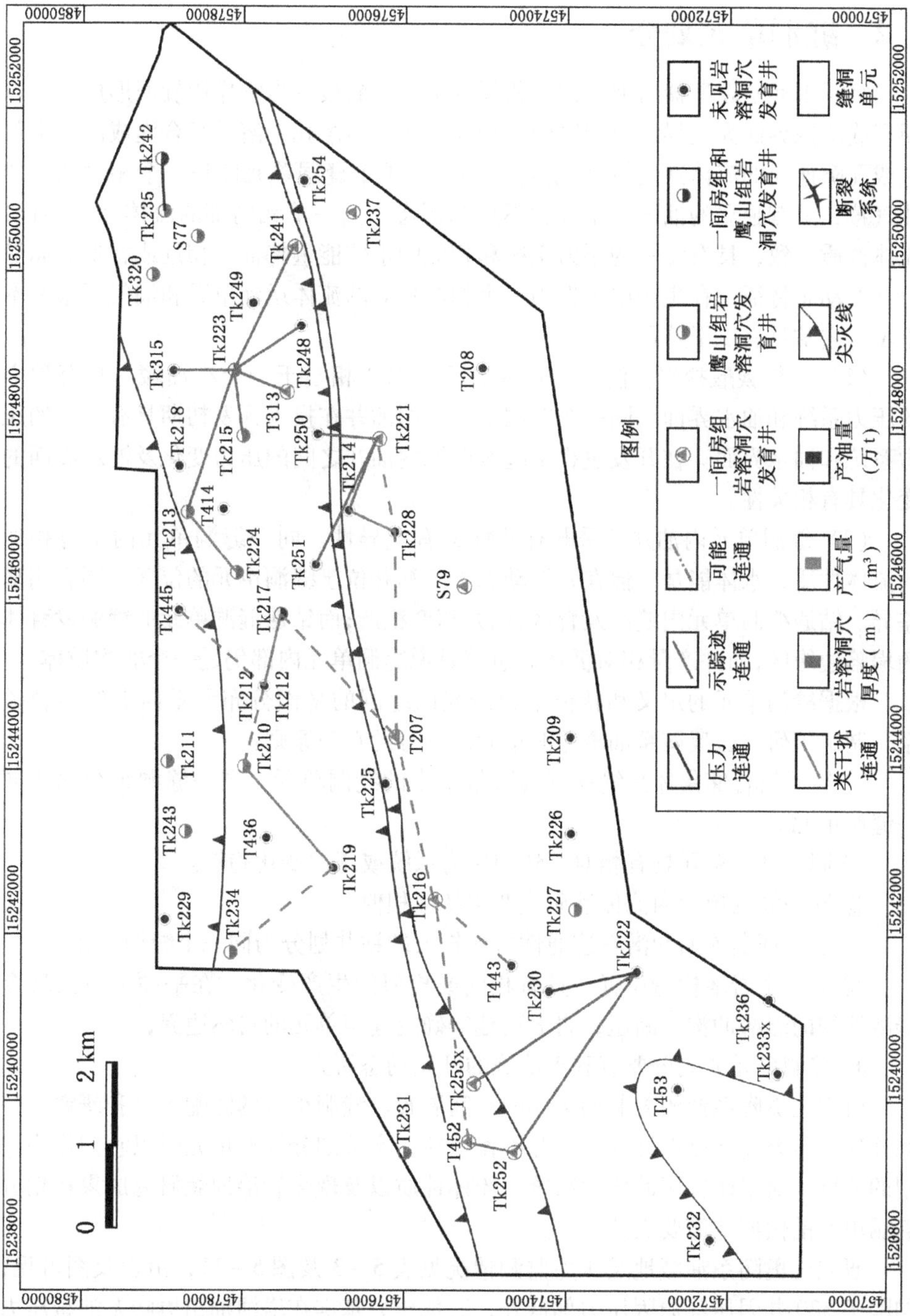

图 5-10 研究区奥陶系油藏井间连通平面分布图

5.2 缝洞单元划分

缝洞单元是碳酸盐岩油藏内由相同的构造、断裂-岩溶作用旋回形成的，以断裂或溶蚀界面为边界，由裂缝网络相互串通，由溶孔、溶洞组合而成的多个孤立或孔隙连通的流体连通体（或流体单元）。单个缝洞单元即是一个相对独立的油气藏，具有独立的油气水系统和不规则形态。同一单元内部的流体互相连通，流体性质一致，具有统一的压力系统和相似的水体能量特征、相近或相似的储渗及开发动态特征，在生产中可作为一个相对独立的流体运动单元和油气开采基本单位。它常具有以下特征：

（1）一般碳酸盐岩缝洞单元自成封闭体系，相当于一个小油藏。具有独立的压力系统和油水界面。同一个缝洞单元内的油井在投入开发初期具有统一的压力系统和油水界面。在开发过程中缝洞单元内油井之间的压力变化及油水界面的变化具有相关性。

（2）缝洞单元内油井开采既有共性又有差异性。同一缝洞单元内虽有相似的流体性质、水体能量，但在开发动态上随油井位于缝洞单元的位置不同有明显差异。钻遇缝洞单元内缝洞发育区，油井高产稳产；而钻遇缝洞单元的缝洞发育体的塌陷边缘区，油井产量相对低产。也就是说缝洞单元内部仍是一个非均质体。

根据缝洞单元的定义和特征结合研究区缝洞的平面分布和垂向上的组合关系，制定了研究区奥陶系油藏缝洞单元的划分的6条原则：

① 缝洞组合储集体是缝洞型油藏最基本的缝洞单元，同一缝洞组合属于同一缝洞单元。

② 同一缝洞单元具有相对一致的压力系统或压力变化趋势。

③ 同一缝洞单元内流体性质或变化特征相似。

④ 已经证实连通和潜在连通性可能较大的钻井划分为同一个缝洞单元。

⑤ 同一个岩溶构造位置，具有相同或相似的生产变化，在平面上可按现今岩溶地貌的岩溶冲沟，断崖，岩溶洼地等确定缝洞单元的自然边界；

⑥ 缝洞单元的划分要有利于油藏的开发动态研究。

研究区奥陶系油藏缝洞储集体的空间展布、缝洞组合的匹配关系和研究区井间连通性研究前文已有详述，在此不作赘述，本节划分缝洞单元时以它们作为作用的依据。对于研究区的压力系统、流体性质以及现今岩溶地貌研究成果在划分缝洞单元前做如下简要表述。

研究区奥陶系油藏地层压力监测情况见表5-3及图5-11，由表及图可见，扣除Tk320井因压降原因压力偏低外，其他压力基本在塔河油田奥陶系油藏压力区域内，与塔河油田奥陶系的重质油区和S86井区的重质油－轻质油区的压力基本可以回归到同一条深度－压力直线上，表明塔河油田二区奥陶系油藏与四、六、七区和S91等重质油区和3区、S86等井区的轻质油区为同一压力系统，而对于研究区内的各油井在同一深度井间压力差相差甚微，不同深度的地层静压随深度的增加，压力增大，在划分缝洞单元时以同一油层压力作为参考依据。

表5－3 塔河油田二区奥陶系油藏地层压力监测表

井号	日期	产层段	测深/m	实测值/MPa	梯度/MPa	油层中部压力/MPa	油层中部深度/m	温度/(℃·m^{-1})	备注
S77	2000－09－14	5437～5605	5300	57.63	0.53	59.22	5600		DST
T313	2001－02－06	5464.5～5589.7	5200	56.85	0.75	59.85	5600		压恢
T453	2002－05－09	5569～5594	5568.5	61.95	0.73	62.18	5600		DST
T453	2002－07－12	5640～5710	5200	57.35	0.73	60.35	5600	115.2	点测
Tk320	2002－07－11	5452.5～5535	5300	54.76	1.08	58.00	5600	120.4	点测
T452	2002－08－28	5570～5602.85	5400	57.37	1.1	59.57	5600	119.34	点测
T452	2003－01－07	5570～5602.85	5559	59.475	0.82	59.812	5600		压恢
Tk213	2003－05－20	5438～5525	5400	57.26	0.76	58.78	5600	124	点测

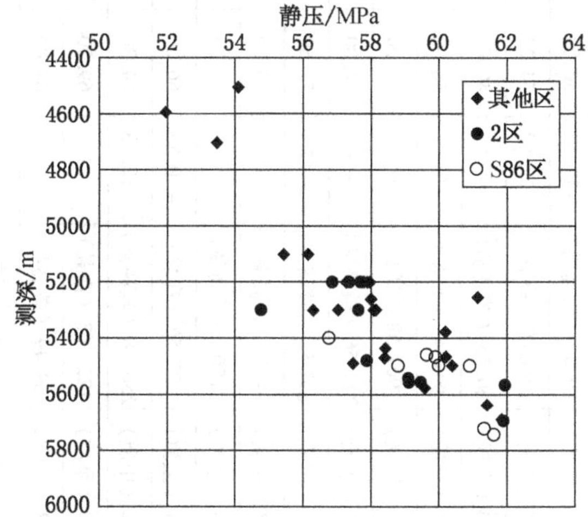

图5－11 研究区及临区奥陶系油藏地层压力图（据中石化西北局，2003）

研究区奥陶系油藏的流体主要包括油、气和水，它们各自特征表述如下：

研究区奥陶系油藏原油分析物性见表5－4。原油密度平均为0.9326 g/cm^3，原油运动黏度平均为479.7 mm^2·s，总体属于高黏、高硫、高蜡的中质原油。原油密度横向差异大，平面上呈现自然分区的特点，研究区中部T443－T414－S79

表5-4 塔河油田二区奥陶系油藏原油分析物性表

井名	样品数	地面密度/($g\cdot cm^{-3}$)	运动黏度/($mm^2\cdot s$)	凝固点/℃	燃点/℃	含盐量/($mg\cdot L^{-1}$)	含硫量/%	含蜡量/%	初馏点/℃	终馏点/℃	总馏量/%
S77	14	0.8661（轻质）	26.40（低黏）	-11.21	29.14	130.91	1.42（含硫）	6.02（高蜡）	66.00	303.77	45.63
Tk315	7	0.8965（常规）	54.20（较高黏）	-4.14	43.57	6319.99	2.35（高硫）	3.77（高蜡）	72.50	303.70	32.79
Tk320	6	0.9115（中质）	89.50（较高黏）	-13.67	50.00	222.25	2.34（高硫）	5.19（高蜡）	77.24	303.71	34.75
T313	9	0.9368（重质）	393.48（高黏）	-12.67	54.22	491.58	2.41（高硫）	4.66（高蜡）	74.39	303.81	29.27
Tk218	1	0.9014（常规）	60.55（较高黏）	-24	40.00	34.77	1.75（含硫）	8.62（高蜡）	77.27	303.74	32.00
S79	4	0.9518（重质）	937.47（高黏）	-7.75	56.00	3153.28	2.72（高硫）	3.28（高蜡）	78.43	304.00	27.55
T207	8	0.9631（重质）	1967.58（高黏）	-0.38	58.00	1484.60	2.54（高硫）	4.74（高蜡）	77.83	303.38	31.20
T208	2	0.9452（重质）	244.56（较高黏）	-18	34.00	962.09	2.29（高硫）	7.52（高蜡）	79.55	303.35	31.20
T414	2	0.9267（中质）	100.82（较高黏）	-12	72.50	2559.81	1.56（含硫）	6.86（高蜡）	83.25	303.70	37.00
T436	2	0.9223（中质）	478.78（高黏）	-1.5	53.00	2930.72	1.95（含硫）	6.72（高蜡）	77.35	283.70	34.00
T443	7	0.9683（重质）	1220.19（高黏）	-1	66.29	2248.78	2.64（高硫）	3.73（高蜡）	88.44	303.44	29.00
Tk445	8	0.9454（重质）	427.56（高黏）	-10.88	66.00	243.24	1.78（含硫）	5.86（高蜡）	74.71	303.89	36.25
T452	11	0.9332（中质）	256.18（较高黏）	-12.73	54.36	81.33	2.19（高硫）	5.25（高蜡）	71.00	303.51	34.12
Tk210	4	0.9730（重质）	1227.63（高黏）	-1	69.50	73539.08	2.65（高硫）	5.17（高蜡）	81.23	304.03	22.75
Tk213	1	0.9488（重质）	269.49（较高黏）	-23	64.00	2069.73	2.26（高硫）	4.03（高蜡）	97.11	303.29	24.00
Tk214	2	0.9535（重质）	343.04（高黏）	-13.5	61.00	7635.66	2.37（高硫）	4.62（高蜡）	85.90	303.86	24.50
Tk216	1	0.9616（重质）	653.84（高黏）	-6	90.00	76.23	2.52（高硫）	5.15（高蜡）	110.94	304.42	22.40
Tk217	1	0.9530（重质）	349.93（高黏）	-12	78.00	9660.72	2.39（高硫）	5.80（高蜡）	77.08	303.42	24.00
T453	14	0.8619（轻质）	13.06（低黏）	-7.21	30.79	494.72	0.91（含硫）	5.72（高蜡）	62.30	303.71	45.54
平均		0.9326（中质）	479.7（高黏）	-10.14	56.34	6017.87	2.16（高硫）	5.40（高蜡）	79.61	302.65	31.47

井组成的区域内，原油性质表现出与四、七区相近的特征，为重质油区，而东部S77－T313－Tk218井地区和西南部T453井区则为轻质油区，与三区油层中部的轻质油相当，而其中间区域如T452、T313等井，则属于轻质油与重质油的过渡区。

从研究区奥陶系原油密度与深度的关系（图5－12）可知，中部也接近重质油特征、东西部接近轻质油和常规原油特征。中部原油（如Tk217、Tk213、Tk210）靠近重质油区的密度－深度线，都位于重质油区密度－深度线的左侧，即该区原油普遍比重质油区同深度的油轻。而东西部轻质油区（T453、S77、Tk315、Tk218、Tk320）有的符合轻质油区的密度－深度关系，但大部分样都位于轻质油区深度温度线的右侧，即该区东西部原油普遍比轻质油区同深度的原油密度大。

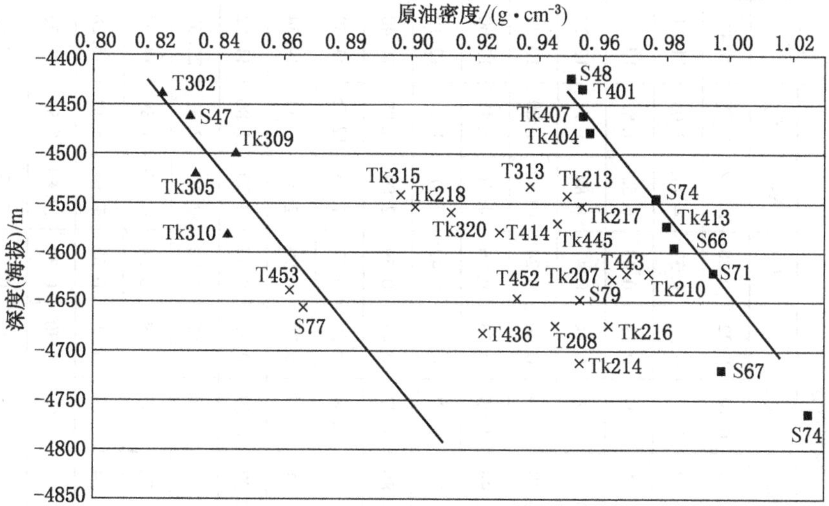

图5－12 研究区奥陶系、重质油区、轻质油区原油密度－深度关系图
（据中石化西北局，2003）

研究区奥陶系油藏原油天然气地面物性见表5－5，根据天然气类型判别表可知该井区天然气属于油内溶解气，天然气相对密度为0.7325，甲烷含量为75.58%，重烃含量为13.66%，干燥系数为7.48。

研究区油田水的物性见表5－6，从表中数据分析发现研究区油田水的pH值平均5.47，呈弱酸性，且全区范围内变化不大。

在综合研究区奥陶系油藏缝洞分布，地层压力系统，流体性质、储集体连通性的基础上，应用研究区奥陶系T_7^4顶面岩溶地貌的岩溶冲沟，断崖，岩溶洼地等确定自然边界条件（图5－13），同时参考油藏动态生产资料，把相邻产量均

表5－5　塔河油田二区奥陶系油藏天然气分析表

井名	样品数	相对密度	体积百分数									C_2 +	C_3 +	C_1+C_2	$C_1/(C_2+C_3)$	iC_4/nC_4
			C_1	C_2	C_3	IC_4	NC_4	iC_5	nC_5	N_2	CO_2					
S77	25	0.6823	78.04	4.67	2.16	0.39	0.70	0.22	0.28	12.82	0.75	8.42	3.75	9.27	11.42	0.55
Tk315	8	0.6983	81.17	6.09	3.11	0.60	1.11	0.33	0.37	4.17	3.05	11.61	5.52	6.99	8.82	0.54
Tk320	6	0.6827	81.47	5.65	2.76	0.51	0.95	0.29	0.33	6.52	1.82	10.48	4.84	7.77	9.69	0.54
T313	11	0.7001	79.40	6.27	3.49	0.62	1.16	0.34	0.41	6.82	1.71	12.29	6.02	6.46	8.13	0.54
Tk218	2	0.6886	77.77	6.12	2.56	0.38	0.79	0.20	0.24	10.94	1.00	10.29	4.17	7.56	8.96	0.48
T453	13	0.7424	76.25	8.64	4.84	0.99	1.95	0.53	0.66	4.51	1.41	17.60	8.97	4.33	5.66	0.51
S79	4	0.7533	67.95	5.79	3.63	0.73	1.27	0.35	0.42	18.03	1.84	12.19	6.40	5.58	7.21	0.57
T207	5	0.7665	74.83	7.74	5.02	0.86	1.72	0.48	0.59	2.89	5.88	16.40	8.67	4.56	5.87	0.50
T208	1	0.7800	74.21	5.81	3.29	0.55	1.09	0.29	0.37	1.66	12.75	11.39	5.58	6.52	8.16	0.51
T443	5	0.7703	75.39	8.20	5.87	1.11	2.37	0.79	0.99	2.88	2.39	19.34	11.14	3.90	5.36	0.47
Tk445	7	0.6744	83.31	6.79	3.12	0.37	0.69	0.28	0.37	3.30	1.86	11.62	4.82	7.17	8.40	0.53
T452	6	0.7912	72.90	8.90	6.65	1.37	2.64	0.82	1.00	3.40	2.31	21.38	12.48	3.41	4.69	0.52
Tk210	8	0.7677	67.01	7.04	4.51	0.78	1.55	0.49	0.54	16.69	1.39	14.92	7.88	4.49	5.80	0.50
Tk213	4	0.7543	74.39	6.68	4.76	0.84	1.73	0.58	0.69	7.14	3.19	15.28	8.59	4.87	6.50	0.48
Tk214	11	0.7351	69.65	5.86	3.47	0.71	1.01	0.30	0.37	17.80	0.83	11.72	5.86	5.94	7.46	0.70
平均	8	0.7325	75.58	6.68	3.95	0.72	1.38	0.42	0.51	7.97	2.81	13.66	6.98	5.92	7.48	0.53

表5-6 塔河油田各区块奥陶系油藏地层水分析统计表

井区	样品个数	密度/(g·cm^{-3})	pH	总矿化度/(mg·L^{-1})	离子含量 ρ(B^{z+-})/(mg·L^{-1})								
					Cl^- (10^3)	SO_4^{2-}	HCO_3^-	Br^-	I^-	Na^+ + K^+	NH^+	Ca^{2+}	Mg^{2+}
Tk315	1	1.145	5.00	224492	137720.4	325	196.8			72809		11925	1614.3
Tk320	2	1.142	5.50	213698	131180.3	125	349.5	550	15	66760	80	13637	775.0
T313	1	1.146	5.50	190909	116884.8	150	173.5	280	9	61150		11513	835.9
T453	2	1.148	5.50	205995	126043.9	225	58.1	405	6.5	67474		10675	1137.0
S79	1	1.138	5.50	191259	118420.7	250	326.7	80	4	50202	200	19987	1892.4
T208	5	1.149	5.80	214014	130846.2	330	495.6	132	2.6	67469		14262	724.4
Tk210	1	1.150	5.50	220834	134737.5	360	415.	240	8.0	72771		11722	786.9
平均	12	1.145	5.47	208743	127976.3	252	287.9	281	7.5	65519	140	13389	1109.4

高产的油井作为划分同一缝洞单元的参考条件,以利于研究区奥陶系油藏后续开发动态研究为目的,对研究区奥陶系进行了缝洞单元划分,划分结果如图5-14所示。从缝洞单元划分图上可以看出研究区共划分15个缝洞单元,上奥陶统尖灭线附近及以北剥蚀区缝洞单元内部缝洞匹配较好、连通性较好的区域油井产量相对较高;研究区南部缝洞单元内部缝洞匹配较差、连通性较差的区域油井产量也较低。

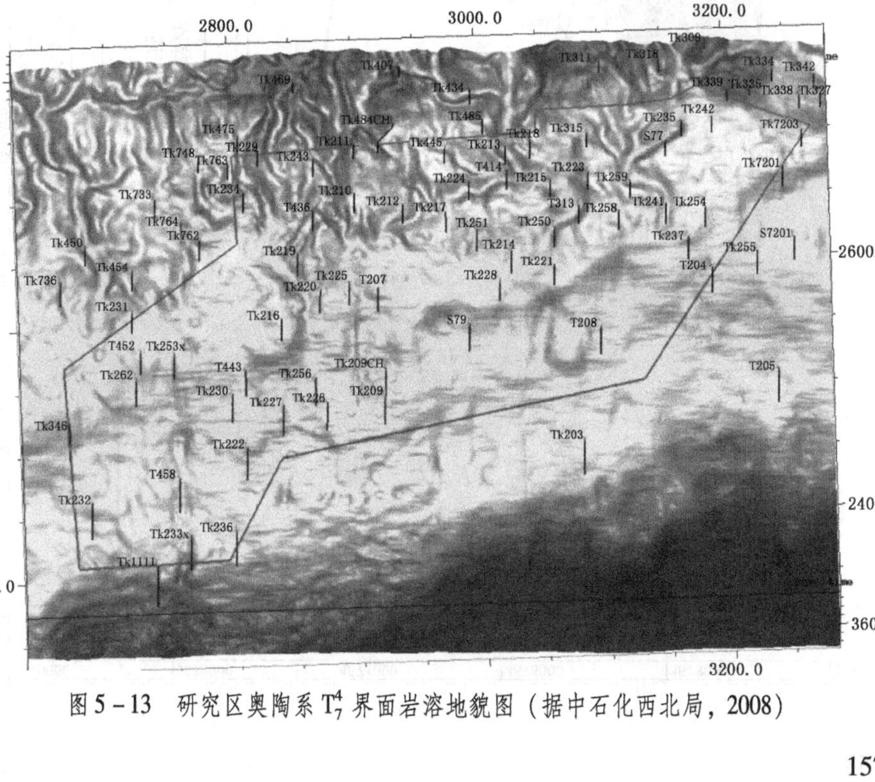

图5-13 研究区奥陶系T_7^4界面岩溶地貌图(据中石化西北局,2008)

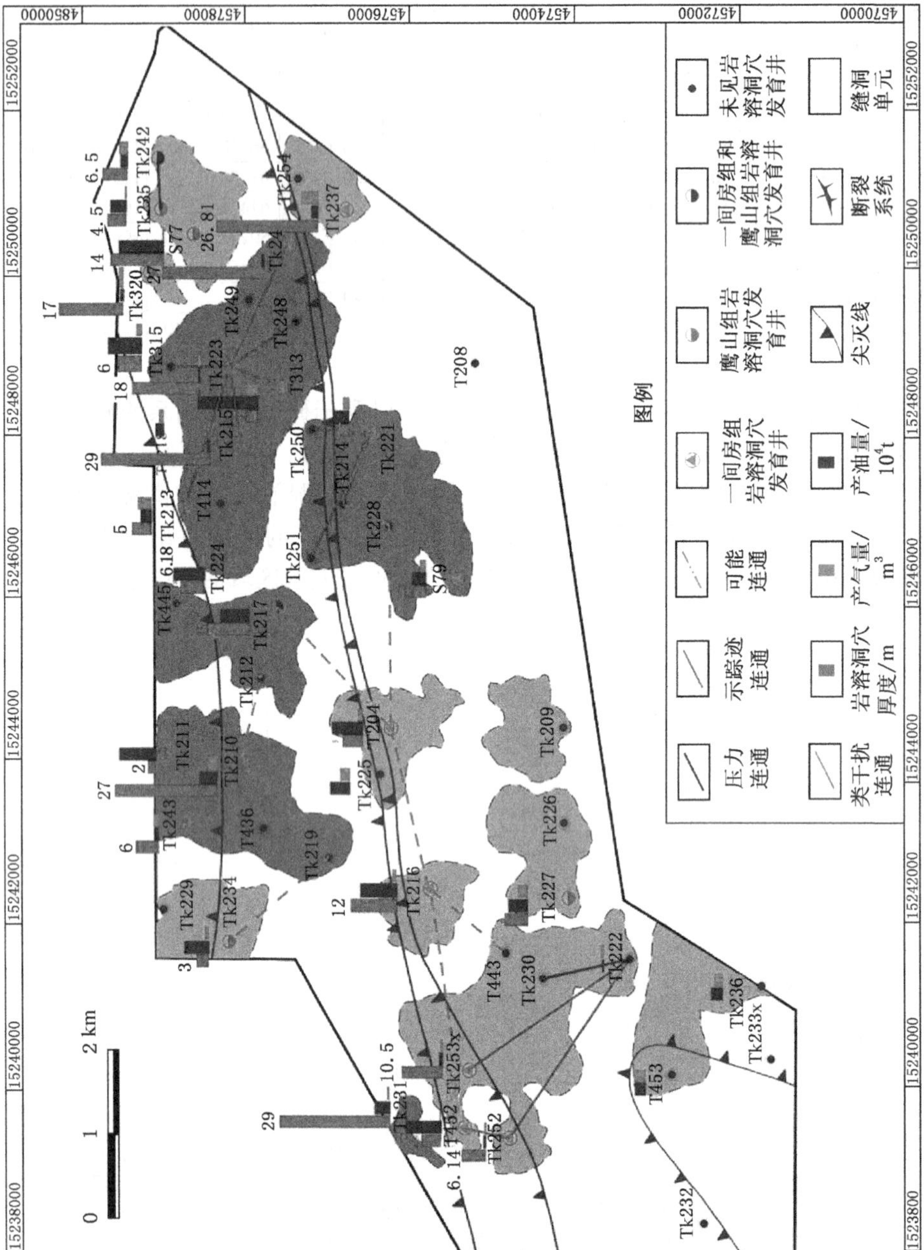

图5-14 研究区奥陶系缝洞单元平面分布图

参 考 文 献

[1] 赵宗举，范国章，吴兴宁，等．中国海相碳酸盐岩储层类型、勘探领域及勘探战略［J］．海相油气地质，2007，12（1）：1－11.

[2] 金之钧，蔡立国．中国海相油气勘探前景、主要问题与对策［J］．石油与天然气地质 2006，27（6）：722－730.

[3] 鲁新便．缝洞型碳酸盐岩油藏开发描述及评价［D］．成都：成都理工大学，2004.

[4] 康志宏．碳酸盐岩油藏动态储层评价：以塔里木盆地塔河油田为例［J］．成都：成都大学．2003.

[5] 王建坡，沈安江，蔡习尧，等．全球奥陶系碳酸盐岩油气藏综述［J］．地层学杂志，2008，32（4）：363－373.

[6] 范嘉松．世界碳酸盐岩油气田的储层特征及其成藏的主要控制因素［J］．地学前缘，2005，12（3）：23－30.

[7] 邹才能，陶士振．海相碳酸盐岩大中型岩性地层油气田形成的主要控制因素［J］．科学通报，2007，52：32－39.

[8] 赵路子．碳酸盐岩隐藏滩相储层特征及预测模型［D］．成都：成都理工大学，2008.

[9] 王招明，张丽娟，王振宇，等．塔里木盆地奥陶系礁滩体特征与油气勘探［J］．石油地质，2004（6）：1－7.

[10] 赵宗举，周新源，王招明，等．塔里木盆地奥陶系边缘相分布及储层主控因素［J］．石油与天然气地质，2004，28（6）：738－744.

[11] 张丽娟，李勇，周成刚，等．塔里木盆地奥陶纪岩相古地理特征及礁滩分布［J］．石油与天然气地质，2004，28（6）：731－737.

[12] 顾家裕，方辉，蒋凌．塔里木盆地奥陶系生物礁的发现及其意义［J］．石油勘探与开发，2001，28（1）：1－3.

[13] 顾家裕，张兴阳，罗平，等．塔里木盆地奥陶系台地边缘生物礁、滩发育特征［J］．石油与天然气地质，2005，26（3）：277－283.

[14] 蔡习尧，吴亚生，姜红霞，等．新疆巴楚地区中上奥陶统生物礁群落古生态学［J］．地质学报，2008，82（8）：1046－1051.

[15] 邓小江，梁波，莫耀汉，等．塔河油田奥陶系一间房组滩相储层特征及成因机制新认识［J］．地质科技情报，2007，26（4）：63－69.

[16] 翟晓先，余仁连，何发岐，等．塔河地区奥陶系一间房组微裂隙颗粒灰岩储集体的发现与勘探意义［J］．石油实验地质，2002，24（5）：387－392.

[17] 闫相宾，张涛．塔河油田碳酸盐岩大型隐蔽油藏成藏机理探讨［J］．地质论评，2004，50（4）：370－376.

[18] 张涛，闰相宾，王恕一，等．塔河油田奥陶系一间房组滩相溶蚀孔隙型储层特征与成因［J］．石油与天然气地质，2004，25（4）：462－471.

[19] 于慧玲，傅恒，黄海平，等．塔河油田奥陶系中统一间房组沉积特征及储集特征［J］．矿物岩石，2008，28（2）：95－101．

[20] 王兴志，穆署光．四川资阳地区灯影组滩相沉积及储集性研究［J］．沉积学报，1999，17（4）：578－583．

[21] 郭泽清，钟建华，刘卫红，等．柴西第三纪湖相生物礁储层特征及意义［J］．沉积学报，2004，22（3）：425－433．

[22] 钟建华，温志峰，李勇，等．生物礁的研究现状与发展趋势［J］．地质论评，2005，51（3）：283－300．

[23] 李勇，钟建华，温志峰，等．济阳坳陷古近系湖相生物礁油气藏研究［J］．沉积学报，2006，24（1）：56－67．

[24] 温志峰，钟建华，王冠民，等．柴达木盆地古近纪—新近纪湖相叠层石玉藻礁的沉积组合特征与意义［J］．地质学报，2005，79（4）：444－452．

[25] 方少仙，候方浩，李凌，等．四川华蓥山以西石炭系黄龙组沉积环境的再认识［J］．海相油气地质，2000，5（1）：158－166．

[26] 王兴志，王一刚，等．四川盆地东部晚二叠世：早三叠世飞仙关期礁、滩特征与海平面变化［J］．沉积学报，2002，20（2）：249－254．

[27] 王兴志，田军，等．塔里木盆地中部生物屑灰岩滩体特征及储集性［J］．石油天然气地质，2002，23（1）：58－62，95．

[28] 温志峰，钟建华，跃中，等．柴达木盆地西部生物礁储层的分布特征［J］．石油学报，2005，26（6）：30－35．

[29] 郭泽清，刘卫红，钟建华，等．柴达木盆地跃进二号构造生物礁储层特征及其形成条件研究［J］．地质论评，2005，51（6）：656－664．

[30] 高志前，樊太亮，王惠民，等．塔中地区礁滩储集体形成条件及分布规律［J］．新疆地质，2005，23（3）：283－287．

[31] 曾云贤，刘微，杨雨．罗家寨西南地区飞仙关早期沉积古地貌研究［J］．西南石油大学学报，2007，29（1）：10－11．

[32] 谭秀成，邹娟，李凌，等．磨溪气田嘉二段陆表海型台地内沉积微相研究［J］．石油学报，2008，29（2）：219－225．

[33] 马永生，郭旭升，凡睿．川东北普光气田飞仙关组鲕滩储集层预测［J］．石油勘探与开发，2005，32（4）：60－64．

[34] 马永生．四川盆地普光超大型气田的形成机制［J］．石油学报，2007，28（2）：9－14，21．

[35] 赵文智，汪泽成，王一刚．四川盆地东北部飞仙关组高效气藏形成机理［J］．地质论评，2006，52（5）：708－718．

[36] 张涛，闰相宾，王恕一，等．塔河油田奥陶系一间房组滩相溶蚀孔隙型储层特征与成因［J］．石油与天然气地质，2004，25（4）：462－471．

[37] 郑和荣，刘春燕，吴茂炳，等．塔里木盆地奥陶系颗粒石灰岩埋藏溶蚀作用 [J]. 石油学报，2009，30 (1)：9－15.

[38] 叶德胜．塔里木盆地北部寒武—奥陶系碳酸盐岩的深部溶蚀作用 [J]. 沉积学报，1994，12 (1)：66－71.

[39] 王恕一，陈强路，马红强．塔里木盆地塔河油田下奥陶统碳酸盐岩的深埋溶蚀作用及其对储集体的影响 [J]. 石油实验地质，2003，25 (增刊)：557－561.

[40] 钱一雄，陈跃，陈强路，等．塔中西北部奥陶系碳酸盐岩埋藏溶蚀作用 [J]. 石油学报，2006，27 (3)：47－52.

[41] 徐世琦，洪海涛，张光荣，等．四川盆地下三叠统飞仙关组鲕粒储层发育的主要控制因素分析 [J]. 天然气勘探与开发，2004，27 (1)：1－3.

[42] 俞仁莲，傅恒．构造运动对塔河油田奥陶系碳酸盐岩的影响 [J]. 天然气勘探与开发，2006，29 (2)：1－5.

[43] 周刚，郑荣才，王炯，等．川东—渝北地区长兴组礁、滩相储层预测 [J]. 岩性油气藏，2009，21 (1)：15－21.

[44] 张兵，郑荣才，文华国，等．开江—梁平台内海槽东段长兴组滩相储层识别标志及其预测 [J]. 高校地质学报，2009，15 (2)：273－284.

[45] 陈汉军，吴亚军．川北阆中－南部地区茅口组滩相储层预测 [J]. 天然气工业，2008，28 (11)：22－25.

[46] 敬朋贵．川东北地区滩相储层预测技术与应用 [J]. 石油物探，2007，46 (4)：363－369.

[47] 刘殊，唐建明，马永生，等．川东北地区长兴组—飞仙关组滩相储层预测 [J]. 石油与天然气地质，2006，27 (3)：332－339，347.

[48] 陈祖庆，谭代英，方祖华．宣汉—达县地区滩相储层精细预测方法分析 [J]. 南方油气，2007，20 (1)：45－48，51.

[49] 陈祖庆，杨鸿飞，王涛．川东北宣汉—达县地区滩相储层地震预测研究 [J]. 南方油气，2005，18 (4)：31－36.

[50] 蒲勇．宣汉—达县地区飞仙关组鲕滩相储层地震预测技术 [J]. 南方油气，2005，18 (2)：15－17.

[51] 温志峰，钟建华，王芳，等．柴西生物礁储集层的测井响应特征与最优判别 [J]. 新疆石油地质，2005，26 (1)：17－20.

[52] Saller A H, Budd D A , Hartris P M . Unconformities and porosity development in carbonate strata: ideas from a Hedberg Conference: AAPG Bulletin, 78: 857－872.

[53] Moore C H. Carbonate Diagenesis and Porosity: New York, Elsevier, 1989, 338.

[54] Loucks R G, Handford C R. Origin and recognition of fractures, Breccias, and sediment fills in paleocave－reservoir networks, in M. P. Candelaria, and C. L. Reed, eds. , Paleokarst, Karst－Related Diagenesis and Reservoir Development: Examples from Ordovician－Devonian Age Stra-

ta of West Texas and the Mid – Continent, Midland, TX, Permian Basin Section – SEPM Publication, 1992, 92 – 93: 31 – 44.

[55] Saller A H, Dickson J A D, Boyd. S A. Cycle Stratigraphy and Porosity in Pennsylvanian and lower Permian shelf Limestones, Eastern Central Basin Platform: AAPG Bulletin, 1992, 78: 1820 – 1842.

[56] Morse J W, Mackenzie F T. Geochemistry of Sedimentary Carbontes: New York , Elsevier Scientific Publ. Co. , 1990: 696.

[57] Budd D A, Hiatt. E E, Mineralogical stabilization of high – magnesium calcite: Geochemical evidence for intracrystal recry stallization within Holocene porcellanecous foraminifer. Journal of Sedimentary Petrology, 1993, 63: 261 – 274.

[58] Matthews R K. A process approach to diagenesis of reefs and reef – associated limestone, In L. F. Lapovate, ed. , Reefs in Time and Space, Tulsa, OK, SEPM Special Pulication, 1974, 18: 234 – 256.

[59] Lucia F J. Rock – frabric/Petrophysical Classification of carbonate pore space for reservoir characterization: AAPG Bulletin, 1995, 79: 1275 – 1300.

[60] James N P, Choquette P W. Diagenesis 9. Limestones – the meteoric diagenetic enviorment: Geoscience Canada, 1984, 11: 161 – 194.

[61] Kerans C. Karst – controlled reservoir heterogeneity and an example from the Ellenburger (Lower Ordovician) of west Texas, University of Texas, Bureau of Economic Geology Report of Investigations, 1989, 186: 40.

[62] Murray R C. Origin of porosity in carbonate rocks: Journal of Sedimentary Petrology, 1960, 30: 59 – 84.

[63] Roehl P O, Choquette P W. Carbonate Petroleum Reservoir. New York, Springer – Veriag, 1985: 622.

[64] Lucia F J. Carbonate Reservoir Characterization: Berlin Heidelberg, Springer – Verlag, 1999: 226.

[65] Fairbridge R W. The dolomite question, in R. J. Leblanc, and J. G. Breeding, eds. , Regional Aspects of Carbonate Deposition, Tulsa, OK, SEPM Special Publication, 1957, 5: 124 – 178.

[66] Weyl P K. Porosity through dolomitization: conservation – of mass requirements: Journal of Sedimentary Petrology, 1960, 30: 85 – 90.

[67] Lucia F J, Major R P. Porosity evolution through hypersaline reflux dolomitization. International Association of Sedimentologists Special Publication, 1994, 21: 325 – 341.

[68] Purser B H, Brown A, Aissaoui. Origins and evelotion of porosity in dolomites. International Association of Sedimentologists Special Publication, 1994, 21: 283 – 308.

[69] 赵雪凤，朱光有，刘钦甫，等. 深部海相碳酸盐岩储集孔隙发育的主控因素研究 [J]. 天然气地质科学，2007，18 (4): 514 – 521.

［70］陈强路，钱一雄，马红强，等．塔里木盆地塔河油田奥陶系碳酸盐岩成岩作用与孔隙演化［J］．石油实验地质，2003，25（6）：729－734.

［71］牛永斌，钟建华，王培俊，等．成岩作用对塔河油田二区奥陶系储集空间发育的影响［J］．中国石油大学（华东），待刊．

［72］Langhorne B. Smith Jr. Graham R. Davies. 碳酸盐岩储层的构造控制热液蚀变［J］．石油地质科技动态，2006（11）：1－4. 73

［73］金之钧，朱东亚，胡文瑄，等．塔里木盆地热液活动地质地球化学特征及其对储层影响［J］．地质学报，2006，80（2）：245－253.

［74］吴茂炳，王 毅，郑孟林，等．塔中地区奥陶纪碳酸盐岩热液岩溶及其对储层的影响［J］．中国科学，2007，37（增刊Ⅰ）：83－92.

［75］Price N J. Fault and joint development in brittle and semi－brittle rock［M］. London：Pergamon Press，1966.

［76］Murry G H. Quantitative fracture study；Sanish pool，McKenzie County，North Dakota［J］. AAPG Bulletin，1968（1）：

［77］Murry G H. Quantitative fracture study，Sanish Poo，lFracture－controlled［J］. AAPG，Bulletin，1977（21）：

［78］Narr W LERCHE L. A method for estimating subsurface fracture density in core［J］. AAPG Bulletin，1984（5）.

［79］Narr W. Fracture density in the deep subsurface：Techiques with application to point Arguello oil field［J］. AAPG Bulletin，1991.

［80］苏培东，秦启荣，黄润秋．储层裂缝预测研究现状与展望［J］．西南石油大学学报，2005，27（2）：14－17.

［81］Barton C C. Fractals in the Earth Sciences［M］. New York：R La Pointe Plenum Press，1995.

［82］Velde B，Duboes J. etc. Fractal analysis of fracture inrocks：the Cantors' Dustmethod［J］. Tectonphysics，1990，57（3）：61－78.

［83］Velde B. Structure of surface fractures in soil and muds［J］. Tectonphysics，1999，93（1－2）：101－124.

［84］Peck L，Barton C C，Gordon R B. Microstructure and theresistance of rock to fracture［J］. Journal of Geophysical Research，1985，90（13）：533－546.

［85］Peck L，Barton C C，Gordon R B. Microstructure and theresistance of rock to fracture［J］. Journal of Geophysical Research，1985，90（13）：533－546.

［86］Barton C C. Fractal analysis of scaling and spatial clustering of fracture［M］. Fractal in the earth sciences，lenum Press，New York，1995.

［87］THirata. Fractaldimension of faultsystem in Japan：fractal structure in rock geometry at various scales，Journal of Pure and Appl［J］. Geophysics，1989，131：131－157.

［88］QIN Qirong. Quantitative prediction of fracture distribution in volcanic reservoir in 7th area,

Karamay Oilfield [C]. 15thWorld Petroleum Congress, 1997.
[89] 苏培东．贵州赤水地区二、三叠系储层构造解析及裂缝预测研究 [D]. 四川成都：西南石油学院硕士论文，2004.
[90] 秦启荣．川中油气区东缘大安寨储层裂缝成因机制初探 [J]. 天然气工业，1998，18 (3)：90-92.
[91] 秦启荣，黄润秋．构造应力场数值模拟在哈密凹陷四道沟地区 T_{2k} 储层裂缝预测中的应用 [J]. 山地学报，2000，18 (3)：117-122.
[92] 秦启荣．塔中I号断裂带 O_{2+3} 灰岩储层裂缝特征 [J]. 石油与天然气地质，2001，23 (2)：183-185.
[93] 秦启荣．塔中地区 O_{2+3} 灰岩裂缝期次研究 [J]. 天然气工业，2002，22 (6)：117-118.
[94] 秦启荣．裂缝孔隙度数值评价技术 [J]. 天然气工业，2004，24 (2)：47-51.
[95] 颜其彬，秦启荣．碳酸盐岩裂缝预测 [M]. 北京：石油工业出版社，1999.
[96] 张宗命，胡明，秦启荣．应用有限元法预测碳酸盐岩裂缝发育区 [J]. 天然气工业，13 (3)：21-27.
[97] 陈太源，曾锦光．应用构造面主曲率研究油气藏裂缝的方法 [A]. 石油开发论文集 [C]. 北京：石油工业出版社，1980.
[98] 曾锦光．应用构造面主曲率研究油气藏裂缝问题 [J]. 力学学报，1982.
[99] 曾锦光．构造裂缝的理论分析研究 [A]. 中国南方油气勘查新领域探索论文集 [C]. 北京：地质出版社，1988.
[100] 曾锦光，苏雅琴．断层裂缝系统分布的预测方法研究 [A]. 中国南方碳酸盐岩油气勘查研究论文集 [C]. 南京：江苏科技出版社，1994.
[101] 殷有泉．有限单元方法及其在地学中的应用 [M]. 北京：地震出版社，1987.
[102] 宋惠珍，黄立人．地应力场综合研究 [M]. 北京：石油工业出版社，1990.
[103] 张帆，贺振华．预测裂缝发育带的构造应力场数值模拟技术 [J]. 石油地球物理勘探，2002，35 (2)：154-163.
[104] 谭成轩，王连捷．三维构造应力场数值模拟在含油气盆地构造裂缝分析中应用初探 [J]. 地球学报，1999，20 (4)：392-394.
[105] 陈波，田崇鲁．储层构造裂缝数值模拟技术的应用实例 [J]. 石油学报，1998，19 (4)：50-54.
[106] 练章华，徐进．裂缝宽度预测的有限元数值模拟 [J]. 天然气工业，2001，21 (3)：47-50.
[107] 胡志水．川南下二叠统构造断层应力数值模拟与裂缝分布 [J]. 新疆石油地质，1994，15 (2)：158-161.
[108] 李定龙．四川威远地区构造应力场模拟及阳新统裂缝分析 [J]. 石油勘探与开发，1994，21 (3)：33-38.
[109] 丁中一．构造裂缝定量预测的一种新方法：二元法 [J]. 石油与天然气地质，1998，19

(1): 1-7.

[110] 戴弹申，欧振海．裂缝圈闭及其勘探方法［J］.天然气工业，1990，10（4）：1-6.

[111] 李理，戴俊生．埕岛地区构造应力场数值模拟及中、古生界裂缝分析［J］.石油大学学报，2000，24（1）：6-9.

[112] 王允诚．裂缝性致密油气储集层［M］.北京：地质出版社，1988.

[113] 王志章．裂缝性油藏描述及预测［M］.北京：石油工业出版社，1999.

[114] 范高尔夫-拉特TD. 裂缝油藏工程基础［M］.陈忠祥，译．北京：石油工业出版社，1989.

[115] 颜其彬．碳酸盐岩储集层裂缝预测（译文集）［M］.成都：成都科技大学出版社，1992.

[116] 周家尧．裂缝性油气藏勘探文集［M］.北京：石油工业出版社，1991.

[117] 周新桂，操成杰，袁嘉音．储层构造裂缝定量预测与油气渗流规律研究现状与进展［J］.地球科学进展，2003，18（3）：398-404.

[118] 周新桂，邓宏文．储层构造裂缝定量预测研究及评价方法［J］.2003，24（2）：175-180.

[119] 周新桂，操成杰，袁嘉音，等．油气盆地储层构造裂缝定量预测研究方法及其应用［J］.吉林大学学报（地球科学版），2004，34（1）：79-84.

[120] 周新桂，张林炎，范昆．油气盆地低渗透储层裂缝预测研究现状及进展［J］.地质论评，2006，52（6）：777-782.

[121] 周新桂，张林炎，范昆．含油气盆地低渗透储层构造裂缝定量预测方法和实例［J］.天然气地球科学，2007，18（3）：328-333.

[122] 周新桂，张林炎，屈雪峰，等．沿河湾探区低渗透储层构造裂缝特征及分布规律定量预测［J］.石油学报，2009，30（2）：195-200.

[123] 张向东．利用FMI成像测井资料解释地层沉积特征的典型事例［J］.测井技术，1996，20（3）：219-225.

[124] 李建良．成像测井新技术在川西致密碎屑岩中的应用［J］.测井技术，2005，29（4）：325-327.

[125] 许同海．致密储层裂缝识别的测井方法及研究进展［J］.油气地质与采收率，2005，12（3）：75-78.

[126] Maria Verbnica，Paul Mann，李嘉琳，等．委内瑞拉马拉开波盆地南部深埋的下白垩统古岩溶体［J］.石油地质科技动态，2007，4：42-51.

[127] 李德生，刘友元．中国深埋古岩溶［J］.地理科学，1991，11（3）：234-243.

[128] 康玉柱．中国古生代碳酸盐岩古岩溶储集特征与油气分布［J］.天然气工业，2008，28（6）：1-12.

[129] 方向清，傅耀军，华解明．我国古岩溶分布特征研究［J］.中国煤田地质，2007，19（2）：10-14，64.

[130] 陈学时，易万霞，卢文忠．中国油气田古岩溶与油气储层［J］．沉积学报，2004，22（2）：244－253.
[131] 陈学时，易万霞．中国油气田古岩溶与油气储层［J］．海相油气地质，2002，7（4）：13－25.
[132] 夏日元，唐健生．油气田古岩溶与深岩溶研究新进展［J］．中国岩溶，2001，20（1）：76－76.
[133] 俞仁连．塔里木盆地塔河油田加里东期古岩溶特征及意义［J］．石油实验地质，2005，27（5）：468－472，478.
[134] 程绪彬，洪海涛，张荫本，等．塔里木盆地奥陶系古风化壳储层空隙类型及其成因分析［J］．天然气勘探与开发，2000，23（1）：36－42.
[135] 王黎栋，万力，于炳松．塔中地区 T_7^4 界面碳酸盐岩古岩溶发育控制因素分析［J］．大庆石油地质与开发，2008，27（1）：34－38.
[136] 王振宇，李凌，谭秀成．塔里木盆地奥陶系碳酸盐岩古岩溶类型识别［J］．西南石油大学学报，2008，30（5）：11－16.
[137] 舒志国，朱振道，何希鹏，等．塔中隆起奥陶系3个构造带中古岩溶发育模式［J］．西北大学学报，2008，38（5）：790－794.
[138] 艾合买提江．塔河油田碳酸盐岩缝洞系统成因及模式研究．东营：中国石油大学（华东），2009.
[139] 蓝江华．四川盆地大池干井构造带石炭系古岩溶储层成因模式［J］．成都理工学院学报，1999，26（1）：23－27.
[140] 王兴志，刘仲宣．四川资阳及临区灯影组古岩溶特征与储集空间［J］．矿物岩石，1996，16（2）：47－54.
[141] 汪华，刘树根，王国芝，等．川中南部地区中三叠统雷口坡组顶部古岩溶储层研究［J］．物探化探计算机技术，2009，31（3）：264－270.
[142] 郑荣才，郑超，胡忠贵，等．川东石炭系古岩溶储层锶同位素地球化学特征［J］．天然气工业，2009，7：4－8.
[143] 王宝清，章贵松．鄂尔多斯盆地苏里格地区奥陶系古岩溶储层成岩作用［J］．石油实验地质，2006，28（6）：518－522，528.
[144] 王宝清，王凤琴，魏新善．鄂尔多斯盆地东部太原组古岩溶特征［J］．地质学报，2006，80（5）：700－704.
[145] 李振宏，郑聪斌，李林涛．鄂尔多斯盆地奥陶系古岩溶类型及分布［J］．低渗透油气田，2004，9（1）：15－21.
[146] 姜平，王建华．大港地区千米桥潜山奥陶系古岩溶研究［J］．成都理工大学学报（自然科学版），2005，32（1）：50－53.
[147] 夏日元，唐健生．黄骅坳陷奥陶系古岩溶发育演化模式［J］．石油勘探与开发，2004，31（1）：51－53.

[148] 齐振琴，程昌茹，孙秀会，等．千米桥古潜山岩溶地貌演化及占岩溶洞穴发育特征[J]. 海相油气地质，2008，13（4）：37－43.

[149] 张家政，郭建华，赵广珍，等．南堡凹陷周边凸起地区碳酸盐岩古岩溶与油气成藏[J]. 天然气工业，2009，7：123－128.

[150] F. Jerry Lucia. Carbonate Reservoir Characterization. Springer－Verlag Berlin Heidelberg，2007.

[151] 李宗杰，王勤聪．塔河油田奥陶系古岩溶洞穴识别及预测［J］. 新疆地质，2003，21（2）：181－184.

[152] 丁勇．塔河油田奥陶系岩溶型储层特征及对开发的影响［D］. 成都：成都理工大学，2009.

[153] 王良俊，李桂卿．塔河油田奥陶系岩溶地貌形成机制［J］. 新疆石油地质，2001，22（6）：480－482.

[154] 鲁新便，高博禹，陈姝媚．塔河油田下奥陶统碳酸盐岩古岩溶储层研究——以塔河油田6区为例［J］. 矿物岩石，2003，23（1）：87－92.

[155] 康志宏，魏历灵，鲁新便．流动单元在塔河缝洞型碳酸盐岩油藏的定义和划分［J］. 试采技术，2006，27（4）：4－7.

[156] 陈景山，李忠，王振宇．塔里木盆地奥陶系碳酸盐岩古岩溶作用与储层分布［J］. 沉积学报，2007，25（6）858－868.

[157] 徐国强．塔里木盆地早海西期风化壳岩溶洞穴层研究［D］. 成都：成都大学，2007.

[158] 肖玉茹，何峰煜，孙义梅．古洞穴型碳酸盐岩储层特征研究——以塔河油田奥陶系古洞穴为例［J］. 石油天然气地质，2003，24（1）：75－80.

[159] 肖玉茹，王敦则，沈杉平．新疆塔里木盆地塔河油田奥陶系古洞穴型碳酸盐岩储层特征及其受控因素［J］. 现代地质，2003，17（1）：92－98.

[160] 邬兴威，苑刚，陈光新，等．塔河地区断裂对奥陶系古岩溶的控制作用［J］. 断块油气田，2005，12（3）：8－9.

[161] 闫相宾 韩振华，李永宏．塔河油田奥陶系油藏的储层特征和成因机理探讨［J］．地质论评，2002，48（6）：619－626.

[162] 饶丹，马绪杰，贾存善，等．塔河油田主体区奥陶系缝洞系统与油气分布［J］. 石油实验地质，2007，29（6）：589－592.

[163] 兰朝利，吴俊，李继亮，等．靖安油田长6段层序地层分析［J］．石油与天然气地质，2001，22（4）：362－366，371.

[164] 俞仁连，傅恒．构造运动对塔河油田奥陶系碳酸盐岩的影响［J］．天然气勘探与开发，2006，29（2）：1－6.

[165] 朱东亚，胡文碹，张学丰，等．塔河油田奥陶系灰岩埋藏溶蚀作用特征［J］. 石油学报，2007，28（5）：57－62.

[166] 郑和荣，刘春燕，吴茂炳，等．塔里木盆地奥陶系颗粒石灰岩埋藏溶蚀作用［J］. 石油学报，2009，30（1）：9－15.

[167] 朱东亚，金之钧，胡文瑄，等．塔里木盆地深部流体对碳酸盐岩储层的影响［J］. 地质论评，2008，54（3）：348－357.

[168] 司马立强，疏壮志．碳酸盐岩储层测井评价方法及应用［M］. 北京：石油工业出版社，2009.

[169] 张琼．基于贝叶斯方法的高考成绩类别预测［J］．太原师范学院学报，2009，8（2）：41－43.

[170] 艾合买提江，钟建华，陈鑫，等．塔河油田奥陶系缝合线特征及石油地质意义［J］．中国石油大学学报（自然科学版），2010，34（1）：7－12.

[171] John W. Snedden，Peter J. Vro I i jk，Larry T. Sumpter，等．储层连通性：定义、实例与对策［J］. 国外石油动态，2008，(9)：22－38.

[172] 杜宗君，姜萍．利用储层连通性评价剩余油分布［J］. 国外测井技术，2005，20（1）：25－27.

[173] 杨敏．塔河油田4区岩溶缝洞型碳酸盐岩储层井间连通性研究［J］. 新疆地质，2004，22（2）：196－199.

[174] 张林艳．塔河油田奥陶系缝洞型碳酸盐岩油藏的储层连通性及其油（气）水分布关系［J］. 中外能源，2006，11（5）：32－36.

[175] 吕明胜，杨庆军，陈开远．塔河油田奥陶系碳酸盐岩储集层井间连通性研究［J］. 新疆石油地质，2006，27（6）：731－732，739.

[176] 邬光辉，岳国林，师骏，等．塔河奥陶系碳酸盐岩裂缝连通性分析及其意义［J］. 中国西部油气地质，2006，2（2）：156－159.

[177] 周波，莱忠贤，李启明．应用动静态资料研究岩溶型碳酸盐岩储集层连通性：以塔河油田四区为例［J］. 新疆石油地质，2007，28（6）：770－772.

[178] 张剑，陈明强，高永利．应用示踪技术评价低渗透油藏油水井间连通关系［J］. 西安石油大学学报，2006，21（3）：48－51.

[179] 陈志海，马绪杰，黄广涛．缝洞型碳酸盐岩油藏缝洞单元划分方法研究：以塔河油田奥陶系油藏主力开发区为例［J］. 石油与天然气，2007，28（6）：847－855.

[180] 康志宏，魏历灵，鲁新便．流动单元在塔河缝洞型碳酸盐岩油藏的定义和划分［J］. 试采技术，2006，27（4）：4－7.

[181] 闫长辉，周文，王继成．利用塔河油田奥陶系油藏生产动态资料研究井间连通性［J］. 石油地质与工程，2008，22（4）：70－72.

[182] 朱蓉，楼章华，金爱民，等．塔河油田S48缝洞单元流体分布及开发动态响应［J］. 浙江大学学报，2009，43（7）：1344－1348.

[183] 杨宇，康毅力，张凤东，等．塔河油田缝洞型油藏流动单元的定义和划分［J］. 大庆石油地质与开发，2007，26（2）：31－37.

[184] 张希明，朱建国，李宗宇，等．塔河油田碳酸盐岩缝洞型油气藏的特征及缝洞单元划分［J］. 海相油气地质，2007，12（1）：21－24.

[185] 魏历灵，康志宏．碳酸盐岩油藏流动单元研究方法探讨［J］. 新疆地质，2005，23（2）：169－172.

[186] 朱蓉，楼章华，鲁新便，等．塔河油田缝洞单元地下水化学特征及开发动态［J］. 石油学报，2008，29（4）：567－572.

图书在版编目（CIP）数据

塔河油田奥陶系碳酸盐岩储集体特征及主控因素/牛永斌著. --北京：煤炭工业出版社，2019

ISBN 978-7-5020-7320-6

Ⅰ.①塔… Ⅱ.①牛… Ⅲ.①塔里木盆地—奥陶纪—碳酸盐岩油气藏—储集层—研究 Ⅳ.①TE344

中国版本图书馆 CIP 数据核字（2019）第 054822 号

塔河油田奥陶系碳酸盐岩储集体特征及主控因素

著　　者 牛永斌
责任编辑 尹燕华　徐　武
责任校对 李新荣
封面设计 安德馨

出版发行 煤炭工业出版社（北京市朝阳区芍药居 35 号　100029）
电　　话 010-84657898（总编室）　010-84657880（读者服务部）
网　　址 www. cciph. com. cn
印　　刷 中煤（北京）印务有限公司
经　　销 全国新华书店

开　　本 710mm×1000mm $^{1}/_{16}$　**印张** 11 $^{1}/_{4}$　**插页** 3　**字数** 201 千字
版　　次 2019 年 11 月第 1 版　2019 年 11 月第 1 次印刷
社内编号 20192111　**定价** 46.00 元
